Matemática para Economia e Administração

OSCAR GUELLI
Professor do Departamento de Informática e
Métodos Quantitativos da EAESP-FGV
Licenciado em Matemática pelo IME-USP

CELSO NAPOLITANO
Professor do Departamento de Informática e
Métodos Quantitativos da EAESP-FGV
Bacharel e licenciado em Matemática pela PUC-SP
Mestre em Administração de Empresas pela EAESP-FGV

Direção Geral:	Julio E. Emöd
Supervisão Editorial:	Maria Pia Castiglia
Coordenação Editorial e Capa:	Grasiele Lacerda Favatto Cortez
Edição de Conteúdo:	Ana Olívia Ramos Pires Justo
Revisão de Texto:	Estevam Vieira Lédo Jr.
	Patricia Aguiar Gazza
	Diego Franchini Kwiatkosko
Programação Visual e Editoração Eletrônica:	Mônica Roberta Suguiyama
Ilustrações:	Stella Belicanta Ribas
	Darlene Escribano
Fotografias da capa:	Guy Shapira/Shutterstock
	AGS Andrew/Shutterstock
Impressão e Acabamento:	Bartira Gráfica e Editora S/A

Dados Internacionais de Catalogação na Publicação (CIP)
(Câmara Brasileira do Livro, SP, Brasil)

Guelli, Oscar
  Matemática para economia e administração / Oscar Guelli, Celso Napolitano. -- São Paulo : editora HARBRA, 2014.

  Suplementado pelo manual do professor.
  Bibliografia.
  ISBN 978-85-294-0348-9

  1. Economia matemática 2. Matemática - Estudo e ensino 3. Matemática financeira I. Napolitano, Celso. II. Título.

14-00053   CDD-510.7

Índices para catálogo sistemático:
1. Matemática : Estudo e ensino 510.7

MATEMÁTICA PARA ECONOMIA E ADMINISTRAÇÃO

Copyright © 2014 por **editora HARBRA** ltda.
Rua Joaquim Távora, 629 – Vila Mariana – 04015-001 – São Paulo – SP
Promoção: (0.xx.11) 5084-2482 e 5571-1122. Fax: (0.xx.11) 5575-6876
Vendas: (0.xx.11) 5549-2244, 5084-2403 e 5571-0276. Fax: (0.xx.11) 5571-9777

Todos os direitos reservados. Nenhuma parte desta edição pode ser utilizada ou reproduzida – em qualquer meio ou forma, seja mecânico ou eletrônico, fotocópia, gravação etc. – nem apropriada ou estocada em sistema de banco de dados, sem a expressa autorização da editora.

ISBN 978-85-294-0348-9

Impresso no Brasil   *Printed in Brazil*

Apresentação

"Para que tenho de aprender isto? Onde e quando vou usar?"

Provavelmente, um professor escutou essa pergunta, na realidade mais uma crítica de seus alunos, dezenas de vezes, e em vários momentos deve ter tido dificuldade para respondê-la. Em certo aspecto, ambos, aluno e professor, têm razão. É difícil a um jovem estudante aprender tantos conceitos abstratos sem visualizar sua aplicação no mundo real, mas também é difícil ao professor explicar ao aluno nesse momento como, por exemplo, a função exponencial de base e é fundamental para expressar com exatidão muitas situações reais em Administração, Economia, Biologia etc. No entanto, quando esse jovem estudante adquire o *status* de universitário, é fundamental que ele compreenda por que, onde e quando vai aplicar os conceitos que está aprendendo em situações reais da profissão que escolher.

Em todo o livro buscamos trabalhar a ideia fundamental do Cálculo: a relação entre a inclinação da reta tangente a uma curva em um ponto qualquer, a **derivada**, e o cálculo da área de uma figura qualquer, a **integral**.

Procuramos também estabelecer uma ponte entre o Cálculo e o trabalho com programas gráficos acessados livremente pela internet, como WolframAlpha, BrOffice.org Calc, por exemplo.

Assim, praticamente em todos os capítulos, o aluno deverá resolver problemas mediante processos algébricos e elementares e, depois, outros problemas em que precisará utilizar programas gráficos acessados pela internet.

Esperamos que esta obra seja uma ferramenta que auxilie o leitor não só durante sua vida acadêmica, mas também – e principalmente – em sua vida profissional.

Os autores

Conteúdo

Capítulo 1 – FUNÇÕES 1
    A Ideia de Função 4
    Função Polinomial do 1.º Grau 11
    Funções Receita, Custo e Lucro 22
    Funções Demanda e Oferta 28
    Função Polinomial do 2.º Grau 40
    Curvas de Oferta e Demanda 49
    Cálculo, Hoje *56*
    Suporte Matemático *57*
    Conta-me como Passou *58*

Capítulo 2 – LIMITES E DERIVADAS 59
    Noção Intuitiva de Limite 63
    Funções Contínuas 67
    Infinito e Limites 76
    Derivada 81
    Um Limite muito Especial 89
    Derivadas Fundamentais 96
    Diferencial de uma Função 103
    Cálculo, Hoje *111*
    Suporte Matemático *112*
    Conta-me como Passou *114*

Capítulo 3 – MÁXIMOS E MÍNIMOS 115
    Comportamento de Funções 118
    Máximos Relativos e Mínimos Relativos 126
    A Derivada Segunda 138
    Derivada de um Produto e de um Quociente 155
    Máximos e Mínimos Absolutos 165
    Gráficos no Computador 179
    Cálculo, Hoje *183*
    Suporte Matemático *184*
    Conta-me como Passou *187*

Capítulo 4 – FUNÇÕES EXPONENCIAIS E LOGARÍTMICAS ... 189
    Um Número Especial 192
    Crescimento e Decrescimento Exponenciais 200
    Derivadas de Funções Logarítmicas 208
    Derivadas de Funções Exponenciais 217
    Gráficos no Computador 224
    Cálculo, Hoje *228*
    Suporte Matemático *229*
    Conta-me como Passou *230*

Capítulo 5 – CÁLCULO COM INTEGRAIS 231
    Derivação e Integração 235
    Métodos de Integração 246
    Integral como uma Área 252
    Algumas Aplicações de Integrais 267
    Cálculo, Hoje *287*
    Suporte Matemático *288*
    Conta-me como Passou *290*

Capítulo 6 – FUNÇÕES DE VÁRIAS VARIÁVEIS 291
    O Significado de Funções de mais de uma Variável 295
    Gráficos de Funções de duas Variáveis 300
    Derivadas Parciais 307
    O Significado das Derivadas Parciais 314
    Máximos e Mínimos Relativos 321
    Multiplicadores de Lagrange 337
    Integrais Duplas 347
    Cálculo, Hoje *354*
    Suporte Matemático *355*
    Conta-me como Passou *356*

Capítulo 7 – O TEMPO E O DINHEIRO 357
    O Aluguel do Dinheiro 361
    Valor Futuro ou Valor Nominal; Valor Presente ou Valor Atual 366
    Desconto Comercial ou Desconto Simples 369
    Juros Compostos 373
    Qual É a Melhor Alternativa? 381
    Como Calcular Prestações Mensais e Iguais 383
    O Valor Presente Líquido e a Taxa Interna de Retorno 410
    Cálculo, Hoje *420*
    Suporte Matemático *421*
    Conta-me como Passou *424*

Bibliografia *425*

CAPÍTULO 1

Funções

Você já pensou sobre a importância de saber que duas coisas podem se apresentar em pares? Por exemplo, a equipe de um piloto de Fórmula 1 registra em computadores a velocidade desse piloto em cada instante; o gerente de uma empresa acompanha a receita obtida na venda de determinada quantidade de um artigo; um biólogo acompanha dia a dia quanto cresce uma planta.

Conjuntos de pares ordenados são comuns em Matemática, principalmente um tipo especial que recebe o nome de **função**.

Os pares estão presentes em diversas situações do nosso dia a dia.

Na vida cotidiana e nos estudos de outras ciências nos deparamos frequentemente com funções. Elas aparecem sob as mais diversas formas, como ilustram as Figuras 1.1 e 1.2 e a Tabela 1.1.

volume da esfera = $\dfrac{4}{3}\pi r^3$

Figura 1.1.

Tabela 1.1.

ENSINO FUNDAMENTAL: número de matriculados no Brasil	
Período	Total
2007	32.122.273
2008	32.086.700
2009	31.705.528
2010	31.005.341
2011	30.358.640
2012	29.702.498

Fonte: MEC/Inep/Deed.

Figura 1.2.
Fonte: IBGE.

🔧 FERRAMENTAS

» A abscissa ou coordenada x de um ponto P é a coordenada do pé da perpendicular ao eixo x por P; a ordenada ou coordenada y de P é a coordenada do pé da perpendicular ao eixo y por P (veja a Figura 1.3).

» Se P tem coordenadas a e b, escrevemos $P(a, b)$ ou $P = (a, b)$.

» Os dois eixos perpendiculares separam o plano em quatro partes, chamadas **quadrantes**. Identificamos os quadrantes por números: 1.º, 2.º, 3.º e 4.º.

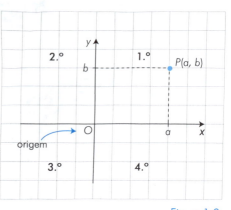

Figura 1.3.

» É comum chamarmos as coordenadas de **coordenadas cartesianas** e o plano de **plano cartesiano**. A palavra *cartesiano* vem de *Cartesius*, forma latina do nome de René Descartes (1596-1650).

EXERCÍCIOS RESOLVIDOS

ER1 A intersecção das duas retas perpendiculares, os eixos x e y, é chamada origem. Quais são as suas coordenadas?

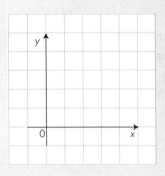

Resolução:
Suas coordenadas são 0 e 0.

ER2 Considere, no gráfico ao lado, o ponto B.
a) Quais são as coordenadas de sua projeção no eixo x?
b) Quais são as coordenadas de sua projeção no eixo y?

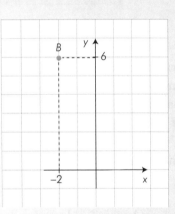

Resolução:

Na figura ao lado, o ponto B tem coordenadas −2 e 6, e daí é representado pelo par ordenado (−2, 6).

a) A projeção de B sobre o eixo x é o ponto de coordenadas −2 e 0.
b) A projeção de B sobre o eixo y é o ponto de coordenadas 0 e 6.

ATIVIDADES

1. Se $r > 0$ e $s < 0$, em que quadrante está situado cada um dos pontos abaixo?
   a) (r, s) b) $(-r, s)$ c) $(r, -s)$ d) $(-r, -s)$

2. As retas que passam por $P\left(\sqrt{2}, \dfrac{-\sqrt{2}}{2}\right)$, perpendiculares aos eixos x e y, formam um retângulo com eles. Qual é a área e o perímetro desse retângulo?

3. Calcule a área e o perímetro do triângulo cujos vértices são a origem e as projeções de $P(-3, -4)$ sobre os eixos.

1.1 A Ideia de Função

A Matemática, como qualquer outra ciência, tem seu próprio vocabulário. No entanto, inúmeras vezes os matemáticos dão outro significado a palavras comuns e as utilizam para expressar conceitos matemáticos.

É provável que a palavra *função* lhe recorde algum cargo que um funcionário ocupa em uma empresa. Em Matemática, ela tem um significado preciso e exato.

> Uma função de A em B é um conjunto de pares ordenados formados do seguinte modo: todo elemento de A está associado a um único elemento de B. O primeiro número do par pertence a A e o segundo a B.

Em geral, para termos uma função, necessitamos de dois conjuntos e uma regra ou fórmula que associe os elementos de um conjunto aos elementos do outro. Por exemplo, na função f de $A = \{2, 3, 5\}$ em $B = \{1, 4, 9, 25\}$ dada por $f = \{(2, 4), (3, 9), (5, 25)\}$, para qualquer par ordenado (x, y), o segundo número é o quadrado do primeiro. Podemos descrever a função por meio da fórmula $y = x^2$.

O conjunto dos primeiros números dos pares ordenados é chamado *domínio* da função. Indicamos assim:

$$\text{Dom}(f) = \{2, 3, 5\} = A$$

O conjunto dos segundos números dos pares ordenados, que é um subconjunto de B, é chamado *imagem* da função. Indicamos assim:

$$\text{Im}(f) = \{4, 9, 25\}$$

Em uma função, o segundo número do par é chamado *valor da função em x* e pode ser representado por $f(x)$, que lemos "efe de xis".

Assim, poderíamos também descrever a função mediante a fórmula $f(x) = x^2$. Observe no exemplo da função $f = \{(2, 4), (3, 9), (5, 25)\}$ que:

$$f(2) = 4, f(3) = 9 \text{ e } f(5) = 25$$

Quando uma função é expressa somente por uma fórmula algébrica, por exemplo $f(x) = 2x + 1$, subentende-se que o domínio é o conjunto formado por todos os números reais para os quais a fórmula tem significado. O domínio da função é então o conjunto $\mathbb{R}$ dos números reais, pois podemos substituir x por qualquer real. Se nós especificarmos o valor de x, por exemplo $x = -5$, encontraremos o valor da função em -5 assim:

$$f(-5) = 2(-5) + 1 = -9$$

EXERCÍCIO RESOLVIDO

ER3 Se $f(x) = x^2 - 2x + 1$, calcule:

a) $f(0)$ b) $f\left(\dfrac{1}{2}\right)$ c) $f(-2)$ d) $f(a)$

Resolução:

Os valores da função descrita pela fórmula $f(x) = x^2 - 2x + 1$ têm significado para qualquer número real x.

a) $f(0) = 0^2 - 2 \cdot 0 + 1 = 1$

b) $f\left(\dfrac{1}{2}\right) = \left(\dfrac{1}{2}\right)^2 - 2 \cdot \dfrac{1}{2} + 1 = \dfrac{1}{4}$

c) $f(-2) = (-2)^2 - 2(-2) + 1 = 9$

d) $f(a) = a^2 - 2a + 1 = (a-1)^2$

Observe que o domínio da função dada pela fórmula

$$f(x) = \sqrt{x-3}$$

é o conjunto formado por todos os números reais x tais que $x - 3 \geqslant 0$, ou seja, $x \geqslant 3$, pois, por exemplo, $f(0) = \sqrt{-3}$ ou $f(2) = \sqrt{-1}$ não representam números reais.

EXERCÍCIO RESOLVIDO

ER4 Descreva o domínio de cada função:

a) $f(x) = \dfrac{2x}{x-3}$

b) $g(t) = \dfrac{\sqrt{t+1}}{t}$

Resolução:

O domínio de uma função expressa os valores que podemos substituir em x para traçar o seu gráfico ou encontrar um valor qualquer.

a) O domínio da função $f(x) = \dfrac{2x}{x-3}$ é formado por todos os números reais, com exceção do 3, pois a expressão $\dfrac{2 \cdot 3}{3-3}$, ou seja, $\dfrac{6}{0}$, não representa um número.

Assim, $\text{Dom}(f) = \{x \in \mathbb{R} \mid x \neq 3\}$.

b) O domínio da função $g(t) = \dfrac{\sqrt{t+1}}{t}$ é dado pelos números reais t tais que: $t \geqslant -1$ e $t \neq 0$

Assim, $\text{Dom}(g) = \{x \in \mathbb{R} \mid t \geqslant -1 \text{ e } t \neq 0\}$.

Gráfico de uma função

A palavra *gráfico* nos recorda uma figura no plano cartesiano. O termo *gráfico* é usado principalmente para descrever uma figura por meio de equações ou inequações cujas soluções são as coordenadas dos pontos dessa figura.

A cada valor x do domínio de uma função deve estar associado um único valor da imagem, que indicamos por y ou $f(x)$. Isso significa que nem toda curva é gráfico de uma função.

Note que, na Figura 1.4, para cada x entre -4 e 4 existe um único y tal que (x, y) pertence ao gráfico.

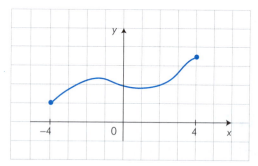

Figura 1.4.

No entanto, a Figura 1.5 não pode ser gráfico de uma função, porque, por exemplo, para $x = 3$ estão associados dois valores: $y = 1$ e $y = 5$.

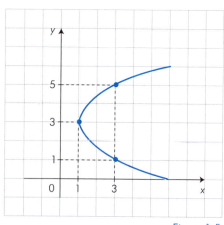

Figura 1.5.

EXERCÍCIO RESOLVIDO

ER5 A figura abaixo é o gráfico de uma função cujo domínio é o conjunto dos números reais? Por quê?

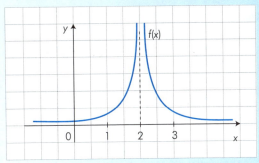

Resolução:

Para que uma curva plana seja a representação gráfica de uma função, todo valor x de seu domínio deve estar associado a um único valor, y ou $f(x)$.

A figura acima não é o gráfico de uma função cujo domínio seja o conjunto dos números reais, porque $x = 2$ não forma par ordenado com nenhum número real.

No entanto, podemos escolher como domínio um subconjunto de $\mathbb{R}$ de modo que essa curva seja a representação gráfica, no plano cartesiano, de uma função.

Por exemplo, $x > 2$ pode expressar o domínio de uma função representada por uma parte do gráfico acima.

Composição de funções

Existem muitas situações em que temos necessidade de fazer uma *composição de funções*. Por exemplo: o volume de uma lata de refrigerante de altura 12 cm é dado por:

$$V(r) = \pi \cdot r^2 \cdot h = 12\pi \cdot r^2$$

Qual será a variação do volume se dobrarmos o raio r?

Podemos pensar em duas funções: $V(r) = 12\pi \cdot r^2$ e $f(r) = 2r$. Calculamos a função composta $V[f(r)]$ substituindo r por $2r$ na expressão do volume:

$$V[f(r)] = V(2r) = 12\pi(2r)^2 = 4 \cdot 12\pi \cdot r^2 = 48\pi \cdot r^2$$

de onde se observa que o volume da lata quadruplica.

EXERCÍCIOS RESOLVIDOS

ER6 Se reduzirmos o raio da lata do exemplo anterior à metade, qual será a variação do volume?

Resolução:

$$V(r) = 12\pi \cdot r^2 \quad \text{e} \quad f(r) = \frac{r}{2}$$

$$V[f(r)] = V\left(\frac{r}{2}\right) = 12\pi \left(\frac{r}{2}\right)^2 = \frac{12\pi \cdot r^2}{4}$$

$$= \frac{1}{4}(12\pi \cdot r^2)$$

Logo, o volume da nova lata é um quarto do volume da lata anterior.

ER7 Dadas as funções $f(x) = x^2 - 2x + 1$ e $g(x) = \dfrac{1}{x^2}$, calcule $f[g(1)]$.

Resolução:

Em primeiro lugar, calculamos $g(1)$:

$$g(1) = \frac{1}{1^2} = 1$$

Depois, calculamos $f[g(1)]$, ou seja, $f(1)$:

$$f[g(1)] = f(1) = 1^2 - 2 + 1 = 0$$

ATIVIDADES

4. A superfície de uma lata de refrigerante tem uma área $S(r) = 2\pi \cdot r^2 + 2\pi \cdot r \cdot h$.
Expresse a fórmula da área de uma lata com 12 cm de altura, se diminuirmos 25% de seu raio.

5. Os vendedores de uma loja recebem uma comissão mensal de 6% sobre o valor das vendas que fizerem se esse valor ficar abaixo de R$ 5.000,00; 8% sobre o valor se esse ficar entre R$ 5.000,00 e R$ 10.000,00; 10% mais uma quantia de R$ 800,00 para valores maiores que R$ 10.000,00. Denote por f(x) a comissão recebida por um vendedor e x o valor das vendas que fez em certo mês.
   a) Descreva f(x).
   b) Calcule quanto recebe de comissão um vendedor cujas vendas atingiram:
      b-1) R$ 3.000,00
      b-2) R$ 8.000,00
      b-3) R$ 12.000,00

Capítulo 1 – Funções

6. O gerente de vendas contrata uma consultoria para fazer uma estimativa do número de DVDs que deve conseguir vender anualmente. O estudo realizado estima que o número de DVDs vendidos no ano x é dado aproximadamente pelo valor f(x), expresso por $f(x) = 60 + 5x + \frac{1}{2}x^2$, em que $x = 0$ corresponde ao ano 2013.

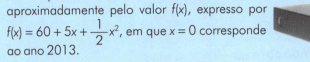

a) Como você interpretaria o valor f(0)?
b) Qual é a estimativa de vendas de DVDs para o ano 2017?
c) Qual é a estimativa de vendas de DVDs para o ano 2018? Escolha a alternativa que lhe pareça mais adequada.
   c-1) 90   c-2) 100   c-3) 110

BANCO DE QUESTÕES

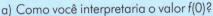

É conveniente escolher mais alguns exercícios se houver necessidade de um reforço no aprendizado.

1. A temperatura de um objeto em graus Fahrenheit é dada pela função $f(x) = \frac{9}{5}x + 32$ em que x representa a temperatura do objeto em graus Celsius. A água congela a 0°C e entra em ebulição a 100°C. Quais são as temperaturas correspondentes em graus Fahrenheit?

2. Os domínios das funções $f(x) = \sqrt{x^2 - 7x + 10}$ e $g(x) = \frac{1}{\sqrt{x^2 - 7x + 10}}$ são diferentes. Por quê?

3. Dada a função $f(x) = x^2 - 2x - 3$, pede-se:
   a) f(–1)   b) f(a)   c) f(x + 2)   d) f(x + h) – f(x)

4. Dadas as funções $f(x) = x - 9$ e $g(x) = \frac{1}{x + 3}$, mostre que:

   a) $f(x^2) \cdot g(x) = x - 3$
   b) $f[g(x)] \neq g[f(x)]$
   c) Pense e reflita: como você calcularia mentalmente $f(363^2) \cdot g(363)$?

5. Um teatro com capacidade para 180 pessoas cobra R$ 20,00 por ingresso para um espetáculo. Os estudantes pagam R$ 10,00 pelo mesmo ingresso. Em um dia havia 45 estudantes no teatro. Represente a receita recebida pelo teatro nesse dia por y e o número de espectadores na plateia que não eram estudantes por x.
   a) Descreva essa receita por meio de uma fórmula.
   b) Qual foi a receita obtida nesse dia se o teatro estava lotado?

6. Dada a função f de A = {0, 1, 2} em B = {–2, –1, 0, 1, 2}, cujos valores são dados por $f(x) = x^2 - 2$, qual é a imagem de f?

7. Uma função f é definida por: $f(x) = \begin{cases} -2x + 1, & \text{se } x < -2 \\ 5, & \text{se } -2 \leq x \leq 2 \\ 2x + 1, & \text{se } x > 2 \end{cases}$

Calcule:

a) $f(-3)$ b) $f(-2)$ c) $f(0)$ d) $f(5)$

8. Descreva o domínio da função $g(x) = \sqrt{(x-2)^2}$.

9. Para transportar cargas, uma empresa de logística cobra uma quantia fixa de R$ 200,00 mais R$ 15,00 por quilômetro rodado. Considere $t(x)$ o custo para transportar uma carga por x quilômetros.

a) Descreva $t(x)$.
b) Qual é o custo de transporte de carga para uma cidade distante 70 km da sede dessa empresa?

10. Sejam f e g funções cujos valores são dados por: $\begin{cases} f(x) = 5x + 3 \\ g(x) = 2x - 4 \end{cases}$

a) Resolva a equação $f(x) - 3 \cdot g(x) = 0$
b) Determine os valores de x para os quais $f[g(x)] = g[f(x)]$.

11. Dada a função $g(t) = t^3 + 2t - 1$, calcule:

a) $g(1)$ b) $g(-1)$ c) $g(b)$

12. Se $f(x) = \dfrac{x^2}{x^2 + 1}$, determine:

a) $f(0)$ b) $f\left(\dfrac{-3}{2}\right)$ c) $f(a - 1)$

13. Descreva o domínio de cada função:

a) $h(x) = \dfrac{1}{\sqrt{x}}$ b) $j(x) = \dfrac{10}{x(x-2)}$

14. Considere a função dada por: $f(x) = \begin{cases} \sqrt{x-1}, & \text{se } 1 \leq x \leq 5 \\ \dfrac{1}{x^2 + 1}, & \text{se } x > 5 \end{cases}$

a) Calcule a soma: $f(1) + f(5) + f(10)$.
b) Qual é o domínio da função?

15. A figura do ER5 é o gráfico de uma função. Seu domínio é o conjunto de todos os números reais:

a) maiores ou iguais a 2?
b) menores ou iguais a 2?
c) diferentes de 2?

16. Analise o gráfico da função y = f(x) para responder às questões abaixo.

    a) Calcule o valor das expressões:

    a-1) f(–1) + f(3)

    a-2) $\dfrac{f(5) - f(-1)}{[f(3)]^2}$

    b) É certo que f(–5) > 0?
    c) Quais são os valores de x tais que f(x) = 0?
    d) Para que valores de x tem-se que f(x) ⩽ 0?

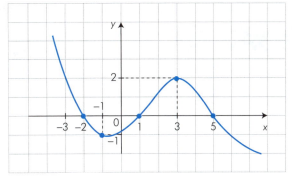

17. Dadas as funções $f(x) = x^2 - 2x + 1$ e $g(x) = \dfrac{1}{x^2}$, calcule:

    a) f[g(–2)]   c) f[g(x)]
    b) g[f(–1)]   d) g[f(x)]

1.2 Função Polinomial do 1.º Grau

Uma função cujos valores são dados por uma fórmula como $f(x) = ax + b$, sendo a e b reais, com $a \neq 0$, chama-se *função polinomial do 1.º grau* (ou *função linear*).

O domínio é o conjunto $\mathbb{R}$ dos números reais, porque podemos substituir x por qualquer número real e encontrar o valor correspondente da função. Podemos também substituir $f(x)$ por qualquer número real k e encontrar o valor correspondente de x:

$$k = ax + b \Rightarrow x = \dfrac{k-b}{a}$$

Portanto: $\text{Im}(f) = \mathbb{R}$.

A Figura 1.6 mostra o gráfico da função $f(x) = 2x - 1$, que é uma reta:

x	2x – 1	y = f(x)
–1	2(–1) – 1	–3
0	2(0) – 1	–1
1	2(1) – 1	1

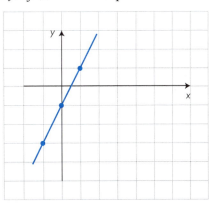

Figura 1.6.

O gráfico de uma função como $g(x) = 2$ também é uma reta (Figura 1.7).

x	y = g(x) = 2
0	2
2	2
4	2
–1	2
⋮	⋮

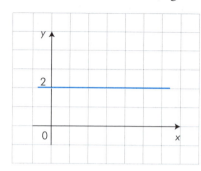

Figura 1.7.

Uma função expressa por uma fórmula como $f(x) = k$, sendo k um número real, chama-se *função constante*. Note que $\text{Dom}(f) = \mathbb{R}$ e $\text{Im}(f) = \{k\}$.

EXERCÍCIOS RESOLVIDOS

ER8 Trace o gráfico e determine as coordenadas das intersecções com os eixos x e y: $f(x) = 2x$

Resolução:

x	y = f(x) = 2x
0	0
1	2

eixo $x \to (0, 0)$
eixo $y \to (0, 0)$

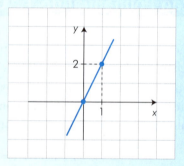

ER9 Expresse a função dada pelo gráfico abaixo mediante a fórmula $f(x) = ax + b$.

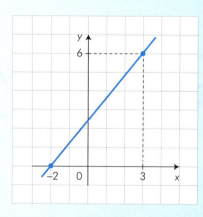

Capítulo 1 – Funções

Resolução:
Como (−2, 0) e (3, 6) pertencem ao gráfico, temos que:
$$f(-2) = 0 = a \cdot (-2) + b \quad \text{e} \quad f(3) = 6 = 3a + b$$
Resolvendo o sistema de equações $-2a + b = 0$ e $3a + b = 6$, obtemos:
$$a = 1{,}2 \text{ e } b = 2{,}4.$$
A função pode ser expressa pela fórmula $f(x) = 1{,}2x + 2{,}4$.

ATIVIDADES

7. Trace um esboço e ache a área limitada pelas seguintes retas:

$$y = 2x - 4 \qquad y = 8 - x \qquad y = 0$$

A superfície encontrada é a representação plana de um terreno construído na escala 1 : 5.000, ou seja, 1 cm na representação plana corresponde a 5.000 cm na realidade. Qual é a área real do terreno em m²?

8. Qual é a área do terreno cuja representação plana é a superfície limitada pela reta do gráfico ao lado, o eixo y e o gráfico da função f(x) = 0,2? Saiba que x e y estão em quilômetros.

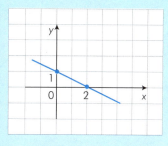

Podemos especificar uma função usando regras diferentes para diferentes subconjuntos do domínio:

$$f(x) = \begin{cases} -1, & \text{se } x < 0 \\ x, & \text{se } 0 \leqslant x \leqslant 3 \\ 1, & \text{se } x > 3 \end{cases}$$

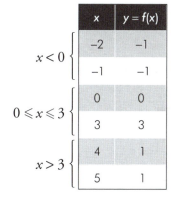

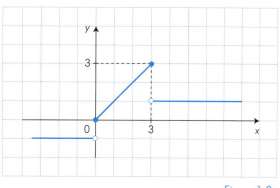

Figura 1.8.

EXERCÍCIO RESOLVIDO

ER10 Considere a função expressa por:

$$f(x) = \begin{cases} x - 4, \text{ se } x \geqslant 4 \\ -(x-4), \text{ se } x < 4 \end{cases}$$

a) Calcule o valor da expressão $f(10) + f(-10)$.
b) Construa o gráfico da função.

Resolução:

a) Para calcular a soma $f(10) + f(-10)$, devemos observar com atenção em qual das expressões substituímos os valores de x:
   » $f(10) = 10 - 4 = 6$, pois $10 \geqslant 4$
   » $f(-10) = -(-10 - 4) = 14$, pois $-10 < 4$
   Assim: $f(10) + f(-10) = 6 + 14 = 20$

b)
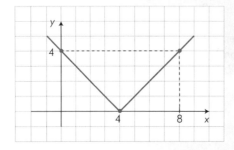

ATIVIDADES

9. Considere a função dada por:

$$f(x) = \begin{cases} 0, \text{ se } x < 0 \\ x + 1, \text{ se } x \geqslant 0 \end{cases}$$

a) Trace o gráfico de f.
b) Para quais valores de x tem-se que f(x) > 0?

10. Em um acampamento infantil, o aluguel que se paga por uma bicicleta é mostrado na tabela abaixo. Construa o gráfico dessa função.

Tempo	Aluguel
Até 1 dia	R$ 15,00
De 1 a 5 dias	R$ 25,00
Mais de 5 dias	R$ 40,00

Declividade de um segmento de reta

O eixo x e todas as retas paralelas a ele são chamados de retas horizontais. O eixo y e todas as retas paralelas a ele são chamados de retas verticais. Um segmento é horizontal se a reta que o contém é horizontal, e é vertical se a reta que o contém é vertical.

Provavelmente você sabe que declive é a inclinação de um terreno, de cima para baixo (descida). A ideia matemática de **declividade** (ou inclinação) de um segmento é um pouco diferente e é mostrada pela Figura 1.9:

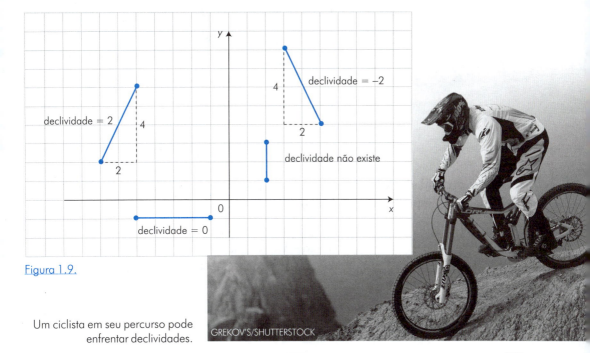

Figura 1.9.

Um ciclista em seu percurso pode enfrentar declividades.

GREKOV'S/SHUTTERSTOCK

Observe a Figura 1.10. Se o segmento $\overline{AB}$ não é vertical, a declividade m de $\overline{AB}$ é:

$$m = \frac{y_2 - y_1}{x_2 - x_1}$$

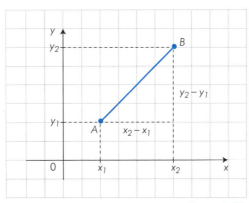

Figura 1.10.

Nesse caso, note que:

» a declividade de um segmento horizontal é 0 (Figura 1.11), pois

$$m_1 = \frac{y_2 - y_1}{x_2 - x_1} = \frac{0}{x_2 - x_1} = 0$$

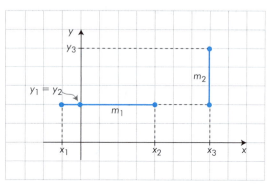

Figura 1.11.

» não existe declividade de segmentos verticais, porque o denominador é 0 e a fórmula da declividade não representa um número:

$$m_2 = \frac{y_3 - y_1}{x_3 - x_3} = \frac{y_3 - y_1}{0}$$

» não importa por qual extremidade começamos escrevendo a fórmula da declividade:

$$m = \frac{y_2 - y_1}{x_2 - x_1} = \frac{-(y_1 - y_2)}{-(x_1 - x_2)} = \frac{y_1 - y_2}{x_1 - x_2}$$

» se um segmento se eleva da esquerda para a direita, a declividade é positiva; se se eleva da direita para a esquerda, a declividade é negativa (Figura 1.12).

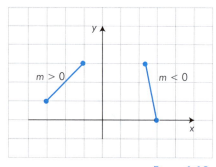

Figura 1.12.

EXERCÍCIO RESOLVIDO

ER11 Calcule a declividade do segmento de extremidades:
a) $A_1(3, 1)$; $A_2(7, 4)$
b) $B_1(6, 0)$; $B_2(-2, 4)$

Resolução:
a) $\overline{A_1A_2}$

$$m = \frac{1-4}{3-7} = \frac{3}{4} = 0,75 \text{ ou } m = \frac{4-1}{7-3} = \frac{3}{4} = 0,75$$

b) $\overline{B_1B_2}$

$$m = \frac{0-4}{6-(-2)} = \frac{0-4}{6+2} - 0,5 \text{ ou } m = \frac{4-0}{-2-6} = -0,5$$

Descrição de uma reta mediante uma equação

Observe que se um segmento tem declividade positiva, a declividade é a razão de duas distâncias; se tem declividade negativa, a declividade é o oposto de uma razão de duas distâncias.

Por causa disso, se uma reta não é vertical, todos os segmentos contidos na reta têm a mesma declividade (semelhança de triângulo), e a declividade dessa reta é a declividade de qualquer segmento contido nela (Figura 1.13).

Supondo que uma reta r passe pelo ponto $P_1(x_1, y_1)$ e tenha declividade m, se $P(x, y)$ é um outro ponto da reta, a declividade de $\overline{PP_1}$ é igual a m.

Observando a Figura 1.14, temos a seguinte equação:

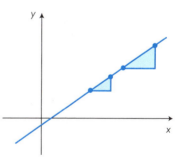

Figura 1.13.

$$\frac{y - y_1}{x - x_1} = m$$

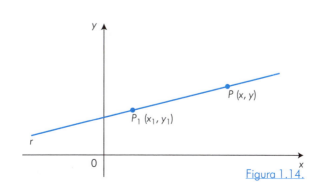

Figura 1.14.

Agora, suponha que $x = x_1$ e $y = y_1$. Note que a equação encontrada não é satisfeita para esses valores, pois o denominador se tornaria igual a 0. Mas se escrevermos a equação nesta outra forma

$$y - y_1 = m(x - x_1)$$

ela será satisfeita, veja:

$$y_1 - y_1 = m(x_1 - x_1) \Rightarrow 0 = m \cdot 0 = 0$$

Observe a Figura 1.15. Para encontrar a equação de uma reta que passa por $P_1(1, 2)$ e $P_2(2, 5)$, estabelecemos a declividade da reta:

$$m = \frac{2-5}{1-2} = 3$$

e escolhemos um dos dois pontos, por exemplo $P_2(2, 5)$, para escrever a equação:

$$y - 5 = 3(x - 2)$$

É comum expressar a equação de uma reta:

» na forma de ponto e declividade:

$$y - 5 = 3(x - 2)$$

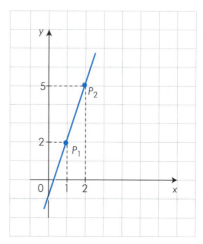

Figura 1.15.

» na forma reduzida, quando escrevemos y em termos de x:

$$y - 5 = 3x - 6 \Rightarrow y = 3x - 1$$

» na forma geral, quando o primeiro ou o segundo membro é igual a 0:

$$y = 3x - 1 \Rightarrow -3x + y + 1 = 0$$

Quando a reta é vertical, não podemos utilizar o conceito de declividade. A equação da reta vertical que passa, por exemplo, por $C(2, 5)$ é $x = 2$, que expressa o conjunto de todos os pares ordenados, e somente eles, cuja abscissa é igual a 2 (Figura 1.16):

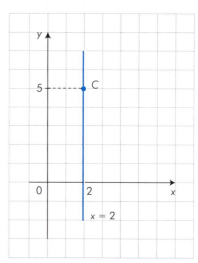

Figura 1.16.

Capítulo 1 – Funções

EXERCÍCIO RESOLVIDO

ER12 Escreva, na forma reduzida a equação da reta que:
a) passa por $P(0, -2)$ e tem declividade $m = -0,72$;
b) passa pelos pontos $P_1(-1, 0)$ e $P_2(2, -3)$.

Resolução:

a) Para escrever a equação da reta que passa por $P(0, -2)$ e tem declividade $m = -0,72$, expressamos a equação na forma de ponto e declividade e depois escrevemos y em termos de x:

$$y - (-2) = -0,72(x - 0)$$
$$y = -0,72x - 2$$

b) Para descrever a reta que passa pelos pontos $P_1(-1, 0)$ e $P_2(2, -3)$, é necessário em primeiro lugar determinar a declividade e, depois, escrever a equação da reta:

$$m = \frac{0+3}{-1-2} = -1$$
$$y - 0 = -1(x + 1)$$
$$y = -x - 1$$

ATIVIDADES

11. Escreva uma equação para cada reta representada nos gráficos a seguir.

a)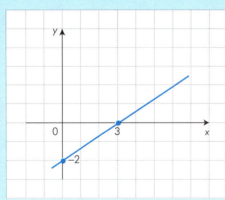

b)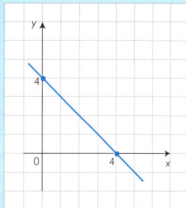

12. Trace os gráficos e escreva as equações de duas retas que se interceptam no ponto $E(2, 6)$, tais que uma tem declividade 0 e a declividade da outra não existe.

13. Determine a declividade de cada reta abaixo.
a) $y = -0,25x + 8$
b) $4x - 6y + 3 = 0$

14. Escreva a equação de cada reta apresentada nos gráficos a seguir.

a)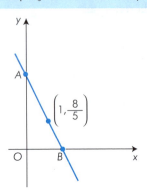

b)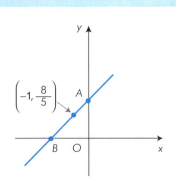

15. Para determinar a área de um terreno triangular cuja posse é disputada por duas famílias, um engenheiro, atendendo à solicitação do juiz da Comarca, esboçou em um plano cartesiano os limites dos terrenos por meio de três retas de equações:

$$y - 1 = 3(x + 1), \quad x + y - 12 = 0 \quad \text{e} \quad y = 4,$$

sendo x e y expressos em unidades de 1.000 m². O juiz determinou que uma família ficasse com $\frac{5}{8}$ do terreno e a outra com o restante.

Qual é a área da parte maior? Indique a alternativa que lhe pareça mais adequada:

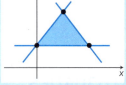

a) 10.000 m²   b) 2.000 m²   c) 15.000 m²

BANCO DE QUESTÕES

18. Considere a função expressa por:

$$f(x) = \begin{cases} 0,05x & \text{para } 100 \leq x \leq 500 \\ 0,04x + 50 & \text{para } x > 500 \end{cases}$$

a) Calcule:
   a-1) f(300)   a-2) f(500)   a-3) f(1.000)

b) Faça um esboço do gráfico de f. Qual é o domínio e a imagem da função?

19. Construa o gráfico e determine o domínio e a imagem, da função:

$$f(x) = \begin{cases} 2x, & \text{se } 0 \leq x < 3 \\ x + 3, & \text{se } 3 \leq x < 4 \\ 2x - 1, & \text{se } x \geq 4 \end{cases}$$

20. Observe o gráfico ao lado, da função y = f(x).

a) Qual é o valor de f(5)?
b) Para que valores de x tem-se f(x) ⩽ 0?
c) Escreva uma fórmula para a função.
d) Determine o domínio e a imagem.

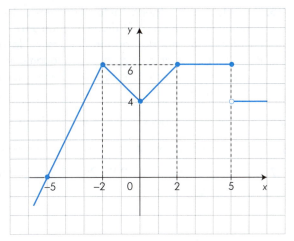

21. Calcule as coordenadas das intersecções do gráfico da função $f(x) = \frac{3}{4}(x-6)+3$ com o eixo x e com o eixo y.

22. O domínio da função f(x) = 2 − x é o conjunto dos números reais x tais que −2 ⩽ x ⩽ 1.

a) Construa o gráfico de f.
b) Calcule a área da região limitada pelo gráfico de f, as retas x = −2 e x = 1 e o eixo x.

23. O gráfico ao lado representa uma função cujos valores são dados por:

y = f(x) = ax + b

Determine a e b.

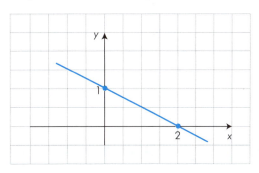

24. Um botânico mede e registra em centímetros o crescimento de uma planta. Ligando os pontos colocados por ele em um gráfico, resulta a figura abaixo. Estime a altura da planta após 30 dias, considerando que a figura seja uma reta.

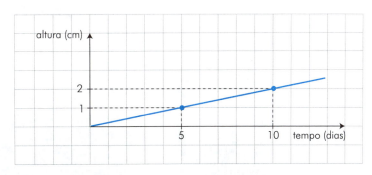

Matemática para Economia e Administração

25. Um hotel tem 85 apartamentos. Podemos estimar que a relação entre o número de apartamentos e o preço da diária de cada um é uma função linear. O hotel tem ocupação total dos quartos quando o preço da diária é R$ 150,00, e para cada R$ 10,00 de aumento no preço, um apartamento a menos é ocupado. Escreva a equação que expressa essa função e determine o número de apartamentos ocupados para uma diária de R$ 310,00.

26. Uma das extremidades de um segmento de declividade $-\frac{1}{2}$ é o ponto $(-1, 2)$. A outra extremidade tem abscissa igual a 16. Qual é a ordenada dessa extremidade?

27. A declividade de $\overline{PQ}$ é $-0,8$. Qual é a declividade de $\overline{AP}$? E de $\overline{AB}$?

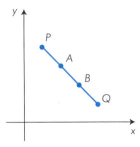

28. A declividade do lado $\overline{AB}$ do triângulo ABC é 4; a do lado $\overline{BC}$ não existe e a do lado $\overline{AC}$ é 0. Qual dos gráficos a seguir representa um esboço correto do triângulo ABC?

a) 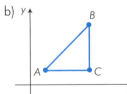   b) 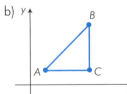   c)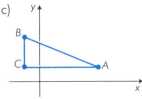

1.3 Funções Receita, Custo e Lucro

A Matemática é uma grande aventura do pensamento humano, mas suas aplicações no cotidiano das pessoas são diretas e concretas.

Suponha que uma companhia de *softwares* produza e comercialize uma nova planilha a um custo de R$ 75,00 por cópia e tenha um custo fixo de R$ 25.000,00 por mês.

A matemática pode ser aplicada em diversas situações do cotidiano.

Quantas cópias devem ser produzidas e comercializadas para se obter um lucro mensal de R$ 15.000,00, se cada cópia é vendida a R$ 125,00?

Esse e outros problemas podem ser melhor expressos por meio das funções.

Uma função custo para um negócio pode ser dividida em duas categorias:

» custos fixos, que permanecem constantes em todos os níveis de produção e incluem despesas como aluguel, seguro, juros, equipamentos, depreciação e devem ser pagas independentemente do número de unidades produzidas;
» custos variáveis, que dependem do número de unidades produzidas, pois envolvem matérias-primas, mão de obra, energia utilizada etc.

Portanto, em qualquer nível de produção:

custo total = custo fixo + custo variável

A função custo total do nosso exemplo pode ser expressa por:

$$C(x) = 25.000 + 75x$$

sendo x o número de cópias produzidas e comercializadas (Figura 1.17).

A função receita é expressa pelo produto:

receita = (número de unidades comercializadas) · (preço de cada unidade do produto)

Assim, no nosso exemplo, teríamos $R(x) = 125x$.

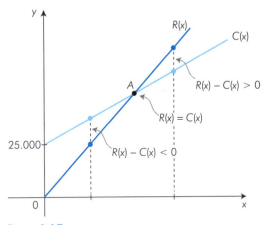

Figura 1.17.

O ponto A do gráfico representa o ponto de equilíbrio, ou seja, a quantidade x cuja receita de venda gerada é suficiente apenas para cobrir os custos.

O lucro é igual à receita menos o custo total, e pode ser expresso por:

$$L(x) = R(x) - C(x) = 125x - (25.000 + 75x) = 50x - 25.000$$

Para se obter um lucro mensal de R$ 15.000,00, o número de cópias vendidas deve ser igual a:

$$50x - 25.000 = 15.000 \Rightarrow 50x = 40.000 \Rightarrow x = 800 \text{ cópias}$$

Matemática para Economia e Administração

EXERCÍCIO RESOLVIDO

ER13 Em geral, o ponto de equilíbrio representa o momento em que a receita se iguala ao custo total, e a partir daí o lucro passa a existir. Suponha que um fabricante venda determinado tipo de caneta esferográfica a R$ 4,00 cada uma. O custo fixos é R$ 2.800,00 e o custo variável é estimado em 30% da receita. Quais são as coordenadas do ponto de equilíbrio?

Resolução:

A função receita pode ser expressa por $R(x) = 4x$ e o custo total por

$$C(x) = 2.800 + 30\% \cdot 4x$$

Quando se atinge o equilíbrio, temos:

$R(x) = C(x)$
$4x = 2.800 + 1,2x$
$2,8x = 2.800 \Rightarrow x = 1.000$ unidades

Assim:

$$C(x) = 2.800 + 1,2 \cdot 1.000 = 4.000$$
$$R(x) = 4 \cdot 1.000 = 4.0000$$

Como $R(1.000) = C(1.000) = 4.000,00$, as coordenadas do ponto de equilíbrio são (1.000, 4.000).

Logo, o fabricante começa a obter lucro quando são vendidas mais de 1.000 canetas esferográficas. (Esse é o significado do ponto de equilíbrio.)

✓ ATIVIDADES

16. Considere que o custo fixo de produção de um artigo seja R$ 7.000,00, o custo variável seja R$ 8,50 por unidade e o artigo seja vendido a R$ 12,00. Qual é a quantidade necessária para se atingir o ponto de equilíbrio?

17. Um bufê estima que se tiver x clientes por mês, sua receita será R$ 2.400,00 · x. O custo fixo mensal é de R$ 10.000,00 e as despesas por cliente são R$ 400,00.

a) Expresse o lucro mensal do bufê em função do número de clientes.
b) Faça um esboço do gráfico da função lucro.

18. Uma padaria obtém um lucro diário que pode ser estimado pela função

$$L(x) = (0,90x - 45)$$

(em reais) quando vende x unidades de uma torta de morango.

a) Quantas tortas de morango deve vender para que a receita se iguale ao custo total?
b) Atualmente, o seu lucro diário é R$ 63,00. Quantas tortas de morango deve vender a mais para que seu lucro seja R$ 90,00 por dia?

SIMONE VOIGT/SHUTTERSTOCK

Capítulo 1 – Funções

19. Uma empresa de telefones celulares tem um lucro mensal de R$ 120.000,00. A função lucro mensal pode ser estimada por $L(x) = 14x - 300$ (milhares de reais) se tiver x milhares de assinantes. Pretende-se fazer uma campanha promocional para elevar o lucro mensal a R$ 330.000,00. Expresse, em termos de porcentagem, quantos assinantes a mais deve-se conseguir.

OLEKSIY MARK/PANTHERMEDIA/KEYDISC

A forma mais completa de expressar uma função é mediante a sua fórmula algébrica, mas os gráficos (ou tabelas) são muito úteis em sua visualização.

EXERCÍCIO RESOLVIDO

ER14 O gráfico ao lado representa a função custo total da produção de determinado tipo de tênis. Quanto será o custo total da produção de 800 pares de tênis?

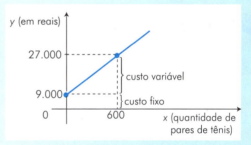

Resolução:
Podemos simplesmente encontrar a função custo total com os pontos (0, 9.000) e (600, 27.000):

$$m = \frac{9.000 - 27.000}{0 - 600} = 30$$
$$y - 9.000 = 30(x - 0)$$
$$y = 30x + 9.000$$

Assim, o custo total na produção de $x = 800$ pares é dado por:
$$y = 30 \cdot 800 + 9.000 = 33.000 \Rightarrow y = R\$ 33.000,00$$

Poderíamos também ter calculado diretamente o custo total de 800 unidades mediante o gráfico: como o custo variável na produção de 600 unidades é igual a $27.000 - 9.000 = 18.000$, o custo variável na produção de $800 = 600 + \frac{1}{3} \cdot 600$ unidades é $18.000 + \frac{1}{3} \cdot 18.000 = 24.000$. Portanto:

$$C_{\text{total}}(800) = 9.000 + 24.000 = 33.000 \Rightarrow C_{\text{total}}(800) = R\$ 33.000,00$$

O custo total será de R$ 33.000,00

Matemática para Economia e Administração

ATIVIDADES

20. Um fabricante de brinquedos produz determinado tipo de carrinho. O gráfico ao lado representa as funções receita e custo total.

Qual será o lucro do fabricante na produção e comercialização de 700 carrinhos?

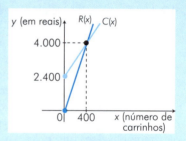

21. João Antunes é um experiente gerente de uma loja de bicicletas. Um estudo mostrou que são vendidas anualmente cerca de 500 bicicletas de determinado modelo. Um estudo realizado por uma empresa de consultoria mostrou que o custo total da produção de x unidades, em reais, é dado por $C(x) = 16.000 + 40x$. Cada unidade é vendida a R$ 200,00.

João Antunes fez um estudo e chegou à conclusão de que, se gastar R$ 12.000,00 a mais em propaganda, haverá um aumento de 10% nas vendas para o próximo ano. O gerente deve gastar ou não os R$ 12.000,00?

BANCO DE QUESTÕES

29. O gráfico abaixo representa a função custo total da produção de determinado tipo de grampeador.

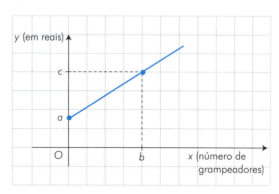

a) Escreva uma expressão algébrica para o custo variável da produção de b unidades de grampeador.
b) Suponha que a = R$ 5.000,00, c = R$ 9.500,00 e b = 600 grampeadores. Qual é o custo de cada unidade?

30. Um fabricante vende seu produto a R$ 14,00 por unidade. O custo fixo é de R$ 9.240,00, independentemente do número de unidades produzidas, e o custo variável é estimado em 45% da receita.

a) Trace o gráfico da função receita e da função custo total.
b) Qual é o ponto de equilíbrio?
c) Qual é a quantidade com a qual o fabricante cobrirá seus custos fixos?

Capítulo 1 – Funções

31. O lucro anual de uma empresa na comercialização de determinado produto pode ser expresso por $L = 40x - 25.000$, em que L representa o lucro anual em reais e x é a quantidade anual vendida.

    No ano passado, o lucro obtido foi de R$ 464.000,00. Quantas unidades do produto foram vendidas?

32. Durante o verão, um pequeno empresário constrói caiaques em uma garagem alugada por R$ 600,00 para toda a temporada. A matéria-prima para construir um caiaque custa R$ 25,00 e ele paga R$ 8,00 de mão de obra por caiaque. Cada caiaque é vendido por R$ 175,00. Quantos caiaques aproximadamente devem ser vendidos para se obter um lucro de R$ 31.500,00?

33. Um fabricante pode vender cadeiras por R$ 70,00 cada uma. O custo total do fabricante consiste em um valor fixo de R$ 8.000,00 mais o custo variável de R$ 30,00 por cadeira. Mensalmente, ele vende cerca de 250 cadeiras. Um estudo solicitado pelo fabricante mostrou que, se diminuir R$ 10,00 no preço de cada cadeira, haverá um aumento de 20% no número de cadeiras vendidas. É vantajoso para o fabricante fazer essa alteração no preço? Por quê?

34. Um estudante universitário cobra R$ 10,00 por página digitada de trabalhos escolares. O seu custo mensal de folhas e cartuchos de tintas para a impressora é estimado em $C(x) = 0,1x + 100$, em que $C(x)$ é o custo total em reais e x é o número de páginas digitadas.

    Em quanto aumenta o seu lucro quando o número de páginas digitadas passa de 100 para 120 páginas por mês?

35. Um artesão fabrica pulseiras de prata de um único tipo e as vende na feira dominical do MASP – Museu de Arte de São Paulo – por R$ 120,00 a unidade. Se o artesão tem um custo fixo de R$ 3.500,00 por mês e um custo variável de R$ 50,00 por unidade, determine o número de pulseiras que deverá vender em um mês para que a receita cubra os custos de fabricação.

MAURICIO SIMONETTI/PULSAR IMAGENS

36. Em relação ao exercício anterior, suponha que a prefeitura da cidade de São Paulo passe a cobrar R$ 600,00 por mês a título de "aluguel pela utilização do espaço no vão-livre do MASP" e que o Estado de São Paulo institua um "imposto de circulação de mercadoria artesanal – ICMA" cobrado do artesão, cujo valor seria de R$ 10,00 por unidade vendida. A que preço o nosso artesão deverá vender cada pulseira de modo que atinja o *nivelamento*, ou seja, o ponto em que a receita e o custo total se igualam, com a venda de 50 unidades? Expresse a variação, em porcentagem, do aumento do preço de cada pulseira de prata em relação ao preço anterior.

37. Uma loja de CDs adquire cada unidade por R$ 20,00 e a revende por R$ 30,00. Se o gasto mensal de manutenção da loja, com pagamento de aluguel, impostos e funcionários, é da ordem de R$ 5.000,00, determine:
    a) a função receita;
    b) a função custo total mensal;
    c) o ponto de nivelamento;
    d) a função lucro mensal;
    e) a quantidade que deverá ser vendida para que haja um lucro de R$ 3.000,00 por mês.

38. Um pequeno fabricante de ternos opera a um custo fixo de R$ 1.000,00 por mês. O custo variável é de R$ 90,00 por terno produzido e cada terno é vendido a R$ 210,00. Atualmente são vendidos mensalmente 50 ternos. Para conseguir um aumento de 20% na quantidade vendida e aumentar o seu lucro, o fabricante decidiu vender cada terno a R$ 190,00. Foi correta essa decisão? Por quê?

39. O custo variável de fabricação de um produto é de R$ 11,00 por unidade e o custo total para produzir 8.700 unidades em um mês é de R$ 115.600,00. O fabricante pretende fixar em R$ 15,00 o preço de venda por unidade. Determine o número de unidades que o fabricante deverá vender para obter um lucro líquido de R$ 4.350,00 se a alíquota do Imposto de Renda for de 27,5% sobre o lucro bruto do produtor. (O lucro líquido é obtido subtraindo-se do lucro bruto a quantia recolhida pelo Imposto de Renda.)

40. Uma loja adquire camisas por R$ 30,00 cada. Estima-se que, se cada camisa for vendida na loja a p reais, o número de camisas vendidas por semana será $x = 500 - 2p$ unidades. Se o custo fixo semanal da loja é de R$ 1.250,00, determine o lucro de uma semana em que são vendidas 400 camisas.

1.4 Funções Demanda e Oferta

O termo *demanda* do consumidor vai significar aqui a quantidade de um produto qualquer comprada pelos consumidores.

Uma *função demanda* expressa a *quantidade* x de um produto demandado ou comprado pelos consumidores com base em seu *preço unitário y* ou $f(x)$. Na prática, muitas dessas funções são aproximadamente lineares na faixa de valores que interessa.

Essas funções são úteis para ajudar a compreender situações do dia a dia das pessoas e também condições econômicas de empresas.

EXERCÍCIO RESOLVIDO

ER15 O proprietário de uma companhia de ônibus fez um estudo e concluiu que, quando o preço de uma excursão é R$ 45,00, 30 pessoas compram passagens; quando o preço é R$ 60,00, são vendidas somente 15 passagens. Quantos passageiros terá a excursão, aproximadamente, se o preço da passagem for:

a) R$ 40,00?   b) R$ 70,00?

Resolução:
Observe a tabela a seguir:

x (número de passagens)	y (preço de cada passagem em reais)
30	45
15	60

O gráfico de uma função linear é uma reta. Portanto:

$$m = \frac{45-60}{30-15} = \frac{-15}{15} = -1$$

Escolhendo um dos pares ordenados, por exemplo (30, 45), temos:

$$y - 45 = -1(x - 30) \Rightarrow y = -x + 75$$

y: preço unitário   *x*: quantidade demandada (vendida)

Podemos estimar que quando o preço da passagem é:

a) R$ 40,00
   $40 = -x + 75$
   $x = 35$
   Assim, 35 passageiros irão à excursão.

b) R$ 70,00
   $70 = -x + 75$
   $x = 5$
   Apenas 5 passageiros irão à excursão.

Observação: normalmente, a declividade de uma curva de demanda é negativa: à medida que o preço aumenta, a quantidade procurada diminui; à medida que o preço diminui, a quantidade procurada aumenta (Figura 1.18).

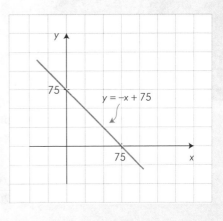

Note que, na realidade, o gráfico da função demanda do ER15 deveria ser uma coleção de pontos correspondentes aos valores naturais de *x* (número de passageiros que vão à excursão). Mas quando definimos a função demanda como uma função polinomial do 1.º grau, embora não expresse exatamente os dados do problema, ela aponta sua solução prática (Figura 1.19).

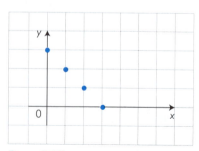

Figura 1.18.

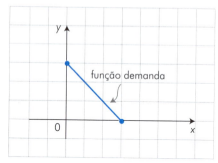

Figura 1.19. Gráfico de função demanda.

Essa mesma observação pode ser aplicada a outras funções que expressem problemas práticos que vamos resolver.

EXERCÍCIO RESOLVIDO

ER16 Uma relojoaria vende determinado modelo de relógio de pulso a R$ 75,00 e estima que são vendidos mensalmente 20 relógios. Foi feita uma promoção durante seis meses e, ao preço de R$ 60,00, foram vendidos cerca de 40 relógios em cada um desses meses. Escreva a função demanda e trace o seu gráfico.

Resolução:

Observe a tabela abaixo.

x	y
20	75
40	60

Para estimar as diversas combinações entre preço e demanda por esse modelo de relógio de pulso, podemos descrever a função demanda como uma função linear.

$$m = \frac{75-60}{20-40} = \frac{15}{-20} = -0,75$$

Escolhendo o par ordenado (20, 75), temos:

$$y - 75 = -0{,}75(x - 20)$$
$$y = -0{,}75x + 90$$

Agora, podemos visualizar ao lado, o gráfico da função.

Assim, com a função demanda, podemos estimar que, por exemplo, a um preço de R$ 90,00, praticamente não será vendido nenhum relógio:

$$90 = -0{,}75x + 90 \Rightarrow x = 0$$

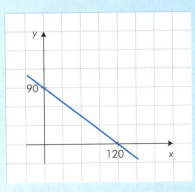

Nos problemas a seguir, considere a função demanda como uma função linear.

ATIVIDADES

22. A figura ilustra o gráfico de uma função demanda para determinado tipo de máquina fotográfica. Quando o preço de uma máquina fotográfica for R$ 35,00, quantas máquinas serão vendidas mensalmente? Escolha a alternativa que lhe pareça mais adequada.

a) 30   b) 40   c) 50

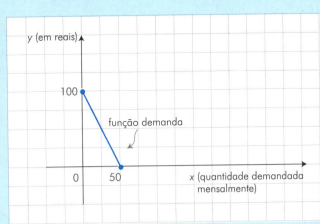

23. Um país importa anualmente 5 modelos de avião por serem considerados necessários à defesa do país, independentemente do preço. Escreva a equação de demanda e trace o seu gráfico.

PANTHERMEDIA/KEYDISC

Matemática para Economia e Administração

> **24.** O gerente de uma empresa analisou as vendas de lanternas recarregáveis e chegou à conclusão de que os clientes irão comprar 20% a mais de lanternas se houver uma redução de R$ 5,00 no preço de cada unidade. Quando o preço unitário é R$ 25,00, 500 lanternas recarregáveis são vendidas mensalmente. Escreva a função demanda e construa o seu gráfico.

Lei da oferta e procura (ou demanda)

Uma importante aplicação econômica envolvendo duas funções, oferta e demanda, está relacionada com a *lei da oferta e procura*. Assim, o preço de mercado de um produto vai ser determinado pelo número de unidades que os produtores vão oferecer ao mercado e pelo número de unidades desse produto que os consumidores desejarão comprar.

Em geral, a oferta dos produtos cresce e a demanda dos consumidores diminui à medida que o preço do produto aumenta.

Algumas funções de oferta são aproximadamente lineares na faixa de valores que interessa, e a declividade da curva de oferta, que nesse caso é uma reta, é positiva: à medida que o preço do produto aumenta, a oferta cresce, e à medida que o preço diminui, a oferta cai.

Suponha, por exemplo, que uma empresa de produtos para computadores, localizada em uma cidade do interior do Estado do Paraná, disponibilizou experimentalmente durante um ano um novo tipo de antivírus no mercado dessa cidade. Os diretores da empresa avaliaram que haveria interesse em disponibilizar 50 unidades semanais do programa ao preço de R$ 180,00, porém se o preço do antivírus estivesse em R$ 150,00 apenas 30 unidades seriam ofertadas ao mercado, pois a produção seria deslocada para outros produtos.

Se representarmos por x a quantidade do produto disponibilizada no mercado pelos produtores e por y o preço unitário, a função oferta é expressa por (Figura 1.20):

Do gráfico, temos (50, 180) e (30, 150). Daí: $m = \dfrac{180-150}{50-30} = 1,5$. Assim, a função é:

$y - 150 = 1,5(x - 30)$
$y = 1,5x + 105$

Agora, considere que, no mês em que o preço de cada unidade atingia R$ 150,00, cerca de 55 antivírus eram vendidos; quando o preço estava em R$ 165,00, aproximadamente 40 antivírus eram vendidos nesse mês. Qual é a função demanda?

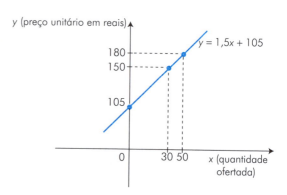

Figura 1.20.

Temos (55, 150) e (40, 165), assim:

$$m = \frac{150-165}{55-40} = -1$$

$$y - 150 = -1(x - 55)$$

$$y = -x + 205$$

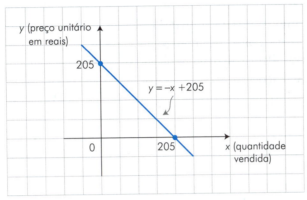

Figura 1.21.

A lei da oferta e da demanda sugere que, de modo geral, em uma situação de competição, um produto tenderá a ser vendido em seu preço de equilíbrio. Se o seu preço for mais alto que o de equilíbrio, sobrará uma quantidade do produto no mercado que obrigará os comerciantes a reduzir seu preço. Se for vendido por um valor menor que o preço de equilíbrio, a demanda será grande, faltarão produtos no mercado e os comerciantes tenderão a elevar os preços.

O preço e a quantidade de equilíbrio são determinados pela intersecção das curvas da oferta e da demanda. Observe a Figura 1.22:

Oferta   *Demanda*
$y = 1{,}5x + 105$ $y = -x + 205$

$1{,}5x + 105 = -x + 205$

$2{,}5x = 100$

$x = 40$

Assim:

$y = -x + 205$

$y = -40 + 205 = 165$

$y = R\$ 165{,}00$

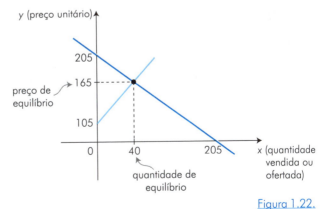

Figura 1.22.

O equilíbrio de mercado ocorre quando a quantidade colocada à venda pelos produtores (oferta) é igual à quantidade que os consumidores estariam dispostos a comprar (demanda).

Matemática para Economia e Administração

EXERCÍCIO RESOLVIDO

ER17 As funções oferta e demanda para certo produto são $y = -2x + 18$ e $y = 0{,}2x + 7$, respectivamente (y representa o preço unitário em reais e x, a quantidade em centenas de unidades). Trace os gráficos das duas funções em um mesmo sistema de coordenadas e calcule a quantidade e o preço de equilíbrio.

Resolução:

Encontramos o preço e a quantidade de equilíbrio no ponto de intersecção das duas curvas. Para isso, basta resolver o sistema de equações:

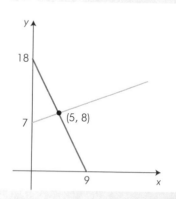

$$\begin{cases} y = -2x + 18 \\ y = 0{,}2x + 7 \end{cases}$$

$0{,}2x + 7 = -2x + 18$

$2{,}2x = 11$

$x = 5 \to$ número de unidades no ponto de equilíbrio

$y = -2 \cdot 5 + 18$

$y = 8 \to$ preço de cada unidade no ponto de equilíbrio

Assim, no equilíbrio, cerca de 500 unidades de determinado produto serão produzidas e vendidas a R$ 8,00 cada unidade.

Nos exercícios a seguir que envolvem outras situações, considere as funções oferta e demanda como aproximadamente lineares na faixa de valores que interessa.

✓ ATIVIDADES

25. A um preço de R$ 9,00 por unidade, uma empresa ofertará mensalmente 3.600 caixas de lápis de cor; a um preço de R$ 7,00 por unidade, ofertará 2.800 unidades. Escreva a expressão da função oferta e esboce o seu gráfico.

26. Em certa cidade, a função oferta mensal de um novo tipo de detergente é dada por $y = 0{,}01x - 4{,}1$ (y representa o preço em reais de cada unidade e x, a quantidade ofertada).
    a) Qual preço unitário leva a uma produção de 500 unidades?
    b) Se o preço de cada unidade for R$ 1,20, qual deverá ser a produção mensal?
    c) Expresse em porcentagem a variação da produção mensal se o preço de cada detergente for R$ 0,75.

27. Uma empresa faz um estudo, durante 10 meses, sobre o lançamento de um novo computador em uma cidade. A um preço de R$ 2.500,00, 30 unidades estavam disponíveis

no mercado; a um preço de R$ 3.000,00, 40 unidades eram ofertadas no mercado da cidade.

- O estudo mostrou também que, pelo preço de R$ 2.000,00 por unidade, havia uma demanda de cerca de 50 computadores, e pelo preço de R$ 2.800,00, havia uma procura mensal por cerca de 25 computadores. Qual é o valor que deve atingir o preço de equilíbrio? Escolha a resposta que lhe pareça mais acertada.

  a) R$ 2.500,00
  b) R$ 2.600,00
  c) R$ 2.700,00

28. O gráfico a seguir representa uma função oferta para determinado tipo de máquina de lavar roupas. Quando o preço de mercado for R$ 680,00, quantas máquinas serão disponibilizadas no mercado? Escolha a alternativa que lhe pareça mais adequada.

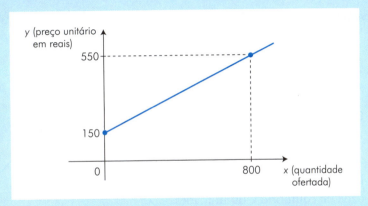

a) 500
b) 1.000
c) 1.500

Intuitivamente, podemos pensar que a função demanda expressa o ponto de vista do consumidor e a função oferta, o ponto de vista do produtor. Assim, se um imposto de p reais por unidade é estabelecido sobre um produto, a função demanda não se altera, pois o consumidor busca um produto, em geral, segundo as suas necessidades e possibilidades financeiras.

Mas a expressão da *oferta*, que era $y = ax + b$ ($a > 0$), passa a ser:

$$y = ax + b + \underset{\underset{\text{imposto por unidade}}{\downarrow}}{p}$$

Isso ocorreu porque o produtor buscará repassar o valor do imposto para o preço do produto.

EXERCÍCIO RESOLVIDO

ER18 Suponha que as funções demanda e oferta de um produto sejam dadas por:

Demanda: $y = 130 - x$ *Oferta:* $y = x + 10$

em que x é a quantidade demandada ou ofertada e y é o preço por unidade do produto.

a) Trace o gráfico de cada função e determine o preço e a quantidade de equilíbrio.

b) Suponha que um imposto de R$ 20,00 por unidade seja estabelecido para o vendedor. Indique o novo preço e a quantidade de equilíbrio e trace os gráficos das funções demanda e oferta.

c) Considere que é pago aos produtores um subsídio de R$ 10,00. Trace os gráficos da função demanda, da nova função oferta e indique o novo equilíbrio.

d) O que se pode observar sobre o preço de equilíbrio nas situações *a*, *b* e *c*?

Resolução:

a) Vamos calcular o ponto de equilíbrio:

$\begin{cases} y = 130 - x \\ y = x + 10 \end{cases}$ ⟶ $x + 10 = 130 - x$
$2x = 120$
$x = 60$ unidades

Como $x = 60$, temos:

$y = 60 + 10$
$y = 70$ reais

Logo, o preço é de 70 reais e a quantidade de equilíbrio é 60 unidades.

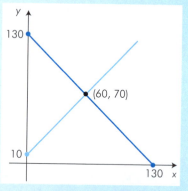

b) Se é estabelecido um imposto de R$ 20,00 por unidade, o novo ponto de equilíbrio será:

$\begin{cases} y = -x + 130 \\ y = x + 10 + 20 = x + 30 \end{cases}$ ⟶ $x + 30 = -x + 130$
$2x = 100$
$x = 50$ unidades

Como $x = 50$, temos:

$y = -50 + 130$
$y = 80$ reais

Logo, o preço é de 80 reais e a quantidade de equilíbrio é 50 unidades.

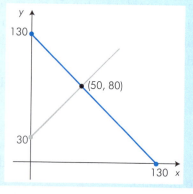

c) Observe com atenção como a instituição de um imposto altera a fórmula da função oferta e o preço de equilíbrio vai ser modificado. Com o subsídio, temos:

$$\begin{cases} y = -x + 130 \\ y = x + 10 - 10 = x \end{cases} \longrightarrow \begin{array}{l} x = -x + 130 \\ 2x = 130 \\ x = 65 \text{ unidades} \end{array}$$

Como $x = 65$, temos que $y = 65$.

O novo equilíbrio é de 65 unidades.

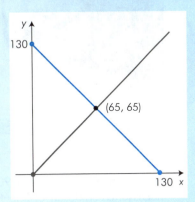

d) Pode se observar que a tendência do produtor de repassar ao consumidor as alterações introduzidas pelas autoridades faz com que o preço aumente com a instituição de um imposto e diminua com o pagamento de um subsídio ao produtor. Note que o subsídio beneficia tanto o consumidor quanto o produtor.

BANCO DE QUESTÕES

41. Quais das seguintes equações podem expressar uma função demanda? Por quê?

a) $x - 4y = 0$ b) $3x + 5y - 10 = 0$ c) $x + y = 100$

42. O gráfico a seguir representa uma função demanda, mensal, para determinada marca de *laptop*. Quando o preço de um computador for R$ 5.500,00, estime quantos computadores serão vendidos mensalmente.

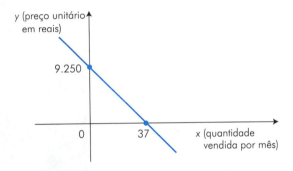

43. O dono de uma loja ilustrou em um gráfico como varia o número de determinada marca de máquinas fotográficas digitais vendidas quando o seu preço aumenta ou diminui. Estime quantas máquinas digitais serão vendidas a mais, por mês, quando o preço unitário, que era R$ 1.500,00, diminuir 20% desse valor.

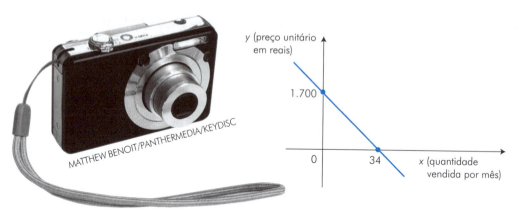

44. Um país importa anualmente 90 geradores, independentemente de seu preço, por serem necessários ao desenvolvimento do país. Esboce o gráfico da equação que expressa a demanda.

45. O gráfico da função ao lado, em geral, não expressa uma função demanda. Explique o motivo com suas próprias palavras.

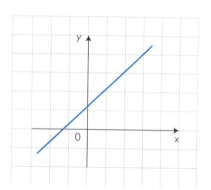

46. Em uma padaria, o preço do pãozinho francês é mantido constante, independentemente da quantidade vendida. Qual dos gráficos a seguir expressa melhor a função demanda? Justifique.

a)
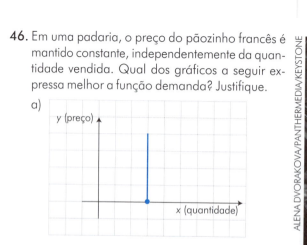

b)
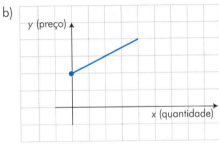

c)
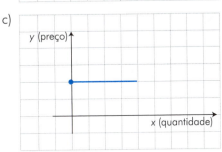

47. Uma papelaria vende 200 canetas por mês a R$ 15,00 a unidade. O lojista planeja reduzir o preço para estimular a venda e estima que, para cada redução de R$ 1,00 no preço unitário, 20 unidades a mais serão vendidas. Estime o preço de venda para uma demanda mensal de 285 canetas.

48. Nenhum consumidor estará disposto a adquirir lanternas de determinada marca se seu preço por unidade for igual ou superior a R$ 200,00. Ao contrário, haverá demanda por lanternas se o preço por unidade estiver em R$ 140,00. Nesse caso, 180 lanternas serão vendidas. Supondo que a função demanda por lanternas é aproximadamente linear, estime o número de unidades demandadas quando o preço chegar a R$ 44,00.

49. Uma multinacional do ramo de entretenimento pretende instalar um parque temático em uma cidade do interior do Estado de Goiás. Por experiência, o gerente financeiro sabe que, a cada dia, o número x de frequentadores está relacionado com o preço p do ingresso pela função: $p = 80 - 0{,}004x$.

  a) Quantos frequentadores serão esperados se o preço do ingresso for R$ 70,00?
  b) Qual é o valor do ingresso no parque para uma frequência diária esperada de 6.000 pessoas?

50. Manoel Rodrigues, proprietário de uma adega, vende 500 garrafas de vinho por mês por R$ 50,00 a unidade. Com a intenção de incrementar as vendas, pensa em reduzir o preço unitário da garrafa de vinho e acredita que, para cada redução de R$ 6,00, conseguirá vender 150 garrafas a mais por mês. Considerando a função demanda como uma função polinomial do 1.º grau, estime quantas garrafas serão vendidas ao preço de R$ 40,00 cada garrafa.

51. As funções demanda e oferta para determinado produto são, respectivamente, $x - 90 + 2p = 0$ e $12p - 9 - 3x = 0$, em que p reais é o preço unitário quando x dezenas de unidades são demandadas ou ofertadas. Pedem-se o preço e a quantidade de equilíbrio de mercado se for instituído um imposto, cobrado do produtor, de R$ 8,25 por unidade vendida.

52. O gráfico a seguir é um esboço das funções demanda e oferta para certo produto. Qual é o preço de equilíbrio?

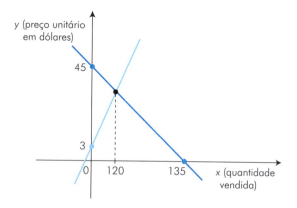

53. Quando o preço de certo modelo de calculadora atinge x reais, os produtores distribuem aos revendedores locais $4x + 200$ calculadoras, ao passo que a demanda local é de $480 - 3x$ calculadoras.

a) Qual é o preço de equilíbrio de mercado?
b) Quantas calculadoras serão vendidas por esse preço?

54. As funções demanda e oferta para um produto são dadas por:

demanda: $2y + 3x = 120$ \qquad oferta: $x = 4y + 12$

em que x é a quantidade demandada ou ofertada e y é o preço por unidade de produto.

Calcule o preço de equilíbrio e o número de unidades demandadas e ofertadas.

1.5 Função Polinomial do 2.º Grau

Quando expressamos uma situação real do dia a dia mediante uma função, devemos sempre imaginar que estamos fazendo uma estimativa, uma aproximação, e que, além das funções lineares, podemos utilizar outros tipos de função para obter representações razoavelmente precisas dentro de uma faixa limitada de valores.

Suponha que um matemático realizou um estudo (Tabela 1.2) em uma pequena fábrica de móveis coloniais e observou que a receita mensal em reais descreve, *aproximadamente*, o gráfico da função $y = 480x - 3x^2$ (Figura 1.23).

Tabela 1.2.

x (quantidade demandada)	y (receita em reais)
20	8.310
40	14.250
50	16.000
60	17.820
80	19.050
100	18.000
110	15.500
120	13.990

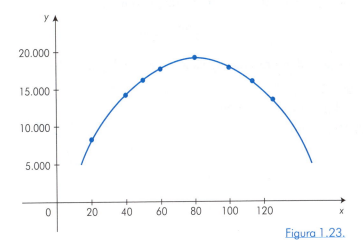
Figura 1.23.

Note que, a partir do gráfico, podemos observar que a receita máxima que a fábrica pode obter é de, aproximadamente, R$ 1.900.

Chama-se *função polinomial do 2.º grau* ou *função quadrática* uma função cujos valores são dados por uma fórmula como $f(x) = ax^2 + bx + c$, sendo a, b e c números reais, com $a \neq 0$.

O gráfico dessa função descreve uma curva chamada **parábola**, cujo eixo de simetria é a reta vertical de equação $x = \dfrac{-b}{2a}$.

As parábolas têm um ponto mínimo para $x = \dfrac{-b}{2a}$, se $a > 0$ (Figura 1.24), e um ponto máximo, também para $x = \dfrac{-b}{2a}$, se $a < 0$ (Figura 1.25).

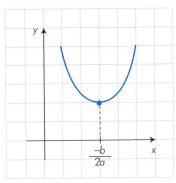
Figura 1.24.

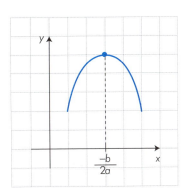
Figura 1.25.

Observe que, para fazer um esboço do gráfico da função $f(x) = ax^2 + bx + c$, você precisa determinar somente três características:

1) se a curva tem um ponto mínimo ($a > 0$) ou um ponto máximo ($a < 0$);

2) a localização do ponto mínimo ou ponto máximo, ou seja $x = \dfrac{-b}{2a}$;

3) as intersecções com os eixos (quando $y = 0$ ou $x = 0$).

Em nosso exemplo, como $a < 0$, a receita máxima se obtém para

$$x = \frac{-b}{2a} = \frac{-480}{2(-3)} = 80$$

Assim, o valor máximo dessa receita é igual a (observe a Figura 1.26):

$y = 480x - 3x^2$
$y = 480 \cdot 80 - 3 \cdot 80^2 = 19.200$
$y = $ R\$ 19.200,00

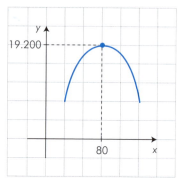

Figura 1.26.

EXERCÍCIOS RESOLVIDOS

ER19 Suponha que o custo total mensal nessa mesma fábrica de móveis seja dado pela função $y = x^2 + 80x$. Qual é o lucro máximo por mês que a fábrica pode obter?

Resolução:

Recorde que a função lucro $L(x)$ é expressa pela receita menos o custo total. Portanto:

$$L(x) = 480x - 3x^2 - (x^2 + 80x) = -4x^2 + 400x$$

Assim, temos:

$$x = \frac{-b}{2a} = \frac{-400}{2(-4)} = 50$$

$L(50) = -4 \cdot 50^2 + 400 \cdot 50 = 10.000$
$L(50) = $ R\$ 10.000,00

ER20 Faça um esboço dos gráficos das funções seguintes.
a) $y = x^2 - 6x + 8$
b) $y = 4 - x^2$

Resolução:

É importante visualizar o gráfico de uma função quadrática, utilizando ao menos três pontos: as raízes (se houver), as intersecções com os eixos x e y e o ponto mínimo ou ponto máximo.

a) Como $a > 0$, o ponto mínimo da curva pode ser calculado assim:

$$x = -\frac{b}{2a} = \frac{-(-6)}{2 \cdot 1} = 3$$

Para $x = 3$, temos:

$$y = 3^2 - 6 \cdot 3 + 8$$
$$y = 9 - 18 + 8$$
$$y = -1$$

Assim, o ponto mínimo é $(3, -1)$.

Para $y = 0$, temos:

$$x^2 - 6x + 8 = 0$$
$$\Delta = 36 - 32 = 4$$
$$x = \frac{6 \pm \sqrt{4}}{2} = \frac{6 \pm 2}{2}$$
$$x = 4 \text{ ou } x = 2$$

Para $x = 0$, temos:

$$y = 0^2 - 6 \cdot 0 + 8$$
$$y = 8$$

Agora, podemos esboçar o gráfico.

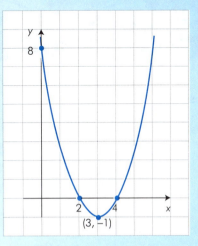

b) Como $a < 0$, o ponto máximo da curva é:

$$x = \frac{-0}{2(-1)} = \frac{0}{-2} = 0$$

Para $x = 0$, temos:

$$y = 4 - 0^2$$
$$y = 4$$

Assim, o ponto máximo é $(0, 4)$.

Para $y = 0$, temos:

$$4 - x^2 = 0$$
$$x^2 = 4$$
$$x = 2 \text{ ou } x = -2$$

Agora, podemos esboçar o gráfico.

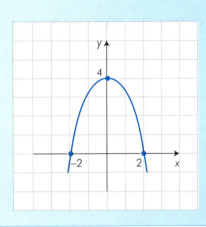

Matemática para Economia e Administração

Considere agora que a função demanda de uma coleção de livros infantis pode ser estimada, dentro de certa faixa de valores, pela equação $y = -0,5x + 95$ (y representa o preço de uma coleção e x, a quantidade de coleções vendidas mensalmente). Assim, por exemplo, se o preço de uma coleção atinge R$ 80,00, são vendidas, mensalmente, cerca de:

$$80 = -0,5x + 95$$
$$0,5x = 95 - 80 = 15$$
$$x = 30 \text{ coleções}$$

Vamos ver a quanto deve ser vendida cada coleção para se obter a maior receita possível.

A receita é definida como o produto: preço unitário vezes quantidade. Portanto:

$$R(x) = y \cdot x$$
$$R(x) = (-0,5x + 95)x$$
$$R(x) = -0,5x^2 + 95x$$

A quantidade a ser vendida e que maximiza a receita é dada por:

$$x = \frac{-b}{2a} = \frac{-95}{2(-0,5)} = 95 \text{ coleções}$$

Logo, o preço correspondente de cada coleção é dado pela função demanda:

$$y = -0,5x + 95$$
$$y = -0,5(95) + 95$$
$$y = 47,5$$
$$y = R\$ \ 47,50$$

EXERCÍCIO RESOLVIDO

ER21 Suponha que a função demanda de um produto seja expressa por $y = 48 - 4x$, em que y representa o preço unitário do produto em reais e x, a quantidade demandada. Calcule a quantidade e o preço que maximizam a receita.

Resolução:

É sempre conveniente ressaltar que para qualquer função demanda $y = f(x)$, a receita $R(x)$ é igual ao produto de x, que é o número de unidades demandadas, por y, que é o preço por unidade demandada: $R(x) = x \cdot y$. Daí:

$$R(x) = x(48 - 4x) = -4x^2 + 48x$$

Assim, a quantidade e o preço que maximizam $R(x)$ é:

$$x = \frac{-b}{2a} = \frac{-48}{2(-4)} = 6 \text{ unidades}$$

$$R(x) = -4 \cdot 6^2 + 48 \cdot 6 = 144 \Rightarrow R(x) = \text{R\$ } 144{,}00$$

A receita máxima será obtida quando forem vendidas 6 unidades do produto a R\$ 144,00 cada uma.

ATIVIDADES

29. A função demanda para determinado modelo de agenda escolar é expressa por $y = 28 - 5x$, em que y representa o preço por unidade e x, a quantidade vendida em centenas. Que quantidade maximiza a receita?

30. Um pequeno empresário de Ilhabela, Estado de São Paulo, produz e comercializa determinado tipo de prancha de surfe. Ele tem um custo fixo de R\$ 500,00 (aluguel de um galpão) e um custo variável (materiais) de R\$ 60,00 por prancha produzida. A um preço de R\$ 300,00 por prancha, cerca de 100 são vendidas mensalmente. A cada aumento de R\$ 100,00 no preço unitário, são vendidas 25 pranchas a menos por mês.
    a) A que preço ele deve vender cada prancha de modo que maximize seu lucro?
    b) Qual é o lucro máximo que pode obter?
    c) Se a prefeitura de Ilhabela instituir um imposto de R\$ 24,00 sobre cada prancha produzida e comercializada, a que preço deve vender cada uma para obter o maior lucro possível?
    d) Em termos de porcentagem, a queda em seu lucro máximo é de aproximadamente:
        d-1) 6%   d-2) 8%   d-3) 10%   d-4) 12%
    Escolha a alternativa que lhe pareça mais adequada.

31. O gráfico a seguir mostra as funções receita e custo da produção e comercialização de determinado produto no intervalo $0 \leqslant x \leqslant 600$ unidades.

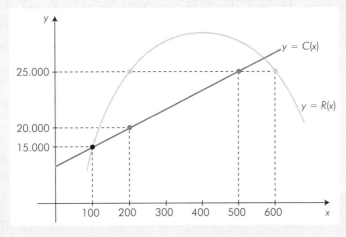

Matemática para Economia e Administração

a) Qual é o lucro obtido com a produção e venda de 200 unidades do produto?
b) Para qual nível de produção a receita obtida é R$ 15.000,00?
c) Houve lucro ou prejuízo na produção e venda de 600 unidades? E de 100 unidades?

32. O gráfico a seguir mostra a função lucro da produção e venda de determinado produto.

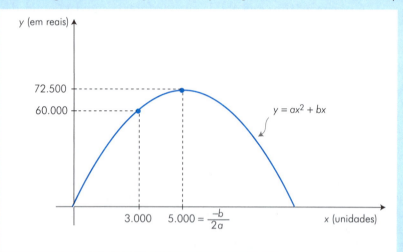

a) Qual é o lucro máximo que pode ser obtido?
b) Qual é o lucro obtido na produção e venda de 7.000 unidades do produto?

Em muitas situações simples do dia a dia, podemos tomar a melhor decisão usando com cuidado e inteligência modelos matemáticos.

EXERCÍCIO RESOLVIDO

ER22 Um grupo de alunos decide publicar uma revista sobre arte, música e literatura, intitulada *Século 21*. Para isso, vão utilizar um computador, uma impressora e contar com a colaboração, em artigos sobre esses assuntos, de alguns professores.

Para saber quantas revistas devem ser impressas e o preço de cada uma, fazem uma pesquisa na escola com a seguinte pergunta: "Até quanto você está disposto a pagar pela revista?".

Preço da revista (y reais)	1	3	5	6	8
Número de pessoas dispostas a pagar (x pessoas)	175	125	75	50	0

Expresse os dados da tabela mediante uma função linear na forma $y = ax + b$. A que preço os alunos devem vender a revista para obter a maior receita possível?

Resolução:

Para a função linear, escolhemos, por exemplo, os pares ordenados (50, 6) e (0, 8):

$$m = \frac{6-8}{50-0} = \frac{-1}{25} = -0{,}04$$
$$y - 8 = -0{,}04(x - 0)$$
$$y = -0{,}04x + 8$$

Para estimar a quantidade de revistas, fazemos:

$$R(x) = x(-0{,}04x + 8) = -0{,}04x^2 + 8x$$

A quantidade máxima de unidades é:

$$x = \frac{-b}{2a} = \frac{-8}{2(-0{,}04)} = 100 \text{ revistas}$$

Obtemos o preço de cada revista que maximiza a receita na função demanda por meio de:

$$y = -0{,}04x + 8$$

y: preço unitário
x: quantidade de revistas

Assim:

$$y = -0{,}04 \cdot 100 + 8 = 4 \Rightarrow y = \text{R\$ } 4{,}00$$

A revista deve ser vendida por R$ 4,00.

ATIVIDADE

DEREK HATFIELD/SHUTTERSTOCK

33. Um casal de artesãos fabrica máscaras para vender na Feira de Artesanato da Avenida Afonso Pena, em Belo Horizonte, nos finais de semana e feriados. A um preço de R$ 10,00 cada uma, 20 máscaras são vendidas por dia; se o preço é de R$ 5,00, são vendidas 70 máscaras por dia. Suponha que a função demanda seja expressa por uma função polinomial do 1.º grau.

Os artesãos têm um gasto de R$ 40,00 por dia com o aluguel de uma barraca e um custo variável de R$ 2,00 na compra de material para a produção de cada máscara.

a) A que preço devem vender cada máscara para obter o maior lucro possível?
b) Suponha que o custo variável tenha aumentado de R$ 2,00 para R$ 4,00. Os artesãos devem repassar todo esse aumento para o consumidor? Por quê?

Matemática para Economia e Administração

BANCO DE QUESTÕES

55. Considere a função:

$$f(x) = \begin{cases} 4x - x^2, \text{ se } x \geqslant 2 \\ x^2 - 4x + 5, \text{ se } x < 2 \end{cases}$$

a) Calcule o valor de $f(4) - f(-4)$.   b) Esboce o gráfico da função.

56. Uma empresa fabrica x milhares de unidades de determinado produto em que o faturamento, ou seja, a receita, e o custo mensais, em milhares de reais, são dados pelas funções:

$$R(x) = 40x - 0,1x^2 \quad \text{e} \quad C(x) = 280 + 24x$$

a) Para que quantidade produzida e comercializada o lucro é igual a 0?
b) Faça um esboço dos gráficos das duas funções.
c) Entre que quantidades a produção desse produto será rentável?

57. Uma revista tem x milhares de assinantes. O gráfico representa as funções faturamento e custo mensais, em milhares de reais, da produção e comercialização dessa revista.

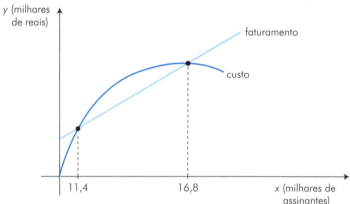

Para que números de assinantes a editora que produz a revista obterá lucro?

58. Um produtor de certo tipo de carteira de couro estima que o seu lucro, em termos do preço de cada carteira, pode ser expresso pela função:

$$P(x) = (50 - x)(x - 6)$$

em que $P(x)$ é o lucro em reais e x é o preço de uma carteira.

A que preço deve vender cada carteira para obter o maior lucro possível?

59. Faça um esboço do gráfico da função a seguir e, depois, determine o domínio e a imagem.

$$f(x) = 2x^2 - x - 3$$

60. Uma empresa de excursões alugará um ônibus, com capacidade para 50 passageiros, para grupos de 36 ou mais pessoas. Se o grupo tiver exatamente 36 pessoas, cada uma pagará R$ 60,00. Para grupos maiores, a passagem de todos será reduzida

em R$ 1,00 para cada passageiro adicional. Com quantos passageiros a empresa vai obter o maior faturamento possível?

61. Faça um esboço dos gráficos das seguintes funções, utilize ao menos três pontos.
a) $y = -x^2 + 4x - 4$
b) $y = x^2 - 4x + 5$

62. Considere a função dada por:
$$f(x) = \begin{cases} x^2 - 2x + 1, \text{ se } x \geq 0 \\ 4, \text{ se } x < 0 \end{cases}$$
Calcule o valor de $f(1) + f(-1)$.

63. Esboce os gráficos das funções:
a) $f(x) = \begin{cases} x^2 - 3x + 2, \text{ se } x \leq 2 \\ x - 2, \text{ se } x > 2 \end{cases}$
b) $g(x) = \begin{cases} 2x - x^2, \text{ se } x \geq 0 \\ -2, \text{ se } x < 0 \end{cases}$

1.6 Curvas de Oferta e Demanda

Você já viu algum objeto com a forma de hipérbole? A secção cônica da Figura 1.27 tem a forma de hipérbole.

Uma **hipérbole** é um conjunto de pontos de um plano tal que, para cada ponto do conjunto, o módulo da diferença de suas distâncias a dois pontos dados, chamados focos, é constante.

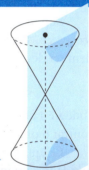

Figura 1.27.

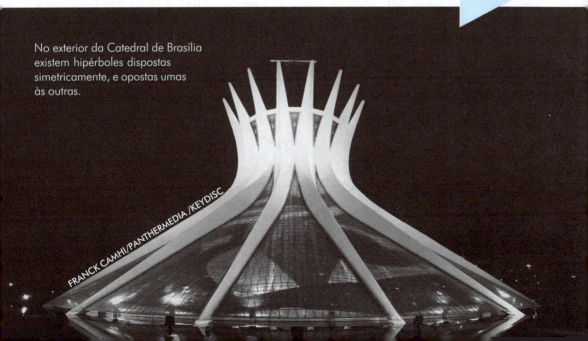

No exterior da Catedral de Brasília existem hipérboles dispostas simetricamente, e opostas umas às outras.

Matemática para Economia e Administração

Muitas situações em Economia podem ser expressas por curvas que descrevem seções cônicas, como as hipérboles de equação:

$$(x - h)(y - k) = c$$

Veja a Figura 1.28.

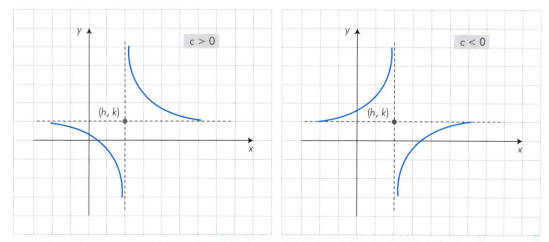

Figura 1.28.

Suponha que um artesão popular produza vários modelos de jarra de barro a um único preço. Um estudo sobre as suas vendas mostrou que as funções demanda e oferta podem ser descritas pelas equações, dentro de certa faixa de valores:

$$\text{Demanda: } y = \frac{1.500}{x} \qquad \text{Oferta: } y = 2x + 10$$

em que x é a quantidade demandada ou ofertada e y é o preço de cada jarra. Como podemos encontrar o preço de equilíbrio?

O equilíbrio de mercado ocorre em um ponto no qual a quantidade demandada e a quantidade ofertada de um artigo são iguais. Considerando que as mesmas unidades para x e y sejam usadas em ambas as equações, a quantidade e o preço de equilíbrio são as coordenadas dos pontos de intersecção das curvas de oferta e demanda (Figura 1.29).

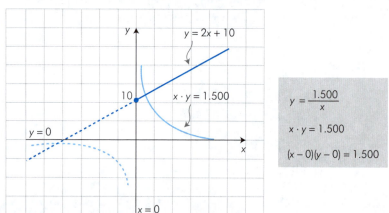

Figura 1.29.

Assim, $y = \dfrac{1.500}{x}$ e $y = 2x + 10$.

Portanto:

$$\dfrac{1.500}{x} = 2x + 10$$
$$2x^2 + 10x - 1.500 = 0$$
$$x^2 + 5x - 750 = 0$$
$$(x + 30)(x - 25) = 0$$
$$x = -30 \text{ ou } x = 25$$

Em geral, para o equilíbrio ter significado, os valores de x e y devem ser positivos ou nulos, isto é, as curvas devem se interceptar no 1.º quadrante.

Assim, em nosso exemplo, o preço de equilíbrio de mercado é dado por:

$$y = \dfrac{1.500}{x} = \dfrac{1.500}{25} = 60 \Rightarrow y = \text{R\$ } 60,00$$

EXERCÍCIOS RESOLVIDOS

ER23 Muitas vezes, quando temos um par de funções, é importante fazer esboços dos gráficos para determinar qual é a curva de oferta e qual é a curva de demanda. No sistema abaixo, suponha que y representa o preço por unidade em reais e x o número de unidades demandadas de certo produto. Encontre o preço de equilíbrio do mercado.

$$\begin{cases} 4y - x = 8 \\ x \cdot y = 32 \end{cases}$$

Resolução:
Vamos considerar, para determinar o preço e a quantidade de equilíbrio, que x e y são positivos.

Fazendo $y = \dfrac{32}{x}$ e substituindo, temos:

$4\left(\dfrac{32}{x}\right) - x = 8$

$\dfrac{128}{x} - x = 8$

$x^2 + 8x - 128 = 0$

$\Delta = 64 + 512 = 576$

$x = \dfrac{-8 \pm 24}{2}$

$x = 8$ unidades $(x > 0)$

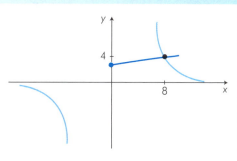

Assim:

$$y = \frac{32}{x} = \frac{32}{8}$$
$$y = R\$ \ 4,00$$

ER24 Esboce o gráfico da função $y = \dfrac{x-5}{x-2}$.

Resolução:
Vamos transformar a equação:

$$y = \frac{x-5}{x-2}$$
$$y(x-2) = x-5$$
$$y(x-2) + 3 = x-5+3$$
$$y(x-2) + 3 = x-2$$
$$y(x-2) - (x-2) = -3$$
$$(x-2)(y-1) = -3$$

Para o esboço do gráfico, já temos que $h = 2$, $k = 1$ e $c = -3 < 0$. Agora, basta calcularmos os zeros:

- Para $y = 0$, temos:
$$-1(x-2) = -3 \Rightarrow -x+2 = -3 \Rightarrow x = 5$$
- Para $x = 0$, temos:
$$-2(y-1) = -3 \Rightarrow -2y+2 = -3 \Rightarrow y = 2,5$$

Assim a hipérbole passa pelos pontos (5, 0) e (0; 2,5).

Esboço do gráfico:

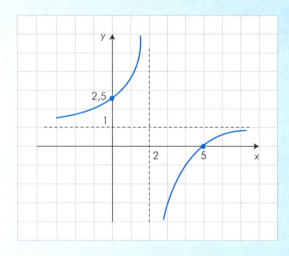

Capítulo 1 – Funções

ATIVIDADES

34. Faça um esboço dos gráficos das funções demanda e oferta. Determine a quantidade e o preço de equilíbrio. Considere que y representa o preço em reais e x, a quantidade.

$$\begin{cases} y = \dfrac{80 - 6x}{x} \\ y - 3x - 2 = 0 \end{cases}$$

35. No plano de coordenadas, você pode observar uma curva de demanda e outra de oferta. Considere que y representa o preço em reais e x, a quantidade.

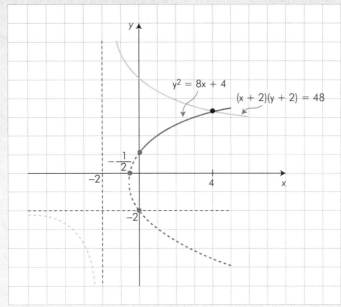

a) Identifique a curva de demanda e a curva de oferta.
b) Qual é o preço de equilíbrio?

36. Uma companhia produz quantidades x e y de dois tipos diferentes de aço, A e B, respectivamente, usando o mesmo processo de produção.

Uma curva de produção expressa a relação entre as quantidades de dois artigos diferentes produzidos pela mesma empresa, usando as mesmas matérias-primas e verbas para a mão de obra. A curva de produção nesse caso é dada por $y = 72 - \dfrac{x^2}{16}$.

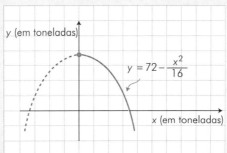

53

Matemática para Economia e Administração

a) Quais as maiores quantidades x e y que podem ser produzidas?
b) Em julho de 2013, Aldo Luís, o gerente da companhia, decidiu que, por questões econômicas, nesse mês a quantidade de aço A produzida deveria ser o quádruplo da quantidade de aço B. Quantas toneladas de cada tipo de aço deveriam então ser produzidas em julho?

37. Uma editora promove uma noite de autógrafos para o lançamento de uma edição especial do livro "Enciclopédia do Pantanal", edição em capa dura. O departamento de *Marketing* fez uma pesquisa e estima que x unidades serão vendidas nessa noite a um preço y cada livro em que $y = 600 - 0,1x^2$ reais.

a) Use uma calculadora gráfica ou um programa no computador (Wolphram Alfa, BrOffice.org Calc, por exemplo) para determinar aproximadamente a quantidade vendida que maximiza a receita. Aproxime o valor de x ao inteiro mais próximo.
b) Calcule o valor da receita máxima.
c) A função custo total pode ser estimada em $C(x) = 5x^2 + 30x + 100$ reais, em que x é o número de unidades produzidas e comercializadas. Use a calculadora gráfica ou o computador para determinar a quantidade que maximiza o lucro.
d) Qual é o valor do lucro máximo?

BANCO DE QUESTÕES

64. Faça um esboço do gráfico das funções:
    a) $(x + 4)(y + 6) = 100$
    b) $x(y - 4) = 24$

65. Escolha valores para x e y e tente esboçar os gráficos das equações:
    a) $x^3 \cdot y = 8$
    b) $x \cdot y^2 = 16$

66. Calcule a quantidade e o preço de equilíbrio para as seguintes funções:
    demanda: $(x + 16)(y + 12) = 360$ oferta: $x - y + 6 = 0$
    em que y é o preço unitário em reais e x é a quantidade.

67. Usando os mesmos recursos, uma fábrica produz dois tipos de papel em quantidades x e y expressas em toneladas. A qualidade do papel y é superior à do papel x.
    A curva de transformação de produto é dada por:
    $(x - 48)(y - 36) = 432$

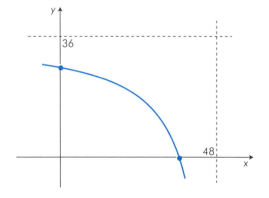

Capítulo 1 – Funções

A produção do papel x deve ser menor que 48 toneladas. Quais as maiores quantidades x e y que podem ser produzidas?

68. Uma companhia produz dois tipos de tecido, A e B, usando o mesmo processo de produção. Para a matéria-prima utilizada, a curva de transformação de produto é dada por:

$$y = 100 - \frac{x^2}{4}$$

em que y expressa a quantidade de tecido B e x a quantiade de tecido A, ambos em kg.
a) Faça um esboço do gráfico da função.
b) Quais as maiores quantidades x e y que podem ser produzidas?
c) Devido ao mercado, a fábrica decidiu que a quantidade a ser produzida do tecido A deve ser o dobro da quantidade produzida do tecido B. Qual deve ser a quantidade produzida do tecido A? Escolha a estimativa que julgar mais adequada.

c-1) x = 17 kg   c-2) x = 18 kg   c-3) x = 19 kg   c-4) x = 20 kg

69. Faça um esboço do gráfico da função abaixo. Determine o domínio e a imagem.

$$x = \frac{-2}{y+1}$$

CÁLCULO, HOJE

Uma lanchonete, no interior de um estádio de futebol, vendia certo tipo de sanduíche em dias de jogos, e a receita $f(x)$, em reais, obtida na venda de x sanduíches, podia ser estimada pela função:

$$f(x) = -0{,}001x^2 + 8x$$

A lanchonete alugava um compartimento por R$ 100,00 em dias de jogos. O proprietário gastava em média R$ 2,00 para fazer os sanduíches, e os vendia aos torcedores por um preço que maximizava o seu lucro.

Um aumento no preço dos produtos alimentícios elevou em 50% o custo para fazer os sanduíches.

O proprietário deve repassar todo esse aumento para os torcedores? Por quê?

VICHAYA KIATYING-ANGSULEE/PANTHERMEDIA/KEYDISC

SUPORTE MATEMÁTICO

1. Ao traçar gráficos de equações, formam-se pares ordenados de números.
   Qualquer associação em pares dos elementos de dois conjuntos de números constitui uma *relação*. Podemos descrever uma relação mediante um gráfico, uma tabela ou uma fórmula.
   Uma fórmula é uma regra expressa, em geral, em termos de equações ou inequações.

2. O conjunto em que os elementos são os primeiros números dos pares ordenados chama-se **domínio**, e o conjunto formado pelos segundos números dos pares ordenados chama-se **imagem**.

3. No gráfico de uma relação, o domínio é marcado no eixo x e a imagem, no eixo y.

4. Uma **função** é uma relação que associa a cada elemento do domínio um único elemento da imagem.

5. Uma função cujos valores são dados por um polinômio do 1.º grau, $ax + b$, em que a e b são números reais e $a \neq 0$, chama-se **função polinomial do 1.º grau** ou **função linear**. O gráfico dessa função é uma reta.

6. Uma função cujos valores são dados por um polinômio quadrático, $ax^2 + bx + c$, em que a, b e c são números reais e $a \neq 0$, chama-se **função polinomial do 2.º grau** ou **função quadrática**.

7. O gráfico de uma função quadrática é simétrico em relação a uma reta vertical. Esse gráfico tem um *ponto máximo* em $x = -\dfrac{b}{2a}$ se $a < 0$ e um *ponto mínimo* em $x = -\dfrac{b}{2a}$ se $a > 0$. O valor máximo ou o valor mínimo são obtidos substituindo $x = -\dfrac{b}{2a}$ no polinômio quadrático.

8. Uma equação como $(x - h)(y - k) = c$ descreve uma curva chamada *hipérbole* e seu gráfico tem uma destas duas formas:

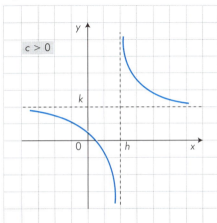
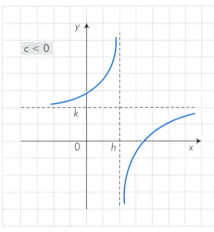

CONTA-ME COMO PASSOU

"Como não me ocorreu isso antes?"

Essa frase deve ter sido repetida por muitos surpresos matemáticos quando tomaram conhecimento de um jovem filósofo e matemático francês, René Descartes (1596-1650), que representou um par de números por um ponto no plano.

Que ideia tão simples e brilhante!

Mas não foi somente pensando na Matemática que Descartes teve essa ideia. Ele viveu em uma época agitada com a colonização do Novo Mundo e alguns dos novos mapas que deve ter visto provavelmente lhe sugeriram o método de construir gráficos.

Descartes, em latim *Cartesius*, estabeleceu uma ponte entre a Geometria e a Álgebra, embora seu objetivo principal tenha sido criar novos métodos para construções geométricas.

A criação da Geometria Analítica e o surgimento das variáveis, no século XVII, abriram caminho para outra poderosa ideia matemática: a função.

O termo função apareceu pela primeira vez em 1692, em um artigo escrito pelo alemão Gottfried Wilhelm von Leibniz (1646-1716), com um significado muito distinto do que usamos atualmente.

O matemático suíço Leonhard Euler (1707-1783), que criou a notação $f(x)$, e o francês Jean Baptiste Fourier (1768-1830) foram os que mais aproximaram a definição da de hoje.

No entanto, foi o matemático alemão Peter Gustav Lejeune Dirichlet (1805-1859) que propôs a definição mais próxima da ideia de função que temos atualmente.

Hoje, graças às equações, aos gráficos e à teoria dos conjuntos, a ideia de função tornou-se muito mais simples e acessível até mesmo aos jovens que estão se iniciando no estudo da Matemática.

CAPÍTULO 2
Limites e Derivadas

Quando assistimos a uma partida em um estádio de futebol, temos uma visão ampla e complexa de um lance de gol: quem o marcou, as posições dos outros 21 jogadores, do árbitro, dos bandeirinhas, a reação dos torcedores etc.

Em uma tela de televisão, em um primeiro momento temos somente uma visão parcial, limitada, da mesma jogada. Mas quando as inúmeras câmeras colocadas em diferentes locais repetem o mesmo lance sob diferentes ângulos, a visão de todos esses "pedaços" do gol nos dá uma percepção tão completa como se estivéssemos no próprio estádio. Em um certo aspecto, até com mais detalhes.

Quando dividimos o gráfico de uma função em partes cada vez menores, infinitamente pequenas, e analisamos o comportamento da função em um desses pedaços, surge a ideia de **limite**, suporte fundamental para uma compreensão clara de um conceito cada vez mais importante no estudo da matemática, as **derivadas**.

No *close* de um lance de gol, temos uma visão limitada da jogada. Da mesma maneira ocorre quando calculamos o limite de um ponto.

FERRAMENTAS

» A declividade de um segmento não vertical de extremidades P_1 e P_2 é (Figura 2.1):

$$m = \frac{y_2 - y_1}{x_2 - x_1} \; ; \; \text{com } x_2 \neq x_1$$

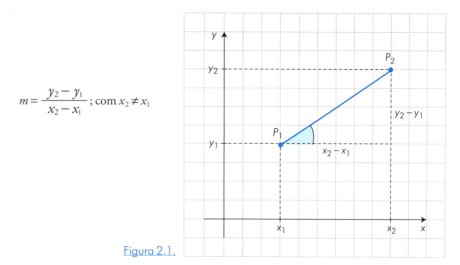

Figura 2.1.

» Note que se os pontos forem trocados, a declividade não muda:

$$m = \frac{y_2 - y_1}{x_2 - x_1} = \frac{-1(y_2 - y_1)}{-1(x_2 - x_1)} = \frac{y_1 - y_2}{x_1 - x_2}$$

Observe que o quociente $\dfrac{y_1 - y_2}{x_2 - x_1}$ não é uma expressão adequada para o cálculo da declividade.

» Não existe declividade de um segmento vertical, porque nesse caso o denominador é igual a 0 (Figura 2.2).

$$m = \frac{y_2 - y_1}{x_2 - x_1} = \frac{y_2 - y_1}{0}$$

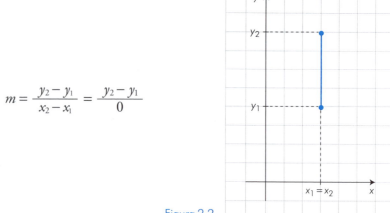

Figura 2.2.

» Observe na Figura 2.3 os sinais das declividades de alguns segmentos:

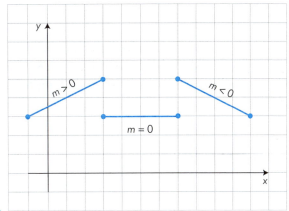
Figura 2.3.

» Em uma reta não vertical, todos os seus segmentos têm a mesma declividade. Por isso, a declividade de uma reta é a declividade de qualquer segmento contido nela (Figura 2.4).

Os triângulos da Figura 2.4 são semelhantes porque têm dois ângulos respectivamente congruentes.

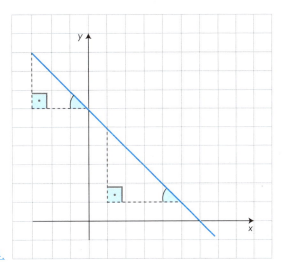
Figura 2.4.

EXERCÍCIO RESOLVIDO

ER1 Indique se a declividade de cada reta da figura ao lado é positiva, negativa ou zero.

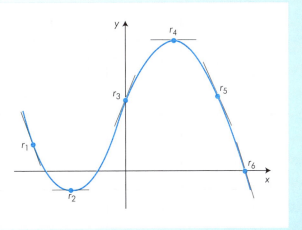

Resolução:

Podemos acompanhar as inclinações de uma curva no plano cartesiano mediante as declividades das retas tangentes à curva em cada ponto. Assim, no gráfico anterior, $m_1 < 0$, $m_2 = 0$, $m_3 > 0$, $m_4 = 0$, $m_5 < 0$, $m_6 < 0$.

ATIVIDADES

1. Em cada figura a seguir, qual das duas retas tangentes à curva tem a maior declividade?

a)
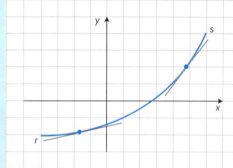

b)
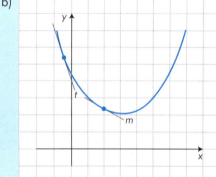

2. Escreva, em ordem crescente, as declividades das retas da figura ao lado.

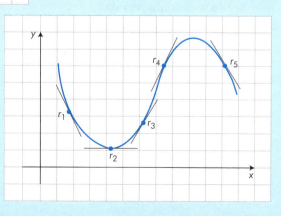

2.1 Noção Intuitiva de Limite

A ideia de se aproximar o máximo possível de um ponto ou de um número e mesmo assim nunca alcançá-lo pode não parecer muito atraente e simples de ser compreendida. Mas essa ideia é tão fundamental nas ciências, atualmente, que vale a pena fazer um esforço para compreendê-la.

Considere a função $f(x) = 2 - x$. O que acontece com essa função quando x assume valores próximos de 0? Nesses casos, $f(x)$ se aproxima cada vez mais do número 2 (Figura 2.5).

Valores de x próximos e menores que 0	2 − x	Valores de x próximos e maiores que 0	2 − x
−1	3	1	1
−0,5	2,5	0,5	1,5
−0,25	2,25	0,25	1,75
−0,001	2,001	0,001	1,999
−0,0001	2,0001	0,0001	1,9999

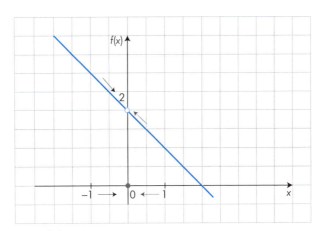

Figura 2.5.

Dizemos, nessa situação, que "o limite de $f(x)$ quando x tende a 0 é 2", e o representamos por:

$$\lim_{x \to 0} f(x) = 2$$

Diversas vezes, apenas olhando o gráfico de uma função, podemos visualizar nitidamente o limite para alguns valores. Outras vezes, a construção de uma tabela de valores nos permite calcular o limite de $f(x)$, quando x se aproxima de algum número.

EXERCÍCIOS RESOLVIDOS

ER2 Calcule $\lim_{x \to a} f(x)$ da figura abaixo.

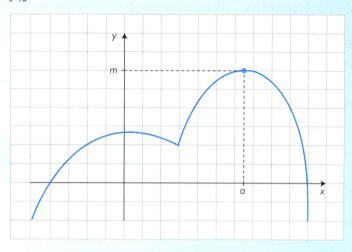

Resolução:

Observando a figura, note que quando x se aproxima de a tanto pela esquerda como pela direita, os valores $f(x)$ se aproximam do número m.

Escrevemos: $\lim_{x \to a} f(x) = m$

ER3 Monte uma tabela de valores de x que se aproximam de 4 e calcule $\lim_{x \to 4} (3x - 4)$.

Resolução:

Valores de x próximos e maiores que 4	3x − 4	Valores de x próximos e menores que 4	3x − 4
4,5	9,5	3,8	7,4
4,25	8,75	3,9	7,7
4,1	8,3	3,95	7,85
4,01	8,03	3,989	7,967
4,001	8,003	3,999	7,997

Assim: $\lim_{x \to 4} (3x - 4) = 8$

ATIVIDADES

3. Calcule $\lim_{x \to 1} f(x)$ em cada figura a seguir.

a)
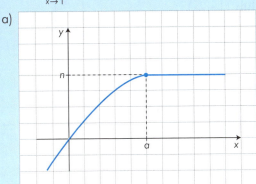

b)
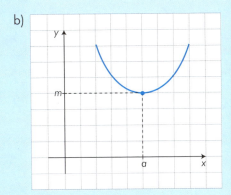

4. Monte uma tabela de valores de x que se aproximam de 3 e calcule $\lim_{x \to 3} (x^2 + 1)$.

Tanto para o estudo de Matemática como de outras ciências, até mesmo na vida cotidiana, nos deparamos com as funções. Essas podem ser expressas de diferentes maneiras: mediante sua representação gráfica, uma tabela de valores, ou então por meio de uma expressão algébrica, que é o modo mais preciso e completo de descrever uma função.

No cotidiano, nota-se que um automóvel em movimento ocupa, a cada instante, uma única posição.

CHRISTIAN-PHILIPP WORRING/PANTHERMEDIA/KEYDISC

Matemática para Economia e Administração

EXERCÍCIO RESOLVIDO

ER4 Construa o gráfico da função $f(x) = 1 - 2x$ e, observando o gráfico, calcule $\lim_{x \to -1} (1-2x)$.

Resolução:

Para calcular $\lim_{x \to -1} (1-2x)$, é conveniente fazer um esboço do gráfico da função $f(x) = 1 - 2x$.

Assim, observando o que ocorre nas proximidades do número -1, temos que:

$$\lim_{x \to -1} (1-2x) = 3$$

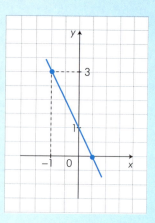

ATIVIDADES

5. Calcule:

a) $\lim_{x \to -0,5} (-2x + 8)$ b) $\lim_{x \to 1} (x^2 - 2x + 5)$

6. Verifique se são verdadeiras ou falsas as afirmações.

a) $\lim_{x \to 0} (-x^3 + 8x^2 - 15x) = 0$

b) $\lim_{x \to 1} (-x^3 + 8x^2 - 15x) > 0$

c) $\lim_{x \to 3} (-x^3 + 8x^2 - 15x) = 3$

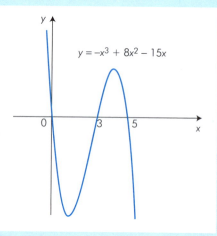

BANCO DE QUESTÕES

1. Trace os gráficos das funções e calcule os limites indicados.

a) $f(x) = \begin{cases} x - 1, \text{ se } 0 \leqslant x \leqslant 1 \\ 1 - x, \text{ se } x > 1 \end{cases}$

$\lim_{x \to 1} f(x)$

b) $f(x) = \begin{cases} x^2 + 1, \text{ se } x \neq 0 \\ 0, \text{ se } x = 0 \end{cases}$

$\lim_{x \to 2} f(x)$

2. O gráfico a seguir corresponde a uma função f que mostra o número de livros em estoque durante um período de 6 meses.

a) Calcule $\lim_{x \to 3} f(x)$ e $\lim_{x \to 0,8} f(x)$

b) Como você interpretaria $\lim_{x \to 1} f(x)$?

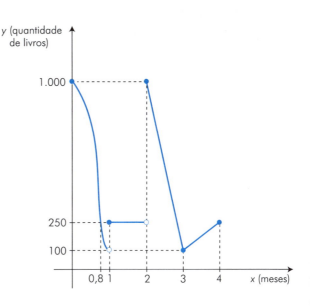

2.2 Funções Contínuas

É importante descrever um conceito matemático não somente mediante fórmulas ou definições, mas mediante palavras que usamos comumente e que traduzam com certa precisão o significado do conceito, às vezes oculto pelas definições.

É conveniente notar que os limites descrevem o comportamento de uma função nas proximidades de determinado ponto, não necessariamente no próprio ponto.

Assim, podemos escrever que $\lim_{x \to a} f(x) = C$, se $f(x)$ se aproxima cada vez mais de um número C à medida que x se aproxima de a (Figura 2.6).

Se quando x se aproxima de a os valores de $f(x)$ não se aproximam de um número específico, dizemos que o limite de $f(x)$ quando x se aproxima de a (é comum se dizer quando "x tende a a") não existe.

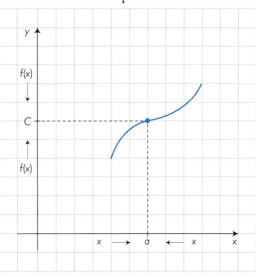

Figura 2.6.

Na Figura 2.7, $\lim_{x \to 3} f(x)$ *não existe,* pois quando x se aproxima de 3 pela esquerda, $f(x)$ se aproxima de 2; porém, quando x se aproxima de 3 pela direita, $f(x)$ se aproxima de 3.

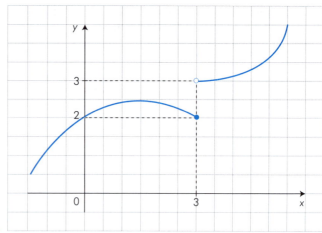

Figura 2.7.

Na Figura 2.8, a pequena circunferência representa uma quebra na curva: a função não está definida para $x = 3$. Mesmo assim, $\lim_{x \to 3} f(x)$ existe e é igual a 2, pois quando x se aproxima de 3 pela esquerda e pela direita, $f(x)$ se aproxima cada vez mais do número 2.

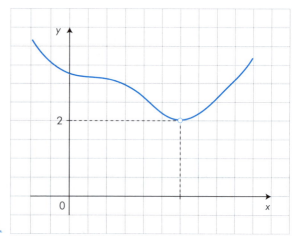

Figura 2.8.

EXERCÍCIO RESOLVIDO

ER5 Para a figura ao lado, calcule $\lim_{x \to a} f(x)$, se existir.

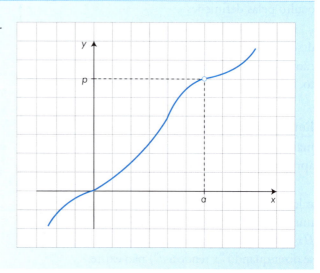

Resolução:

Observe que $\lim_{x \to a} f(x)$ existe e é igual ao número real p.

Os valores $f(x)$ da função da figura se aproximam cada vez mais de p se substituímos x por números menores e cada vez mais próximos de a e se substituímos x por números maiores e cada vez mais próximos de a.

ATIVIDADE

7. Para cada figura abaixo, calcule $\lim_{x \to 1} f(x)$, se existir.

a)

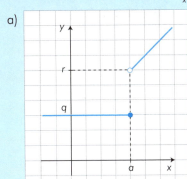

b)

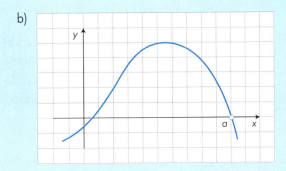

Em um dicionário, a palavra *contínuo* significa algo "em que não há interrupção ou lacunas". Em Matemática, uma função contínua é aquela cujo gráfico não apresenta "buracos": podemos traçá-lo sem levantar o lápis do papel. Mas é necessária uma definição mais precisa do conceito de continuidade.

Uma função é **contínua**, em $x = a$, se satisfizer três condições:

a) $f(a)$ está definido;

b) $\lim_{x \to a} f(x)$ existe;

c) $\lim_{x \to a} f(x) = f(a)$.

Diz-se que uma função é contínua em um intervalo aberto $b < x < c$ se ela é contínua para todos os valores de x do intervalo. Uma função é contínua no intervalo fechado $b \leqslant x \leqslant c$ se for contínua no intervalo $b < x < c$, se $f(x)$ tender a $f(b)$ quando x tender a b pela direita e se $f(x)$ tender a $f(c)$ quando x tender a c pela esquerda.

As três funções representadas abaixo não são contínuas em $x = 1$:

1)

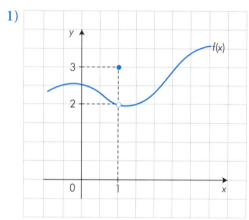

$$\begin{cases} \lim_{x \to 1} f(x) = 2 \\ \lim_{x \to 1} f(x) \neq f(1) \end{cases}$$

Figura 2.9.

2)

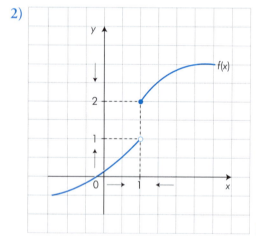

$\lim_{x \to 1} f(x)$ não existe

» $f(x)$ se aproxima de 1 quando x se aproxima de 1 pela esquerda.
» $f(x)$ se aproxima de 2 quando x se aproxima de 1 pela direita.

Figura 2.10.

3)

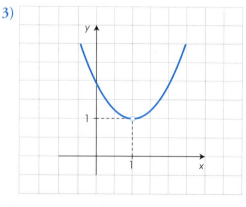

$f(1)$ não está definido

Figura 2.11.

EXERCÍCIO RESOLVIDO

ER6 A função cujo gráfico é dado na figura abaixo é contínua? Por quê?

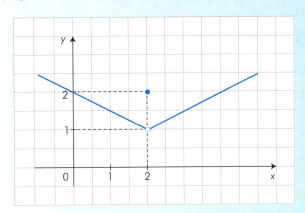

Resolução:

A função cujo gráfico é dado na figura acima não é contínua, pois podemos observar mediante o gráfico que $\lim_{x \to 2} f(x) = 1$ e $f(2) = 2$, ou seja, $\lim_{x \to 2} f(x) \neq f(2)$. Logo, a função não é contínua em $x = 2$.

ATIVIDADE

8. Um garoto que pesou 2,900 kg ao nascer, atualmente, com 14 anos, pesa 32,500 kg. Em algum instante de sua vida ele pesou 10,001 kg? Como você relaciona essa situação com o conceito de função contínua?

Limites de funções polinomiais

As funções polinomiais são contínuas. Nos exercícios, você deve ter notado que se $f(x)$ é uma função polinomial e a um número real qualquer, então, se $f(x) = p(x)$:

$$\lim_{x \to a} p(x) = p(a)$$

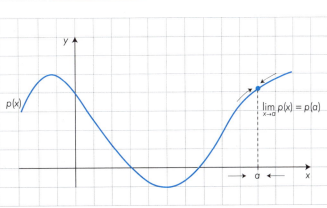

Figura 2.12.

Assim, para calcular, por exemplo, $\lim_{x \to -1} (2x^2 - 5x - 2)$, basta substituir x por -1 na expressão algébrica da função.

$$\lim_{x \to -1} (2x^2 - 5x - 2) = 2(-1)^2 - 5(-1) - 2 = 5$$

EXERCÍCIO RESOLVIDO

ER7 Calcule os limites sem traçar os gráficos:

a) $\lim_{x \to -3} \sqrt{x^2 + 16}$ b) $\lim_{x \to 1} \dfrac{x^2 + 1}{4 - x}$

Resolução:

a) A função $f(x) = \sqrt{x^2 + 16}$ não é uma função polinomial. No entanto, é fácil notar que seu gráfico não tem uma quebra.
Podemos substituir x por qualquer número real e obter o valor $f(x)$ correspondente. Portanto:

$$\lim_{x \to -3} f(x) = \sqrt{(-3)^2 + 16} = 5$$

b) A função $g(x) = \dfrac{x^2 + 1}{4 - x}$ não é contínua em $x = 4$, mas em qualquer outro ponto diferente de $x = 4$ ela é contínua. Assim, para calcular o seu limite quando x, por exemplo, tende a 1, basta substituir x por 1 na expressão algébrica de $g(x)$:

$$\lim_{x \to 1} g(x) = \frac{1^2 + 1}{4 - 1} = \frac{2}{3}$$

ATIVIDADES

9. Calcule os limites sem traçar os gráficos:

a) $\lim_{x \to -1} (x^2 - 1)^{100}$ b) $\lim_{x \to -1} \dfrac{x^2 - 10}{x}$ c) $\lim_{x \to 9} (\sqrt{x - 5} + x)(x - 7)$

10. Faça um esboço do gráfico de cada função e calcule o limite indicado:

a) $f(x) = \begin{cases} 1, & \text{se } x \leqslant 0 \\ -1, & \text{se } x > 0 \end{cases}$

$\lim_{x \to -1} f(x)$

b) $f(x) = \begin{cases} x + 2, & \text{se } x < 0 \\ -x + 2, & \text{se } x \geqslant 0 \end{cases}$

$\lim_{x \to 0} f(x)$

c) $f(x) = \begin{cases} x + 2, & \text{se } -1 \leqslant x \leqslant 1 \\ 2x + 1, & \text{se } 1 < x \leqslant 3 \end{cases}$

$\lim_{x \to 1} f(x)$

d) $f(x) = \begin{cases} x, & \text{se } x \neq 1 \\ 3, & \text{se } x = 1 \end{cases}$

$\lim_{x \to 1} f(x)$

A função $f(x) = \dfrac{x^2 - 4}{x - 2}$ não é uma função polinomial. Note que, se substituirmos x por 2, obtemos uma expressão sem significado:

$$\frac{2^2 - 4}{2 - 2} = \frac{0}{0}$$

Para construir o seu gráfico, simplificamos primeiro a expressão dos valores da função:

$$f(x) = \frac{x^2 - 4}{x - 2} = \frac{(x+2)(x-2)}{x-2}$$

$$f(x) = x + 2$$

O seu gráfico é uma linha reta, mas com uma "quebra" em $x = 2$ (Figura 2.13).

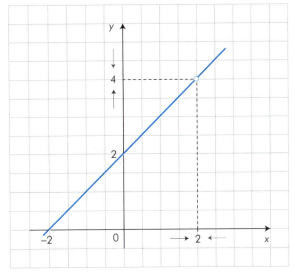

Figura 2.13.

Embora $f(x)$ não esteja definida em $x = 2$, se avaliarmos $f(x)$ para valores de x cada vez mais próximos de 2, tanto à direita quanto à esquerda, o gráfico sugere que $f(x)$ se aproximará de 4. Podemos escrever:

$$\lim_{x \to 2} \frac{x^2 - 4}{x - 2} = \lim_{x \to 2} \frac{(x+2)(x-2)}{x-2} = \lim_{x \to 2} (x+2) = 2 + 2 = 4$$

EXERCÍCIO RESOLVIDO

ER8 Construa o gráfico da função $f(x) = \dfrac{x^2 + 6x}{x}$ e calcule o limite para os valores em que ela não está definida.

Resolução:

A função f não está definida somente para $x = 0$.

Assim, para calcular $\lim\limits_{x \to 0} \dfrac{x^2 + 6x}{x}$, fazemos um esboço do gráfico de:

$$f(x) = \dfrac{x^2 + 6x}{x} = \dfrac{x(x+6)}{x} = x + 6$$

com $x \neq 0$

Portanto: $\lim\limits_{x \to 0} (x+6) = 0 + 6 = 6$

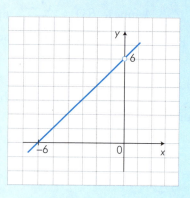

ATIVIDADES

11. As funções a seguir estão definidas para todo valor de x com exceção de um único número. Defina f(x) nesse ponto para que a função seja contínua para todo número real.

a) $f(x) = \dfrac{-x^2 + 10x}{x}$

b) $f(x) = \dfrac{2x^2 - 5x - 3}{x - 3}$

c) $f(x) = \dfrac{x^3 + 8}{x + 2}$

d) $f(x) = \dfrac{2x^2 - 5x + 2}{2x - 1}$

12. Construa o gráfico de cada função e calcule o limite para os valores em que ela não está definida.

a) $f(x) = \dfrac{1 - 8x^3}{1 - 2x}$

b) $f(x) = \dfrac{x^2 + 2x - 3}{x + 3}$

13. Calcule o limite indicado, sem recorrer ao gráfico da função:

a) $\lim\limits_{x \to -2} \dfrac{x^3 + 8}{x + 2}$

b) $\lim\limits_{x \to 1} \dfrac{1 - x^2}{x - 1}$

c) $\lim\limits_{x \to 5} \dfrac{x^3 - 25x}{2x - 10}$

d) $\lim\limits_{x \to 3} \dfrac{-2x^2 + 6x}{x^2 - 9}$

Racionalização de denominadores

Diversas vezes, para simplificar algum cálculo que estava fazendo, você racionalizou o denominador de uma fração, ou seja, obteve uma fração equivalente cujo denominador é um número racional.

$$\dfrac{1}{\sqrt{2} - 1} = \dfrac{1(\sqrt{2} + 1)}{(\sqrt{2} - 1)(\sqrt{2} + 1)} = \dfrac{\sqrt{2} + 1}{(\sqrt{2})^2 - 1^2} = \sqrt{2} + 1$$

Às vezes, para calcular um limite, precisamos seguir um caminho inverso.

Capítulo 2 – Limites e Derivadas

ATIVIDADES

14. Se $f(x) = \dfrac{\sqrt{16+x} - 4}{x}$, qual é o valor de $\lim\limits_{x \to 0} f(x)$? (Experimente multiplicar ambos os termos da fração por $\sqrt{16+x} + 4$.)

15. Calcule: $\lim\limits_{x \to 0} \dfrac{\sqrt{x+4} - 2}{x}$.

BANCO DE QUESTÕES

3. A função $f(x) = x^4 + x^2 + \sqrt{x}$ é contínua em todos os pontos para os quais é definida?

4. Faça uma lista de todos os valores de x para os quais as funções dadas abaixo não são contínuas.

   a) $f(x) = \dfrac{x^3 - 3x}{(3x-4)(1-x^2)}$

   b) $g(x) = \begin{cases} 2x^3 + 4x - 24, \text{ se } x \leqslant 2 \\ \dfrac{x^2 - 4x + 4}{x - 2}, \text{ se } x > 2 \end{cases}$

5. Construa o gráfico da função $y = \begin{cases} x^2 + 4, \text{ se } x \leqslant 2 \\ x^2 - 4, \text{ se } x > 2 \end{cases}$. Para qual valor de x a função não é contínua?

6. Alguma vez em sua vida você já mediu 1,20 m de altura? A altura é uma função contínua do tempo?

7. Um fabricante estima que o custo para produzir x unidades de uma mercadoria é dado por:

$$C(x) = \begin{cases} \dfrac{x^2}{4} + 5x + 100 \text{ dólares, para } 0 \leqslant x \leqslant 100 \text{ unidades} \\ \dfrac{x}{0,1} + k \text{ dólares, para } x > 100 \text{ unidades} \end{cases}$$

Para qual valor de k a função custo é contínua para todos os valores para os quais está definida?

8. Para cada uma das funções $f(x)$ abaixo determine, se existir, $\lim\limits_{x \to 0} f(x)$.

a)
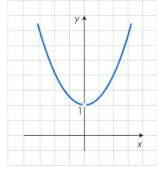

b)
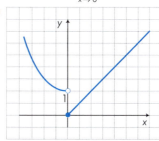

c) 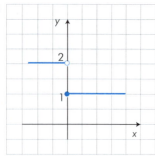   d)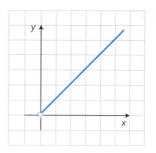

9. Dado o gráfico da função f(x), é certo que $\lim_{x \to 1} f(x) = 4$? Por quê?

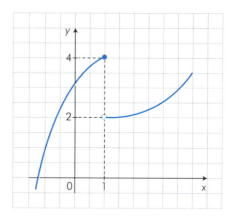

10. Calcule o valor de $\lim_{x \to 9} \dfrac{\sqrt{x} - 3}{x - 9}$.

11. Qual é o valor de $\lim_{x \to 10} (2x^2 - 6x - 141)^{101}$?

2.3 Infinito e Limites

Em nossa definição de limite, para que $\lim_{x \to b} f(x) = L$, é necessário que $f(x)$ se aproxime cada vez mais do número real L, à medida que x se aproxima do número real b (Figura 2.14).

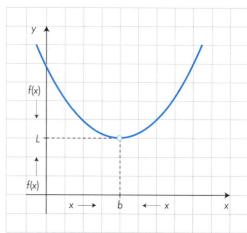

Figura 2.14.

No entanto, podemos usar a notação de limite e os símbolos ∞ (ou +∞) e −∞ se quisermos estudar o comportamento de uma função quando x aumenta ou diminui indefinidamente. Lembre-se de que o símbolo ∞ em nenhuma situação representa um número.

Assim, observando o gráfico da função $f(x) = 1 - 2x$ (Figura 2.15), por exemplo, podemos notar que seus valores $f(x)$ aumentam indefinidamente quando x diminui indefinidamente e diminuem indefinidamente quando x aumenta indefinidamente. Representamos assim, com a notação (mas não o conceito) "emprestada" de limites:

$$\lim_{x \to -\infty} f(x) = +\infty \qquad \lim_{x \to +\infty} f(x) = -\infty$$

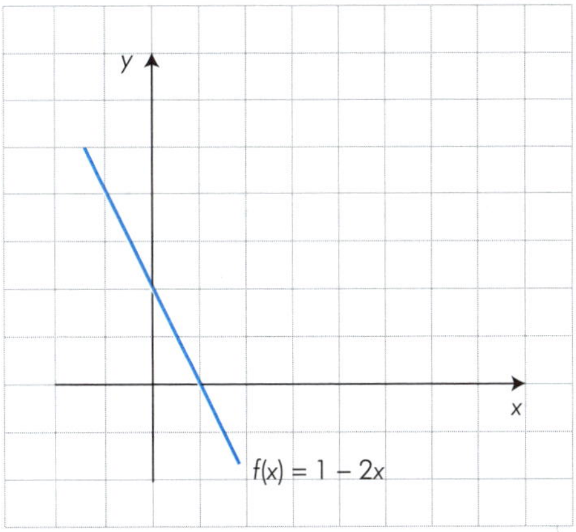

Figura 2.15.

Note, na Figura 2.16, que os valores $f(x)$ se aproximam do número 1 quando x aumenta indefinidamente e do número 0 quando x diminui indefinidamente.

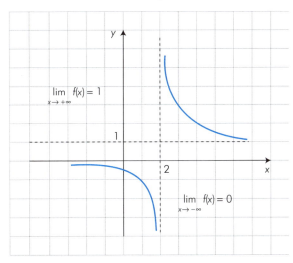

Figura 2.16.

Ainda na Figura 2.16, observe que $f(x)$ aumenta indefinidamente quando x se aproxima de 2 do lado direito ($x > 2$) e diminui indefinidamente quando x se aproxima de 2 do lado esquerdo ($x < 2$). Escrevemos:

$$\lim_{x \to 2^+} f(x) = +\infty \qquad \lim_{x \to 2^-} f(x) = -\infty$$

Matemática para Economia e Administração

EXERCÍCIO RESOLVIDO

ER9 Observe o comportamento da função $f(x)$ da figura ao lado e descreva os limites:

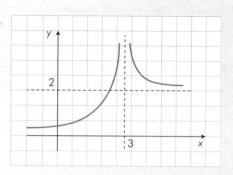

a) $\lim_{x \to 3^-} f(x)$

b) $\lim_{x \to 3^+} f(x)$

c) $\lim_{x \to +\infty} f(x)$

d) $\lim_{x \to -\infty} f(x)$

Resolução:
Se observarmos o comportamento da função $f(x)$ da figura acima, podemos escrever:

a) $\lim_{x \to 3^-} f(x) = +\infty$

b) $\lim_{x \to 3^+} f(x) = +\infty$

c) $\lim_{x \to +\infty} f(x) = 2$

d) $\lim_{x \to -\infty} f(x) = 0$

ATIVIDADES

16. A figura ao lado mostra o gráfico da função $f(x) = x^3$. Descreva os limites:

    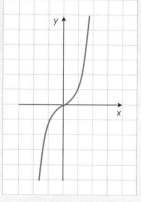

    a) $\lim_{x \to +\infty} f(x)$

    b) $\lim_{x \to -\infty} f(x)$

17. Faça um esboço do gráfico da função $f(x) = x^2 - 4x + 5$ e descreva os limites:

    a) $\lim_{x \to +\infty} (x^2 - 4x + 5)$

    b) $\lim_{x \to -\infty} (x^2 - 4x + 5)$

Você pode calcular intuitivamente alguns limites sem recorrer ao gráfico da função. Assim, para calcular $\lim\limits_{x \to +\infty} \dfrac{1}{x^2+4}$, note que, quando x aumenta cada vez mais, ou seja, tende a $+\infty$, o mesmo acontece com x^2+4 e, portanto, $\dfrac{1}{x^2+4}$ se aproxima de 0. Assim, $\lim\limits_{x \to +\infty} \dfrac{1}{x^2+4} = 0$.

Para determinar $\lim\limits_{x \to +\infty} \dfrac{4x+1}{2x+5}$, recorremos à álgebra:

$$\lim_{x \to +\infty} \frac{4x+1}{2x+5} = \lim_{x \to +\infty} \frac{x\left(4+\dfrac{1}{x}\right)}{x\left(2+\dfrac{5}{x}\right)} = \lim_{x \to +\infty} \frac{4+\dfrac{1}{x}}{2+\dfrac{5}{x}}$$

Quando x aumenta indefinidamente, $\dfrac{1}{x}$ e $\dfrac{5}{x}$ se aproximam de 0, de modo que $\left(4+\dfrac{1}{x}\right)$ se aproxima de 4 e $\left(2+\dfrac{5}{x}\right)$ se aproxima de 2. Assim, o limite que queremos obter é $\dfrac{4}{2} = 2$.

EXERCÍCIO RESOLVIDO

ER10 Calcule os limites a seguir, sem recorrer ao gráfico das funções.

a) $\lim\limits_{x \to -\infty} \dfrac{1}{x^3}$ b) $\lim\limits_{x \to +\infty} \dfrac{1}{x-5}$

Resolução:

a) Note que, quando substituímos x por valores cada vez menores, x^3 também torna-se cada vez menor e a fração $\dfrac{1}{x^3}$ aproxima-se cada vez mais do número 0.

b) Agora, note que, quando substituímos x por valores cada vez maiores, $x-5$ também torna-se cada vez maior e a fração algébrica $\dfrac{1}{x-5}$ aproxima-se cada vez mais do número 0.

Assim, os dois limites são iguais a zero.

ATIVIDADES

18. Calcule os limites a seguir, sem recorrer ao gráfico das funções.

a) $\lim\limits_{x \to +\infty} \dfrac{10x+1}{2x-4}$

b) $\lim\limits_{x \to +\infty} \dfrac{x^2+2x}{x^2-4}$

c) $\lim\limits_{x \to -\infty} \dfrac{1}{x^4}$

d) $\lim\limits_{x \to -\infty} \dfrac{x+10}{4x-2}$

Matemática para Economia e Administração

19. Com uma calculadora, obtenha os valores da função $f(x) = \dfrac{2x}{2^x}$ para valores grandes de x e, depois, estime o valor do limite:
$$\lim_{x \to +\infty} \dfrac{2x}{2^x}$$

BANCO DE QUESTÕES

12. Com base no gráfico da função da figura ao lado, descreva os limites:

a) $\lim\limits_{x \to 4^-} f(x)$

b) $\lim\limits_{x \to 4^+} f(x)$

c) $\lim\limits_{x \to +\infty} f(x)$

d) $\lim\limits_{x \to -\infty} f(x)$

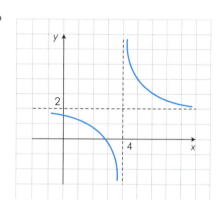

13. Determine $\lim\limits_{x \to +\infty} \dfrac{18x+1}{x}$.

14. Faça um esboço do gráfico da função $y = \dfrac{1}{x}$, para $x > 0$. Em seguida, faça um esboço do gráfico de $y = -\dfrac{2}{x}$ (para $x > 0$), sem fazer mais nenhum cálculo, e determine:

a) $\lim\limits_{x \to 0^+} -\dfrac{2}{x}$

b) $\lim\limits_{x \to +\infty} -\dfrac{2}{x}$

15. Faça um esboço do gráfico da função $f(x) = \dfrac{x-1}{x-3}$ e determine:

a) $\lim\limits_{x \to 3^-} f(x)$

b) $\lim\limits_{x \to 3^+} f(x)$

16. Determine $\lim\limits_{x \to +\infty} \dfrac{4x^2 + 5x - 2}{36x^2 - x + 6}$. Experimente fatorar o numerador e o denominador usando como fator comum o termo x.

17. Considere a função $f(x) = \dfrac{4x^2}{2x^2 + x - 10}$. Determine os limites:

a) $\lim\limits_{x \to +\infty} f(x)$

b) $\lim\limits_{x \to -\infty} f(x)$

18. Em cada caso a seguir, determine $\lim\limits_{x \to +\infty} f(x)$.

a) $f(x) = x^3 - 10x + 2$

b) $f(x) = \dfrac{9x^2 - 4x + 1}{3x + 2}$

c) $f(x) = 1 - x^4$

d) $f(x) = (x^2 + 1)^{10}$

19. A figura ao lado mostra o gráfico da função f(x). Determine:

a) $\lim_{x \to -\infty} f(x)$

b) $\lim_{x \to +\infty} f(x)$

c) $\lim_{x \to 1} f(x)$

d) $\lim_{x \to 2} f(x)$

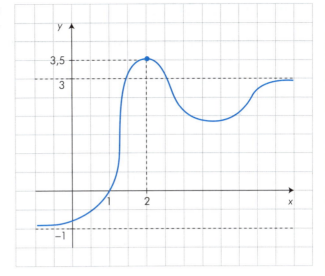

2.4 Derivada

Você já conhece o significado de uma reta tangente a uma circunferência em um ponto P: é a reta que toca essa circunferência somente nesse ponto P (Figura 2.17). Observe que quanto mais ampliamos o arco de circunferência, mais esse arco fica parecido com a reta tangente (Figura 2.18).

Figura 2.17.

Figura 2.18.

Por causa disso, podemos dizer que a reta tangente em P reflete a inclinação da circunferência em P. Um raciocínio semelhante a esse sugere a definição mais apropriada para a inclinação de uma curva em um ponto qualquer da curva (Figura 2.19).

Figura 2.19.

A inclinação de uma curva em um ponto P é a declividade (ou inclinação) da reta tangente à curva no ponto P.

EXERCÍCIO RESOLVIDO

ER11 Estime a inclinação de cada curva da figura no ponto P.

a)

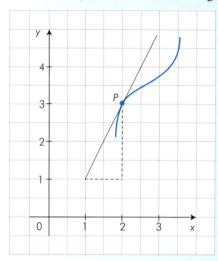

b)

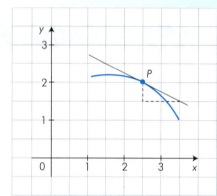

c)

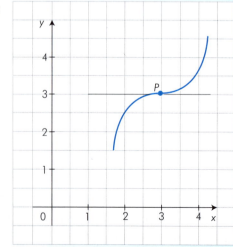

Resolução:

Para estimar a inclinação de cada curva no ponto P, calculamos a declividade da reta tangente à curva nesse ponto.

a) Note que $m > 0$, assim:

$$m = \frac{3-1}{2-1} = \frac{2}{1} = 2$$

b) Note que $m < 0$, assim:

$$m = \frac{2-1,5}{2,5-3,5} = -\left(\frac{0,5}{1}\right) = -0,5$$

c) Temos $m = 0$, pois $y_1 = y_2$.

ATIVIDADES

20. Nas figuras abaixo, esboce a reta tangente aos pontos indicados.

a)
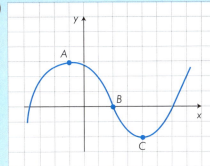

c)
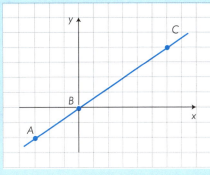

b)
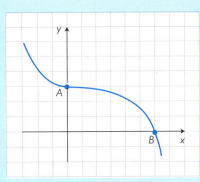

d)
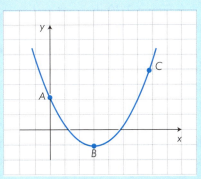

21. Determine se é positiva, negativa ou nula a inclinação da curva nos pontos indicados.

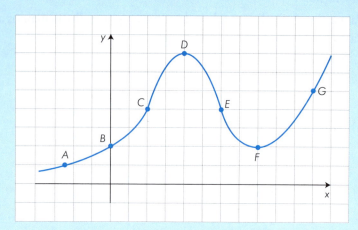

22. A figura ao lado mostra o gráfico da função $y = x^3$.

a) Determine qual é a inclinação da curva no ponto $(-1, -1)$.

b) Qual é a inclinação da curva no ponto $(1, 1)$?

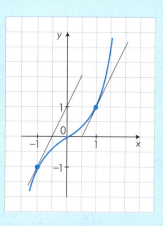

A Figura 2.20 ilustra o gráfico de uma função $y = f(x)$.

Uma função cujos valores são dados por uma fórmula que fornece a inclinação da curva em cada ponto chama-se *derivada* e é representada por $f'(x)$.

Observe que $f'(x)$ expressa a declividade da reta tangente à curva $y = f(x)$ em termos da abscissa x do ponto de tangência.

É importante que você compreenda claramente a diferença entre os valores das funções $f(x)$ e $f'(x)$.

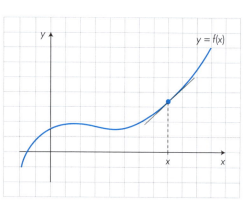

Figura 2.20.

EXERCÍCIO RESOLVIDO

ER12 A figura ao lado mostra os gráficos da função $y = f(x)$ e da reta tangente ao gráfico de $f(x)$ em $x = 4$. Calcule $f(4)$ e $f'(4)$ e interprete os seus significados.

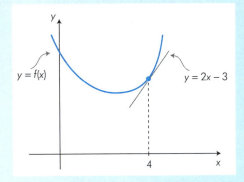

Resolução:

A figura mostra os gráficos de uma função $y = f(x)$ e da reta tangente a essa função no ponto $(4, f(4))$.

Assim, podemos calcular as coordenadas do ponto de intersecção:

$$y = 2 \cdot 4 - 3 = 5$$

As coordenadas são $(4, 5)$. Portanto, $f(4) = 5$.

No entanto, $f'(4)$ expressa a inclinação da reta tangente $y = 2x - 3$ no ponto $x = 4$, ou seja, $m = f'(4)$. Para calcularmos m, precisamos de mais um ponto da reta tangente. Assim, para $x = 0$, temos $y = -3$, daí:

$$m = f'(4) = \frac{-3-5}{0-4} = \frac{-8}{-4} = 2$$

ATIVIDADES

23. A figura ao lado mostra os gráficos das funções $y = f(x)$ e $y = f'(x)$. Quais são os valores de $f(3)$ e $f'(3)$?

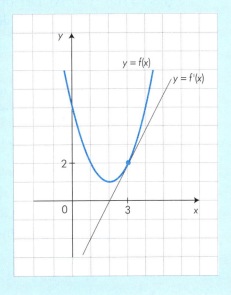

24. Observe o gráfico da função $y = f(x)$ e da reta tangente ao gráfico no ponto de abscissa $x = 4$.

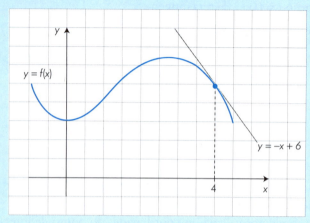

a) Calcule $f(4)$.
b) Calcule $f'(4)$. O que significa o resultado?

Com a derivada de uma função, podemos calcular a equação da reta tangente a seu gráfico em um ponto qualquer, desde que exista a derivada nesse ponto.

EXERCÍCIO RESOLVIDO

ER13 A figura ao lado mostra os gráficos das funções $y = f(x)$ e $y = f'(x)$. Determine a equação da reta tangente ao gráfico de $y = f(x)$ no ponto $P(0, -4)$.

Resolução:

Para encontrar a equação da reta tangente à curva $y = f(x)$ no ponto $P(0, -4)$, observe na figura que:

$$f'(0) = m = 6$$

A equação da reta tangente pode ser expressa por:

$$y - y_P = m(x - x_P)$$
$$y - (-4) = 6(x - 0)$$
$$y = 6x - 4$$

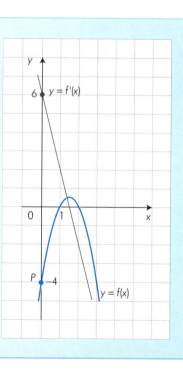

ATIVIDADES

25. A figura ao lado mostra o gráfico da função f(x).

   a) Qual é a inclinação da curva no ponto (2, 2)?

   b) Qual é a equação da reta tangente ao gráfico de f(x) em (2, 2)?

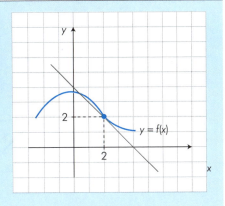

26. A reta tangente ao gráfico da função $f(x) = x^2 - 3x + 6$ no ponto (x, y) tem declividade $m = 2x - 3$. Encontre a inclinação da curva $f(x) = x^2 - 3x + 6$ no ponto em que $x = 0,5$.

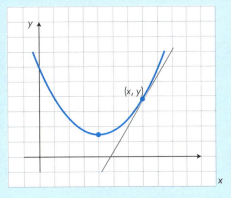

27. Escreva a equação da reta tangente ao gráfico de $f(x) = x^2 - 3x + 6$ no ponto em que $x = 0,5$.

28. Escreva a equação da reta tangente ao gráfico de $f(x) = x^2 - 3x + 6$ no ponto em que $x = 3$.

BANCO DE QUESTÕES

20. A figura ao lado mostra o gráfico de uma função f(x).

   a) Qual é a inclinação da curva em (4, 2)?

   b) Qual é a equação da reta tangente ao gráfico de f(x) em $x = 4$?

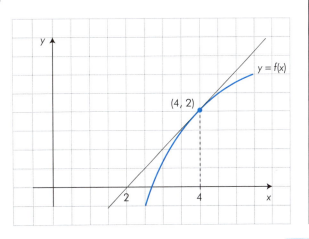

21. Veja abaixo o gráfico da função f(x).

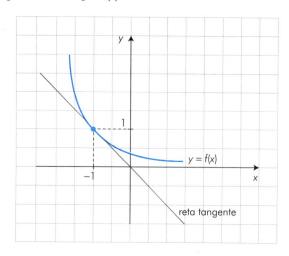

a) Quais são os valores de f(−1) e f'(−1)?
b) Qual é a equação da reta tangente ao gráfico de f(x) em x = −1?

22. O gráfico abaixo é da função $f(x) = 2x^3 + 1$. A reta tangente ao gráfico no ponto (x, y) tem declividade $6x^2$ para cada valor de x. Encontre a inclinação da curva nos pontos:

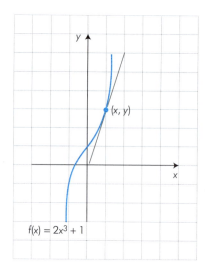

a) (0, 1)
b) (−1, −1)
c) (1, 3)

23. Determine a equação da reta tangente ao gráfico de $f(x) = 2x^3 + 1$ no ponto em que x = 2.

24. Qual é a equação da reta tangente ao gráfico de $y = 2x^3 + 1$ no ponto em que y = −15?

25. Qual é a equação da reta tangente ao gráfico de y = −2x + 4 em x = 0,5?

2.5 Um Limite muito Especial

Para calcular a derivada de algumas funções, como a função linear, não há necessidade de efetuar nenhum cálculo, basta conhecer a sua expressão analítica.

O gráfico de uma função linear $f(x) = mx + n$, $m \neq 0$, é uma reta com declividade m. A reta tangente em qualquer ponto é a própria reta de equação $f(x) = mx + n$. Observe a Figura 2.21.

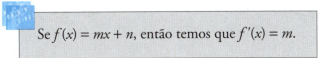

Se $f(x) = mx + n$, então temos que $f'(x) = m$.

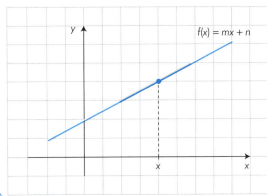

Figura 2.21.

No caso de uma função constante $f(x) = C$, a derivada é igual a zero: $f'(x) = 0$. Observe a Figura 2.22.

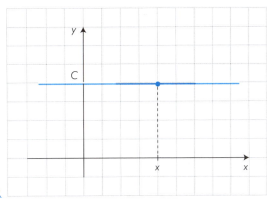

Figura 2.22.

Em geral, para calcular a derivada de outras funções, podemos recorrer a um limite muito especial.

A ideia fundamental para obter a declividade da reta tangente em um ponto P é aproximar a reta tangente por *retas secantes* (Figura 2.23).

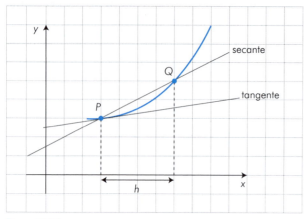

Q está h unidades distante de P

Figura 2.23.

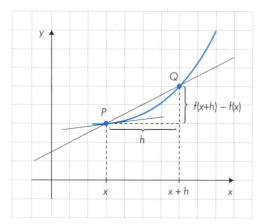

Conforme a Figura 2.24, a declividade da reta que passa pelos pontos P e Q é:

$$m = f'(x)$$
$$= \frac{f(x+h) - f(x)}{(x+h) - x}$$
$$= \frac{f(x+h) - f(x)}{h}$$

Figura 2.24.

Considere, por exemplo, a função $f(x) = x^2 + 1$ e, portanto, $f(x+h) = (x+h)^2 + 1$. Para mover Q para perto de P, aproximamos h de zero:

$$\frac{f(x+h) - f(x)}{h} = \frac{[(x+h)^2 + 1] - (x^2 + 1)}{h}$$
$$= \frac{x^2 + 2x \cdot h + h^2 + 1 - x^2 - 1}{h}$$
$$= \frac{h(2x + h)}{h} = 2x + h$$

Quando h se aproxima de 0, a reta secante se aproxima da reta tangente e $2x + h$ se aproxima de $2x + 0 = 2x$. Temos $\lim_{h \to 0} (2x + h) = 2x$ e, portanto, $f'(x) = 2x$.

Em geral, para calcular $f'(x)$:

1) Calculamos $\dfrac{f(x+h)-f(x)}{h}$ para $h \neq 0$.

2) Fazemos h se aproximar de 0, ou seja, calculamos:

$$\lim_{h \to 0} \dfrac{f(x+h)-f(x)}{h} = f'(x)$$

Observe, na Figura 2.25, que a função $f'(x) = 2x$ expressa a declividade da reta tangente à curva descrita pela função $f(x) = x^2 + 1$ em qualquer ponto.

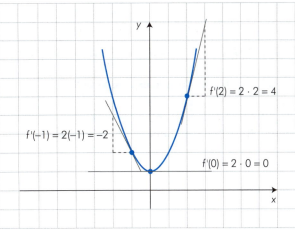

Figura 2.25.

EXERCÍCIO RESOLVIDO

ER14 Se $f(x) = 2x + 5$, determine $f'(x)$.

Resolução:

$$f'(x) = \lim_{h \to 0} \dfrac{f(x+h)-f(x)}{h} = \lim_{h \to 0} \dfrac{[2(x+h)+5]-(2x+5)}{h}$$

$$= \lim_{h \to 0} \dfrac{2h}{h} = 2$$

A inclinação da reta $f(x) = 2x + 5$, em qualquer ponto, é 2.

ATIVIDADES

29. Se $f(x+h) - f(x) = 2x \cdot h + h^2 - 5h$, obtenha uma expressão para $f'(x)$.

30. Utilize a fórmula $f'(x) = \lim\limits_{h \to 0} \dfrac{f(x+h)-f(x)}{h}$ para completar a tabela ao lado.

f(x)	f'(x)
$x^2 + 4$	
$x^2 - 5x + 6$	
x^3	
$\dfrac{1}{x}$	
$\sqrt{x}$	
$\dfrac{1}{\sqrt{x}}$	

Use a tabela da página anterior para resolver os exercícios a seguir.

31. Se $f(x) = x^2 - 5x + 6$, calcule $f(2)$ e $f'(-2)$. O que significa cada um?

32. Considere a função expressa por $f(x) = \dfrac{1}{\sqrt{x}}$. Calcule $f'(9)$ e interprete o seu significado.

33. Qual é a equação da reta tangente à curva $f(x) = x^2 + 4$ no ponto de abscissa $x = -2$?

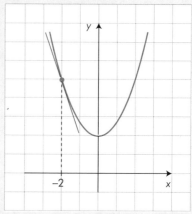

34. Calcule $f(4)$ e $f'(4)$ e interprete os seus significados.

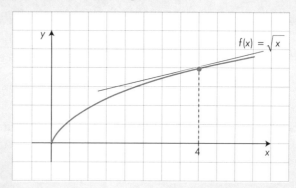

35. Qual é o valor da soma $a + b$?

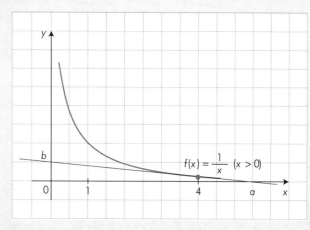

O processo de determinação da derivada de uma função é chamado **derivação**. Se uma função tem uma derivada em um ponto de seu domínio, dizemos que ela é *derivável nesse ponto*. Se uma função é derivável em todos os pontos do domínio, dizemos que é uma *função derivável*.

As funções discutidas neste livro são deriváveis em quase todos os pontos, mas existem funções que, mesmo que contínuas, não são deriváveis em algum ponto de seu domínio. Veja a seguir.

1) Existe um "vértice" no ponto P. Não é possível traçar uma reta tangente nesse ponto (Figura 2.26).

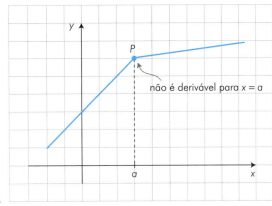

Figura 2.26.

2) Em $x = a$, a reta tangente é vertical e não tem declividade. Por isso, a derivada não está definida em $x = a$ (Figura 2.27).

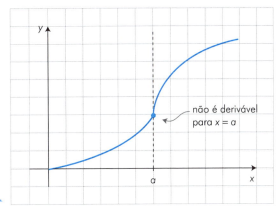

Figura 2.27.

3) Se uma função é derivável em um ponto, o seu gráfico tem uma tangente que não é vertical nesse ponto. Isso sugere que uma função deve ser contínua em todos os pontos em que ela é derivável, para que não exista um "buraco" e a reta tangente possa ser traçada (Figura 2.28).

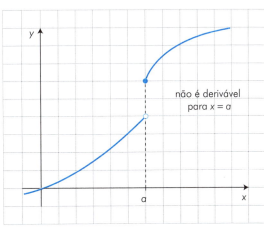

Figura 2.28.

É possível existirem situações reais com funções que não são deriváveis em todos os pontos de seu domínio? Para saber a resposta, acompanhe o exercício a seguir.

EXERCÍCIO RESOLVIDO

ER15 Uma companhia rodoviária cobra R$ 25,00 por quilômetro para mudanças até 300 km e os mesmos R$ 25,00 por quilômetro mais uma taxa de R$ 10,00 para cada quilômetro que exceder 300 km. Além disso, a companhia cobra uma taxa fixa de serviço de R$ 800,00 por caminhão.

a) Construa um gráfico para representar o custo de se efetuar uma mudança a x quilômetros de distância.
b) A função é derivável em $x = 300$? Por quê?
c) Qual é o valor da derivada para $x = 200$ e para $x = 500$?

Resolução:

a) Podemos expressar o custo da mudança mediante uma função:

$$\begin{cases} 25x + 800, \text{ se } 0 < x \leqslant 300 \\ 25x + 800 + 10(x - 300) = 35x - 2.200, \text{ se } x > 300 \end{cases}$$

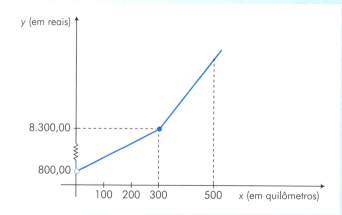

b) A função não é derivável em $x = 300$ por causa do "vértice" que se forma nesse ponto.
c) Para $x = 200$, temos:

$$y = 25x + 800$$
$$f'(200) = 25 = m$$

Para $x = 500$, temos:

$$y = 35x - 2.200$$
$$f'(500) = 35$$

Capítulo 2 – Limites e Derivadas

BANCO DE QUESTÕES

26. Use a definição de derivada para determinar as derivadas das funções.

   a) $f(x) = 2x^2 - 3x + 1$

   b) $f(x) = \dfrac{1}{x-4}$

   c) $f(x) = 2\sqrt{x}$

   d) $f(x) = \dfrac{1}{x^2}$

27. Determine a equação da reta tangente à curva $f(x) = 2x^2 - 3x + 1$ no ponto de abscissa $x = -1$.

28. Determine a equação da reta tangente à curva $f(x) = \dfrac{1}{x-4}$ no ponto de abscissa $x = 5$.

29. Determine a declividade da reta tangente ao gráfico de $f(x) = 2\sqrt{x}$ em $x = 4$.

30. Qual é a inclinação da reta tangente ao gráfico de $f(x) = \dfrac{1}{x^2}$ no ponto $(-1, 1)$?

31. Responda se a função da figura é derivável nos pontos em que:

   a) $x = -3$
   b) $x = -2$
   c) $x = -1$
   d) $x = 0$
   e) $x = 1$
   f) $x = 2$

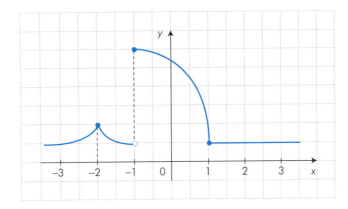

32. Verifique se as afirmações são verdadeiras ou falsas. Quando forem falsas, forneça um exemplo, mesmo que graficamente, dessas situações.

   a) Se $f(x)$ é derivável em $x = a$, então $f(x)$ é contínua em $x = a$.
   b) Se $f(x)$ é contínua em $x = a$, então $f(x)$ é derivável em $x = a$.

33. Considere a função:

$$f(x) = \begin{cases} \dfrac{x^2 - 6x + 5}{x - 5}, & \text{se } x < 5 \\ 4, & \text{se } x \geq 5 \end{cases}$$

   a) Construa o gráfico de $f(x)$.
   b) A função é derivável em $x = 5$?

2.6 Derivadas Fundamentais

Além da notação $f'(x)$ para expressar a derivada de uma função $y = f(x)$, é comum usar também estas outras notações:

$$\frac{d}{dx} f(x) \quad \text{ou} \quad \frac{dy}{dx}$$

(lemos "derivada de $f(x)$ ou derivada de y com relação a x").

Já conhecemos as derivadas de algumas funções. Agora, vamos priorizar a discussão do significado de algumas derivadas que surgem constantemente em vez de estabelecer a sua prova formal. Mas não esqueça que, para algumas funções, já demonstramos as suas derivadas ou sugerimos como exercício, mediante a definição:

$$f'(x) = \lim_{h \to 0} \frac{f(x+h) - f(x)}{h}$$

Assim, podemos deduzir as fórmulas das derivadas das duas funções a seguir, observando os seus gráficos.

A derivada de uma função constante $f(x) = c$, com $c \in \mathbb{R}$, é igual a 0, e a derivada da função $f(x) = x$ é igual a 1 (Figuras 2.29 e 2.30).

$$\lim_{h \to 0} \frac{f(x+h) - f(x)}{h} =$$

$$= \lim_{h \to 0} \frac{c - c}{h} = \lim_{h \to 0} 0 = 0$$

$$f(x) = c \Rightarrow f'(x) = 0$$

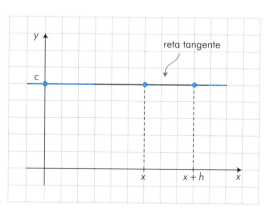

Figura 2.29.

$$\lim_{h \to 0} \frac{f(x+h) - f(x)}{h} =$$

$$= \lim_{h \to 0} \frac{(x+h) - x}{h} = \lim_{h \to 0} \frac{h}{h} =$$

$$= \lim_{h \to 0} 1 = 1$$

$$f(x) = x \Rightarrow f'(x) = 1$$

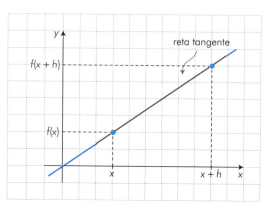

Figura 2.30.

Anteriormente, você deve ter deduzido que:

» $\dfrac{d}{dx}(x^2) = 2x$ » $\dfrac{d}{dx}(x^3) = 3x^2$

Esses exemplos sugerem uma técnica geral que pode ser facilmente utilizada para determinar novas derivadas: a regra dos expoentes.

Não vamos demonstrá-la, apenas discuti-la nos exercícios seguintes.

EXERCÍCIOS RESOLVIDOS

ER16 Calcule as derivadas:

a) $\dfrac{d}{dx}(x^9)$

b) $\dfrac{d}{dx}\left(\dfrac{1}{x^4}\right)$

c) $\dfrac{d}{dx}\left(x^{\frac{3}{4}}\right)$

Resolução:

Note que para qualquer número real r:

$$\dfrac{d}{dx}(x^r) = r \cdot x^{r-1}$$

a) Assim, para calcular, por exemplo, $\dfrac{d}{dx}(x^9)$, subtraímos 1 do expoente e multiplicamos a nova potência pelo expoente original:

$$\dfrac{d}{dx}(x^9) = 9 \cdot x^{9-1} = 9x^8$$

b) $\dfrac{d}{dx}\left(\dfrac{1}{x^4}\right) = \dfrac{d}{dx}(x^{-4}) = (-4)x^{-4-1} = -4x^{-5} = \dfrac{-4}{x^5}$

c) $\dfrac{d}{dx}\left(x^{\frac{3}{4}}\right) = \dfrac{3}{4}x^{\frac{3}{4}-1} = \dfrac{3}{4}x^{-\frac{1}{4}} = \dfrac{3}{4\sqrt[4]{x}}$

Observação: Uma das notações matemáticas muito pouco usadas atualmente é a dos radicais. E com toda a razão, pois é muito mais fácil efetuar cálculos com radicais expressos na forma de potências. Observe que, com a sua calculadora, você consegue calcular qualquer potência, mas praticamente nenhum símbolo de radical aparece nas teclas. Lembre-se da propriedade:

$$\sqrt[n]{a^m} = a^{\frac{m}{n}}$$

Matemática para Economia e Administração

ER17 Encontre as derivadas das funções:

a) $f(x) = \sqrt[3]{x}$

b) $f(x) = \dfrac{1}{\sqrt{x}}$

Resolução:

a) $f(x) = \sqrt[3]{x} = x^{\frac{1}{3}}$

$$f'(x) = \frac{1}{3}x^{\frac{1}{3}-1} = \frac{1}{3}x^{-\frac{2}{3}}$$

b) $f(x) = \dfrac{1}{\sqrt{x}} = x^{-0,5}$

$$f'(x) = (-0,5)x^{-0,5-1} = -0,5x^{-1,5}$$

ATIVIDADES

36. Encontre as derivadas das funções:

a) $f(x) = \dfrac{1}{x^{0,6}}$

b) $f(x) = \sqrt[10]{x^7}$

37. Qual é a inclinação da curva $y = \dfrac{1}{x^{0,5}}$ em $x = 64$?

38. Determine a declividade da reta tangente à curva $y = \sqrt[3]{x}$ no ponto (8, 2) e escreva a equação da reta.

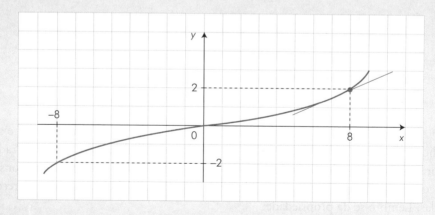

39. Calcule a derivada da função $f(x) = (x^2)^3$ de dois modos diferentes:

a) Usando a propriedade $(a^m)^n = a^{m \cdot n}$.

b) Sem usar essa propriedade. O que você observa?

Na realidade, a regra geral do expoente afirma que se $f(x)$ é derivável em $x = a$ e $[f(x)]^{r-1}$ está definida em $x = a$, $[f(x)]^r$ é derivável em $x = a$ e a sua derivada é:

$$\frac{d}{dx}[f(x)]^r = r \cdot [f(x)]^{r-1} \cdot f'(x)$$

Assim, se $f(x) = (x^2)^3$, temos:

$$f'(x) = 3(x^2)^{3-1} \cdot 2x = 3x^4 \cdot 2x = 6x^5$$

Como determinamos as derivadas de funções como $y = 2x^3$ ou $y = 10x$?

Algumas propriedades da derivação, junto com as propriedades dos limites, permitem ampliar consideravelmente o número de funções que podem ser derivadas diretamente, sem necessidade de recorrer à definição de limite.

Como você terá chance de ver, o Cálculo é uma parte fundamental da Matemática de hoje, e o que o distingue da Álgebra é a noção de limite.

Fizemos um estudo mais intuitivo que formal desse tema, e algumas regras algébricas que vamos enunciar aqui, sugeridas em nossa definição informal de limite, são demonstradas formalmente em cursos mais técnicos, sendo muito úteis na dedução de regras de derivação.

Se $\lim_{x \to a} f(x)$ e $\lim_{x \to a} g(x)$ existem, então:

I – se k é uma constante, então $\lim_{x \to a} k \cdot f(x) = k \cdot \lim_{x \to a} f(x)$

II – se r é uma constante positiva, então $\lim_{x \to a} [f(x)]^r = \left[\lim_{x \to a} f(x)\right]^r$

III – $\lim_{x \to a} [f(x) + g(x)] = \lim_{x \to a} f(x) + \lim_{x \to a} g(x)$

IV – $\lim_{x \to a} [f(x) - g(x)] = \lim_{x \to a} f(x) - \lim_{x \to a} g(x)$

V – $\lim_{x \to a} [f(x) \cdot g(x)] = \left[\lim_{x \to a} f(x)\right] \cdot \left[\lim_{x \to a} g(x)\right]$

VI – se $\lim_{x \to a} g(x) \neq 0$, então

$$\lim_{x \to a} \frac{f(x)}{g(x)} = \frac{\lim_{x \to a} f(x)}{\lim_{x \to a} g(x)}$$

VII – se k é uma constante, $\lim_{x \to a} k = k$
(Figura 2.31)

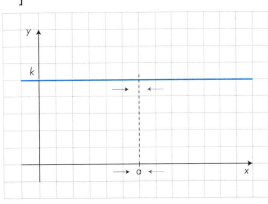

Figura 2.31.

Matemática para Economia e Administração

Observe que se $f(x)$ é uma função derivável, então a função $k \cdot f(x)$, com k sendo uma constante, também é derivável. A derivada de $k \cdot f(x)$ pode ser calculada assim:

$$[k \cdot f(x)]' = k \cdot f'(x)$$

ou

$$\frac{d}{dx}[k \cdot f(x)] = k \cdot \frac{df}{dx}$$

Podemos expressar essa propriedade mais resumidamente assim:

$$[k \cdot f(x)]' = k \cdot f'(x)$$

Portanto, a derivada da função $y = 2x^3$ é $y' = 2(3x^2) = 6x^2$ e a derivada da função $y = 10x$ é $y' = 10(1) = 10$.

Para provar essa propriedade, lembre que, se $f(x)$ é derivável, então a sua derivada é o limite:

$$f'(x) = \lim_{h \to 0} \frac{f(x+h) - f(x)}{h}$$

Portanto, se $k \cdot f(x)$ é derivável:

$$[k \cdot f(x)]' = \lim_{h \to 0} \frac{k \cdot f(x+h) - k \cdot f(x)}{h}$$

$$[k \cdot f(x)]' = k \cdot \underbrace{\lim_{h \to 0} \frac{f(x+h) - f(x)}{h}}_{f'(x)}$$

$$[k \cdot f(x)]' = k \cdot f'(x)$$

Com essa propriedade, amplia-se o número de funções das quais podemos calcular as derivadas.

EXERCÍCIO RESOLVIDO

ER18 Calcule a derivada da função $y = 6x^{-5}$.

Resolução:

Para calcular a derivada da função $y = 6x^{-5}$, multiplicamos a constante 6 pela derivada da função $f(x) = x^{-5}$:

$$y' = 6(-5x^{-5-1})$$
$$= -30x^{-6}$$
$$= -\frac{30}{x^6}$$

ATIVIDADE

40. Calcule a derivada de cada função. Procure fazer os cálculos de cabeça.

a) $y = \dfrac{4}{\sqrt{t}}$

b) $y = \dfrac{5}{6x^6}$

Se $f(x)$ e $g(x)$ são duas funções deriváveis, a soma $f(x) + g(x)$ também é uma função derivável e a derivada da soma é a soma das derivadas.

$$[f(x) + g(x)]' = f'(x) + g'(x)$$

Essas propriedades de limites que, intuitivamente, parecem razoáveis com nossa ideia informal de limite são demonstradas em cursos mais teóricos.

Combinando as duas propriedades, podemos derivar uma função polinomial como no ER19.

EXERCÍCIO RESOLVIDO

ER19 Para a função abaixo, calcule a sua derivada.

$$f(x) = 4x^5 - x^3 + 2x^2 - 8$$

Resolução:

$$f'(x) = 4(5x^{5-1}) - 3x^{3-1} + 2(2x^{2-1}) - 0$$
$$f'(x) = 20x^4 - 3x^2 + 4x$$

ATIVIDADES

41. Para a função abaixo, calcule a sua derivada.

$$g(x) = \dfrac{1}{4}x^8 - \dfrac{2}{3}x^6 + \dfrac{1}{2}x$$

42. Determine a equação da reta tangente no ponto (1, 5) ao gráfico da função

$$y = x^6 - 3x^5 + 2x^3 - x + 6$$

43. Determine a equação da reta tangente no ponto de abscissa $x = 2$ ao gráfico da função $y = 2x^3 - 4x + 1$.

44. Determine as derivadas das funções seguintes.

a) $f(x) = (x^2 + 2x)^4$

b) $f(x) = (2\sqrt{x} + 1)^{\frac{3}{2}}$

c) $f(x) = \left(1 - \dfrac{1}{x}\right)^5$

d) $f(x) = \left(x^4 - \dfrac{x^2}{2} + x\right)^3$

c) $f(x) = \left(1 - \dfrac{1}{x}\right)^5$

d) $f(x) = \left(x^4 - \dfrac{x^2}{2} + x\right)^3$

45. Dada a função $f(x) = \dfrac{x^2 + (x^4 + x)^8 - 2x}{4}$, calcule $f'(0)$.

BANCO DE QUESTÕES

34. Determine as derivadas das funções, usando as regras de derivação.

a) $f(x) = 6x^4 - 8x^3 + x + \sqrt{2}$

b) $f(x) = -x^3 + \dfrac{1}{2x^2} - \dfrac{1}{x} + 2\sqrt{x}$

c) $y = \dfrac{10}{x - 3}$

d) $y = (3x^2 + 2x + 1)^6$

35. A derivada de $y = \dfrac{1}{x+1} = (x+1)^{-1}$ é $y' = (-1)(x+1)^{-2} = \dfrac{-1}{(x+1)^2}$. É certo que a derivada de $y = \dfrac{1}{2x+1}$ é $y' = \dfrac{-1}{(2x+1)^2}$? Por quê?

36. Encontre a inclinação da curva $y = (4 - 2x)^3$ em $x = 1$.

37. Determine as derivadas.

a) $\dfrac{dy}{dx}(x^6 + 1)$

b) $\dfrac{d}{dx}\left(\sqrt[3]{x^2} + \sqrt{2x}\right)$

c) $\dfrac{d}{dt}\left(\dfrac{-1}{\sqrt{2t}}\right)$

d) $\dfrac{d}{dt}\left(\dfrac{4}{\sqrt{2-t}}\right)$

38. Se $f(x) = \sqrt{7x + \sqrt{2x}}$, calcule $f'(2)$.

39. Qual é o valor da função derivada de $y = \dfrac{1}{4\sqrt{t}}$ para $t = 100$?

40. Determine a equação da reta tangente à curva expressa por $y = (5x^2 - 2x + 1)^5$ em $x = 0$.

41. Na figura ao lado, a reta tem declividade -2 e é tangente ao gráfico de $f(x)$. Calcule $f(3)$ e $f'(3)$.

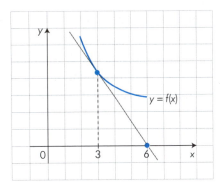

42. Na figura ao lado, a reta é tangente ao gráfico de $f(x) = x^3 + 8$ e tem declividade positiva e igual a 27. Encontre o valor de b.

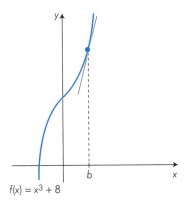

2.7 Diferencial de uma Função

Você já deve ter compreendido que $\dfrac{dy}{dx}$ representa não uma fração de numerador dy e denominador dx, mas um símbolo que expressa um limite (Figura 2.32):

$$\frac{dy}{dx} = \lim_{\Delta x \to 0} \frac{\Delta y}{\Delta x}$$

Ao longo do tempo, a história tem mostrado que as notações têm para a Matemática a mesma importância que a criação dos instrumentos de trabalho tem para o desenvolvimento e o progresso da humanidade.

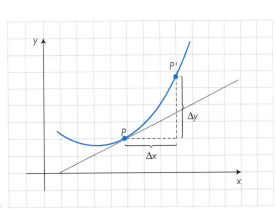

Figura 2.32.

Quando foi criada a notação $\dfrac{dy}{dx}$ para a derivada de uma função, provavelmente não se pensava em interpretá-la como uma fração. No entanto, em alguns problemas, é útil interpretar dy e dx separadamente.

Considere uma função $y = f(x)$ e a sua derivada $f'(x)$ em determinado valor de x. A Figura 2.33 e as razões trigonométricas em um triângulo retângulo nos dão o argumento geométrico para a interpretação de uma derivada como uma fração.

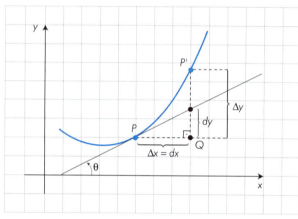

$$\operatorname{tg} \theta = \dfrac{dy}{dx} = f'(x)$$

$$dy = f'(x)\,dx$$

Figura 2.33.

> O incremento $\Delta x = dx$ é chamado geralmente de diferencial de x; se a função $y = f(x)$ é derivável, dy é a diferencial de y e pode ser expressa por:
>
> $$dy = f'(x)\,dx$$

As diferenciais são úteis para calcular valores aproximados de uma função. Para calcular, por exemplo, um valor aproximado de $\sqrt{401{,}2}$, escolhemos a função $y = \sqrt{x}$ e o valor particular $x = 400$, pois $\sqrt{400} = 20$ e $dx = 1{,}2$ (Figura 2.34).

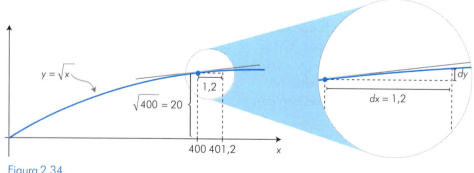

Figura 2.34.

Assim:

$$f'(x) = \left(x^{\frac{1}{2}}\right)' = \frac{1}{2}x^{-\frac{1}{2}} = \frac{1}{2\sqrt{x}} \Rightarrow f'(400) = \frac{1}{2\sqrt{400}} = \frac{1}{40} = 0,025$$

$$dy = f'(x)dx = f'(400) \cdot 1,2 = 0,025 \cdot 1,2 = 0,03$$

Portanto: $\sqrt{401,2} = 20 + dy = 20,03$

EXERCÍCIO RESOLVIDO

ER20 Calcule, mediante diferenciais, um valor aproximado para a expressão $\sqrt[3]{8,64}$.

Resolução:

Para calcular um valor aproximado para $\sqrt[3]{8,64}$, podemos escolher a função $f(x) = \sqrt[3]{x}$, $x = 8$ e $dx = 0,64$. Veja:

$$f'(x) = \frac{1}{3}x^{-\frac{2}{3}} = \frac{1}{3\sqrt[3]{x^2}}$$

$$f'(8) = \frac{1}{3\sqrt[3]{8^2}} = \frac{1}{12} = 0,083$$

$$dy = f'(8)dx = 0,083 \cdot 0,64 = 0,053$$

Portanto: $\sqrt[3]{8,64} = f(8) + dy = \sqrt[3]{8} + 0,053 = 2 + 0,053 = 2,053$

Saiba que dy e dx podem assumir também valores negativos. Para isso, resolva as atividades abaixo.

ATIVIDADES

46. Dada a função $f(x) = x^2 - 4x + 5$, encontre um valor aproximado para $f(0,98)$.

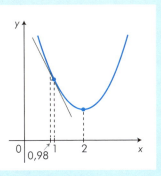

47. Se $y = x^3 + 4x^2 + 1$, encontre um valor aproximado de y quando $x = 9,94$.

Em Economia, as funções derivadas são frequentemente descritas pelo adjetivo *marginal*. Assim, se $C(x)$ é o custo total para fabricar x unidades de um produto, a derivada $C'(x)$ é chamada de função **custo marginal** e expressa a variação no custo devido à produção de um item extra de um produto.

Provavelmente, a palavra *marginal* entrou na Economia por meio da língua inglesa, com o significado de "pertencer à borda, ao limite de alguma região".

Suponha que um fabricante estime que o custo total para se produzir x unidades de um produto seja $C(x) = \dfrac{x^2}{4} + 4x + 100$ reais e que o nível atual de produção seja de 40 unidades por dia.

O custo marginal é igual a:

$$C'(x) = \frac{1}{4} \cdot 2x + 4 \cdot 1 + 0 = \frac{x}{2} + 4 \text{ reais}$$

O valor da derivada $C'(40)$ expressa aproximadamente o aumento do custo total quando a produção diária aumenta de 40 para 41 unidades:

$$C'(40) = \frac{40}{2} + 4 = 24 \text{ reais}$$

Ou seja, quando a produção diária passa de 40 para 41 unidades, podemos estimar um aumento no custo de R$ 24,00.

Observe que R$ 24,00 está próximo da diferença:

$$C(41) - C(40) = \left(\frac{41^2}{4} + 4 \cdot 41 + 100\right) - \left(\frac{40^2}{4} + 4 \cdot 40 + 100\right) = \text{R\$ } 24{,}25$$

Esse valor corresponde ao custo necessário para se aumentar a produção em uma unidade, ou seja, o custo da 41.ª unidade (Figura 2.35).

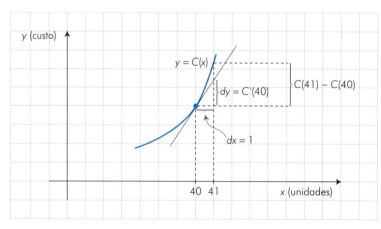

Figura 2.35.

Outros conceitos em Economia têm interpretações análogas. Por exemplo, se $C(x)$ é o custo total para fabricar x unidades de um produto e $R(x)$ e $L(x) = R(x) - C(x)$ são a receita e o lucro correspondentes, então a derivada $R'(x)$ é chamada função **receita marginal**, e a derivada $L'(x)$ é chamada função **lucro marginal**.

EXERCÍCIO RESOLVIDO

ER21 Considere o mesmo fabricante do exemplo anterior. Ele fabrica x unidades de um produto a um custo total estimado em $C(x) = \dfrac{x^2}{4} + 4x + 100$ reais.

Suponha que todas as x unidades são vendidas diariamente quando o preço por unidade é $p(x) = 40 - \dfrac{x}{4}$ reais.

Como encontramos a função lucro $L(x)$? Qual é o significado de $L'(10)$?

Resolução:

A receita $R(x)$ é igual ao produto de x, que é o número de unidades demandadas, por $p(x)$, que é o preço por unidade demandada:

$$R(x) = x \cdot p(x) = 40x - \frac{x^2}{4}$$

Portanto, a função lucro é:

$$L(x) = R(x) - C(x)$$
$$L(x) = 40x - \frac{x^2}{4} - \left(\frac{x^2}{4} + 4x + 100\right)$$
$$L(x) = -\frac{x^2}{2} + 36x - 100 \text{ reais}$$
$$L'(x) = -x + 36$$
$$L'(10) = -10 + 36 = R\$ \ 26{,}00$$

Logo, quando o número de unidades produzidas e vendidas diariamente passa de 10 para 11, o aumento no lucro diário pode ser estimado em R$ 26,00.

ATIVIDADES

48. Faça um esboço do gráfico da função lucro do exercício anterior.
    a) Quantas unidades devem ser produzidas e comercializadas para se obter o maior lucro possível?
    b) Qual é o lucro marginal associado a esse valor?

49. Suponha que o custo para se produzir x unidades de um artigo seja
$$C(x) = 0{,}006x^3 - 0{,}4x^2 + 24x + 100 \text{ reais}$$
e que a produção seja de 100 unidades por dia.
    a) Qual é o valor do custo marginal quando $x = 100$?

b) Com qual destas diferenças você associaria a aproximação C'(100)?
b-1) C(100) – C(99)
b-2) C(101) – C(100)

c) Use uma calculadora para calcular a diferença que você escolheu e verifique se é próxima do valor C'(100).

Nos exercícios a seguir, é conveniente fazer esboços dos gráficos de f(x) e usar o conceito de diferencial de uma função: $dy = f'(x)dx$.

50. Considere $y = f(x)$ uma função crescente e que $f(36) = 600$ e $f'(36) = 1{,}5$. Faça estimativas para os seguintes valores:

    a) f(36,5) b) f(37) c) f(35,75)

51. A função $y = f(x)$ é decrescente, $f(100) = 12$ e $f'(100) = -1{,}5$. Faça estimativas para os valores:

    a) f(101) b) f(99,25) c) f(101,5)

52. Seja f(x) o número de pranchas de surfe vendidas quando o preço é x reais cada prancha. Escreva com suas palavras o significado das proposições

    $f(250) = 100$ e $f'(250) = -5$

53. Seja f(x) a quantidade de determinado tipo de computador vendida por mês quando x reais são gastos em propaganda. Interprete as afirmações:

    $f(20.000) = 80$ e $f'(20.000) = 2$

54. Considere a função custo total C(x) para se produzir x lapiseiras por dia em uma fábrica. Sabe-se que C(1.000) = 2.000 reais e C'(1.000) = 3 reais. Estime o custo da produção de 1.004 e de 997 lapiseiras.

55. Seja P(x) o lucro obtido em reais com a produção e comercialização de x carros 1.0 de determinada marca. É dado que P(20) = 100.000 e P'(20) = 2.000. Qual é o lucro obtido, aproximadamente, na produção e comercialização de 21 carros?

56. Um lojista vende semanalmente x unidades de certo modelo de agenda escolar quando o preço de cada uma é $p(x) = 180 - \frac{x^2}{3}$ reais. O custo para o lojista adquirir as mesmas x unidades é dado por $C(x) = 0{,}25x^2 + 75x + 75$ reais. Semanalmente ele adquire $5 \leqslant x \leqslant 12$ agendas.

    a) Escreva a função lucro L(x) do lojista.
    b) Com o auxílio do computador ou da calculadora gráfica esboce o gráfico da função lucro L(x) no intervalo $5 \leqslant x \leqslant 12$.
    c) Qual é a quantidade de agendas vendidas semanalmente que maximiza o lucro do lojista?
    d) Qual é o valor do lucro máximo semanal que o lojista pode esperar obter?

BANCO DE QUESTÕES

43. O número de tênis vendidos mensalmente em uma loja de materiais esportivos é uma função do preço do tênis, que custa x reais. Supondo que $f(100) = 40$ e $f'(100) = -5$, interprete essas duas afirmações.

44. Seja $f(x)$ o número de agendas escolares vendidas semanalmente quando o preço de cada agenda é x reais. Suponha que $f(16) = 45$ e $f'(16) = -2$. Estime cada um dos valores:
   a) $f(15)$
   b) $f(18)$

GORILLA ATTACK/SHUTTERSTOCK

45. Suponha que a receita obtida com a produção e a venda de x unidades de um produto seja dada por $R(x) = 300x - 0,1x^2$ reais. Determine a receita marginal quando o nível de produção é de 60 unidades e interprete o seu significado.

46. Um fabricante estima que o custo para se produzir x unidades de um produto seja $C(x) = 0,01x^3 - x^2 + 57x + 630$ reais, e que a produção diária seja de 60 unidades. Use a ideia de custo marginal para estimar o custo extra do aumento de produção em uma unidade.

47. O custo total em reais para fabricar x unidades de um produto é $C(x) = 3x^2 + 6x + 17$. O nível atual de produção é de 50 unidades. Estime a variação do custo total se forem produzidas:
   a) 51 unidades
   b) 52 unidades
   c) 49 unidades

48. O custo total de uma certa fábrica é $C(x) = 0,2x^3 - 0,4x^2 + 600x + 250$ reais quando x kg de um certo tipo de tecido são produzidos. O nível atual de produção é de 10 kg.
   a) Estime o aumento do custo total se o nível de produção passar para 10,5 kg.
   b) Estime a variação do custo total se a produção mensal for reduzida em 0,75 kg.

49. A receita total de certa fábrica é $R(x) = 0,04x^2 + 360x$ reais quando x unidades de um artigo são produzidas e vendidas mensalmente.

   a) Determine a função receita marginal.
   b) Atualmente a fábrica está conseguindo produzir 19 unidades por mês e pretende aumentar a produção mensal em uma unidade. Estime a receita extra que será conseguida com esse aumento de produção.

50. Em certa fábrica, a produção diária é de $P(x) = 6.000\sqrt{x}$ unidades, sendo x o capital utilizado. Estime o aumento percentual da produção em consequência de um aumento de 1,5% do capital.

51. Estime a variação percentual do valor da função $f(x) = 10x^2 + 27x - 12$ quando x aumenta de 10 para 10,5.

52. Um fabricante estima que, quando x unidades de certo produto são fabricadas, o custo total é de $C(x) = \dfrac{3x^2}{16} + 4x + 100$ reais e que, quando todas as x unidades são vendidas, o preço de cada uma é $p(x) = 36 - \dfrac{x}{4}$. Atualmente, são produzidas e vendidas mensalmente 20 unidades. Estime o aumento no lucro se passarem a ser vendidas mensalmente 21 unidades.

CÁLCULO, HOJE

Uma pequena loja de calções de natação vende cada um por R$ 45,00. A função custo é estimada em:

$$C(x) = 0{,}007x^3 - 0{,}2x^2 + x + 200 \text{ reais}$$

em que x é o número de calções fabricados pela loja.

Atualmente, a loja vende cerca de 20 calções de natação por dia, para outras lojas, academias, clubes esportivos etc.

Certo dia, o proprietário da loja decidiu estimar como aumentaria o seu lucro se passasse a vender um calção a mais por dia, mas estava sem nenhum tipo de calculadora.

Como poderia determinar o aumento no lucro diário de um modo adequado, sem efetuar cálculos numéricos muito grandes? Qual destes valores lhe parece mais adequado?

» R$ 45,00
» R$ 100,00
» R$ 200,00

JUPITERIMAGES

SUPORTE MATEMÁTICO

1. Os termos mais importantes utilizados neste capítulo foram:
   - » limite de uma função
   - » função contínua
   - » inclinação de uma curva
   - » derivada de uma função
   - » derivação
   - » função derivável
   - » diferencial de uma função

2. Podemos interpretar geometricamente a derivada como a declividade ou a inclinação da reta tangente.
   A definição é dada pelo limite:

$$f'(x) = \lim_{h \to 0} \frac{f(x+h) - f(x)}{h}$$

3. Estas são as principais regras de derivação:

   - » Regra de uma constante: $\frac{dy}{dx}(c) = 0$

   - » Regra de uma potência: $\frac{dy}{dx}(x^n) = n \cdot x^{n-1}$

   - » Regra do produto por uma constante: $\frac{dy}{dx}(cf) = c \cdot \frac{df}{dx}$

   - » Regra de uma soma: $\frac{dy}{dx}(f+g) = \frac{df}{dx} + \frac{dg}{dx}$

4. A derivada de uma potência de expoente n de uma função derivável é igual ao produto de n pela função elevada a $n-1$ e pela derivada da função.
   Se $y = u^n$, e $u = f(x)$ é uma função derivável de x e $n \in \mathbb{R}$, temos:

$$\frac{dy}{dx} = n \cdot u^{n-1} \cdot u'$$

5. A diferencial dy de uma função $y = f(x)$ é o produto $dy = f'(x)dx$.

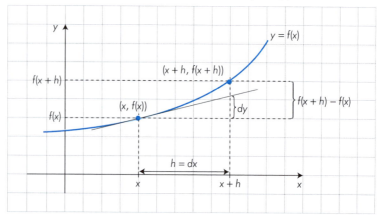

6. Se C(x) é o custo para se produzir x unidades de certo produto, o custo marginal C'(x) é a derivada da função custo e expressa a variação do custo quando o nível de produção passa de x unidades a x + 1 unidades.

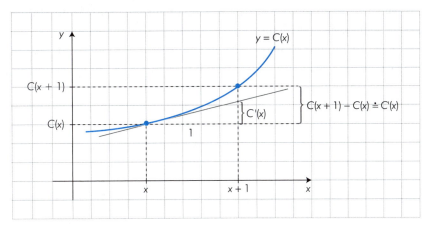

7. Também consideramos as definições análogas de receita marginal e lucro marginal.

$\begin{cases} \text{Receita} \to R(x) \\ \text{Receita marginal} \to R'(x) \end{cases}$

$\begin{cases} \text{Lucro} \to L(x) \\ \text{Lucro marginal} \to L'(x) \end{cases}$

CONTA-ME COMO PASSOU

Se pensássemos em termos de mitologia, foi provavelmente no instante em que uma tartaruga superou o corredor Aquiles em uma corrida de 100 metros que teve início a história do Cálculo.

O princípio dos pitagóricos de que "números formam o céu", assumindo que o espaço e o tempo são constituídos de pontos e instantes, ignorava uma importante propriedade: a continuidade do espaço e tempo.

O filósofo e matemático grego Zeno de Elea, também conhecido como Zenão, século V a.C., talvez procurando mostrar que qualquer modo de dividir tempo ou espaço, de acordo com as noções dessa época, poderia se direcionar a graves problemas, escreveu que: "Em uma corrida, o corredor mais rápido nunca pode passar o mais lento, desde que o perseguidor precise chegar primeiro onde o perseguido começou, assim o mais lento sempre estará na frente".

De um modo bem simples, este era o argumento de Zenão:

"A tartaruga parte 10 metros à frente de Aquiles, cuja velocidade é o dobro daquela da tartaruga.

Aquiles atinge a marca **10**. A tartaruga atinge a marca **15**.

Aquiles atinge a marca **15**. A tartaruga, a marca **17,5**.

E assim continuam:

Aquiles → **17,5**   tartaruga → **18,75**
Aquiles → **18,75**   tartaruga → **19,375** ...

E o veloz Aquiles nunca vai alcançar a tartaruga."

Zenão trabalhava com *infinitesimais*, "quantidades menores que qualquer quantidade finita, mas ainda não iguais a zero", hoje não mais usados e substituídos pelo conceito de *limite*.

Cálculo é uma forma diminutiva do latim e significa *pedra*, e originalmente derivou do grego com o significado de *giz*. Em sua concepção mais moderna, Cálculo está ligado à noção de movimento na Matemática. Mas uma questão ainda permanece e você pode refletir sobre ela: "Foi o Cálculo inventado ou descoberto?"

CAPÍTULO 3

Máximos e Mínimos

Você já parou para pensar no que é Cálculo?
Na forma de grãos de areia ou fichas, "cálculos" eram usados nas antigas mesas de contar e ábacos romanos com o significado de "calcular". Por causa disso, a palavra Cálculo tornou-se comum a todos os ramos da Matemática.

Hoje, com a moderna terminologia, o Cálculo engloba:

» Cálculo Diferencial, que estuda as inclinações das curvas de funções mediante as suas derivadas.
» Cálculo Integral, que é o processo inverso, ou seja, encontrar funções conhecendo as suas derivadas.
» Equações diferenciais, que contêm, em algum membro, uma derivada.

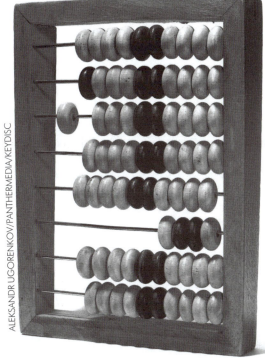

Ábaco de madeira.
Antigamente os ábacos romanos eram feitos de tabletes de barro endurecidos ao sol.
A origem da palavras ábaco pode ser encontrada na palavra arábica *abq*, que significa "areia fina".

Para os administradores e economistas, provavelmente o mais importante é o Cálculo das variações, que é o estudo dos valores máximos e mínimos de uma função, pois, afinal de contas, é importante saber estimar:

» quanto deve gastar em propaganda o fabricante de certo produto em desenvolvimento para que o lucro seja máximo?
» qual é o percurso mais econômico para ligar uma cidade rural a um hospital?
» quantos computadores um lojista deve encomendar por vez para minimizar o seu custo?

FERRAMENTAS

» Uma função é crescente em um intervalo (a, b) se $f(x_1) < f(x_2)$ quando $x_1 < x_2$ e x_1 e x_2 são dois quaisquer pares de números reais do intervalo. Veja a Figura 3.1.
» Uma função é decrescente no intervalo (a, b) se $f(x_1) > f(x_2)$ quando $x_1 < x_2$ e x_1 e x_2 são dois quaisquer pares de números reais no intervalo. Veja a Figura 3.2.

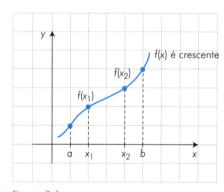

Figura 3.1.

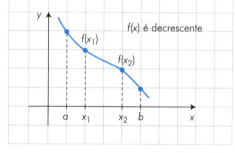

Figura 3.2.

EXERCÍCIO RESOLVIDO

ER1 Determine em que intervalos a função dada por seu gráfico é crescente e em quais é decrescente.

a)

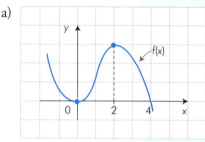

b)

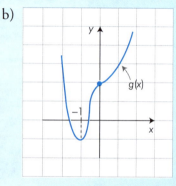

Resolução:

a) A função $f(x)$ é crescente no intervalo $0 < x < 2$ e decrescente no intervalo $x < 0$ e no intervalo $x > 2$.

b) A função $g(x)$ é crescente em $x > -1$ e decrescente em $x < -1$.

ATIVIDADES

1. Determine em que intervalos a função dada por seu gráfico é crescente e em quais é decrescente.

a)

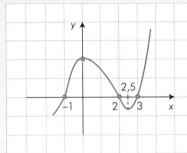

b)

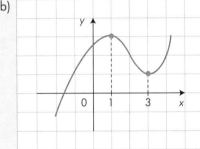

2. Faça um esboço do gráfico da função $f(x) = 5x^2 + 2$ e determine para quais valores de x ela é crescente.

3. Para que valores de x temos $f(x)$ decrescente? É crescente em algum intervalo?

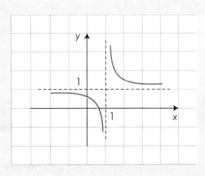

Matemática para Economia e Administração

4. Observe o gráfico ao lado. Em quais dos intervalos abaixo a função é decrescente?

a) $x < -2$
b) $0 < x < 1$
c) $3 < x < 4$
d) $3 < x < 5$

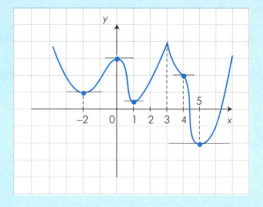

5. Em outubro de 2007, a Receita Federal divulgou informações relativas à arrecadação de impostos no Brasil. Os dados publicados, ilustrados pelo gráfico abaixo, davam conta que em setembro daquele ano se arrecadou R$ 48,48 bilhões, o que, para aquele mês, representava um recorde.

Em que períodos, entre novembro de 2006 e setembro de 2007, a arrecadação da Receita Federal foi crescente e em que períodos foi decrescente?

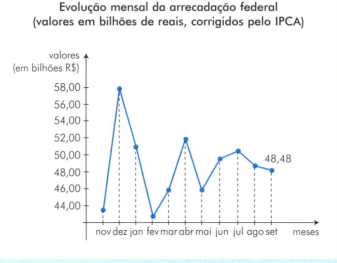

Fonte: O Estado de S. Paulo, São Paulo, 19 out. 2007.

3.1 Comportamento de Funções

Muitas vezes, é importante determinar se os valores de uma função $f(x)$ estão aumentando ou diminuindo, se existe um valor máximo, um valor mínimo etc. O que vamos discutir aqui é como a função derivada é o melhor instrumento para se atingir esses objetivos.

EXERCÍCIO RESOLVIDO

ER2 Suponha que a secretaria de trânsito de certa cidade tenha registrado durante um mês a velocidade dos veículos que passaram em uma avenida após o meio-dia. Os dados obtidos resultaram na representação abaixo.

Analise o gráfico e verifique se $f(x)$ é crescente ou decrescente no intervalo (13, 14).

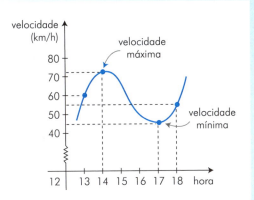

Resolução:

Observe que, por exemplo, entre 13 e 14 h, provavelmente por ser hora de almoço, a velocidade dos carros que passam nessa avenida está aumentando.

A função $f(x)$ é crescente nesse intervalo. Note também que a inclinação da reta tangente em cada ponto da curva, nesse intervalo, é sempre positiva.

ATIVIDADES

6. Observando o gráfico acima, verifique se $f(x)$ é crescente ou decrescente nos intervalos:
   a) (14, 17)   b) (17, 18)

7. Analise os sinais dos valores da derivada $f'(x)$ nesses dois intervalos. O que você observa?

Considere uma função $f(x)$ derivável em um intervalo (a, b). Provavelmente você deve ter notado que, se todas as tangentes ao gráfico de uma função $f(x)$ são positivas no intervalo (a, b), a função é crescente nesse intervalo e podemos deduzir que:

> A função $f(x)$ é crescente nos intervalos em que $f'(x) > 0$. Do mesmo modo, $f(x)$ é decrescente nos intervalos em que $f'(x) < 0$.

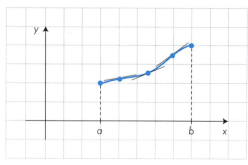

$f'(x) > 0$ para $a < x < b$ se
$f(x)$ é crescente em $a < x < b$

Figura 3.3.

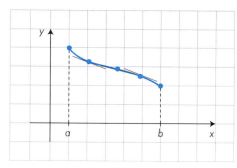

$f'(x) < 0$ para $a < x < b$ se
$f(x)$ é decrescente em $a < x < b$

Figura 3.4.

A mesma ideia se mantém para os intervalos infinitos.

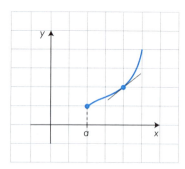

$f'(x) > 0$ para $x > a$ se
$f(x)$ é crescente em $(a, +\infty)$

Figura 3.5.

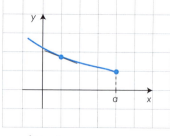

$f'(x) < 0$ para $x < a$ se
$f(x)$ é decrescente em $(-\infty, a)$

Figura 3.6.

EXERCÍCIO RESOLVIDO

ER3 Determine os intervalos em que a função da figura ao lado é crescente e decrescente.

Resolução:

A figura mostra o gráfico de uma função cujo domínio é formado por todos os números reais diferentes de 1.

Nos intervalos $(-\infty, 0)$ e $(2, +\infty)$, os valores das derivadas são positivos e a função é crescente.

Nos intervalos $0 < x < 1$ e $1 < x < 2$, os valores das derivadas são negativos. A função é decrescente.

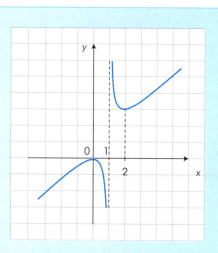

ATIVIDADE

8. Determine os intervalos em que as derivadas das funções das figuras abaixo são positivas e os intervalos em que as derivadas são negativas.

a)
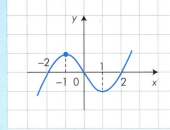

c)
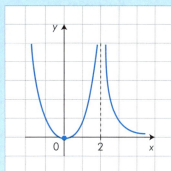

b)
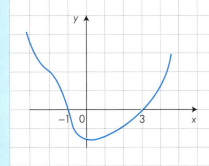

Podemos fazer esboços bem rudimentares dos gráficos de funções usando os sinais de suas derivadas. Considere a função $f(x) = x^2 - 4x + 5$.

A derivada $f'(x) = 2x - 4$ é contínua para todos os valores reais x e se anula somente para $x = 2$. Observe a Figura 3.7:

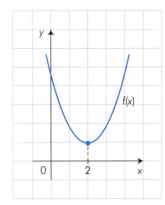
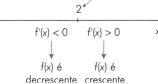

Figura 3.7.

Não se preocupe agora com a forma exata do gráfico, apenas se tem a concavidade para cima ou para baixo. Daqui a pouco, os valores da função derivada responderão também a essas questões.

Matemática para Economia e Administração

EXERCÍCIO RESOLVIDO

ER4 Faça um esboço do gráfico da função $f(x) = x^3$.

Resolução:

Calculamos $f'(x) = 3x^2$, resolvemos a equação $f'(x) = 0$:

$$x = 0$$

e estudamos os sinais de $f'(x)$:

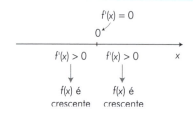

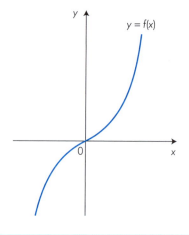

ATIVIDADES

9. Faça um esboço bem simples do gráfico de cada função abaixo, usando os sinais de sua derivada.

a) $f(x) = \dfrac{2x^3}{3} - 2x^2 - 6x + 3$

b) $f(x) = x^4 - 4x^3$

c) $f(x) = x^3 - 6x^2 + 9x + 1$

d) $f(x) = x^5 - 1$

10. A derivada de uma função $f(x)$ é dada por:

$$f'(x) = (2x - 1)(x - 3)^2(x + 1)^3$$

Faça um estudo dos sinais de $f'(x)$, por tentativa, usando por exemplo os números $-3, 0, 2$ e 4. Faça um esboço do gráfico de $f(x)$.

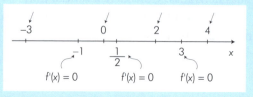

11. A função $f(x) = \dfrac{1}{\sqrt{2\pi}} e^{\frac{-x^2}{2}}$, que tem a forma de um sino, é utilizada para descrever os resultados de exames de QI, as características de populações de organismos vivos e tem um papel destacado na probabilidade e estatística e em diversos fenômenos sociais.

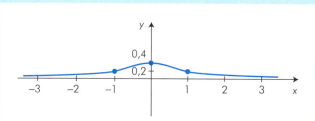

a) Para que valores de x temos $f'(x) > 0$?
b) Para que valores de x temos $f'(x) < 0$?
c) Para que valor de x temos $f'(x) = 0$?

A derivada, sendo a declividade da reta tangente, mede quão inclinado está o gráfico da função (Figuras 3.8 e 3.9).

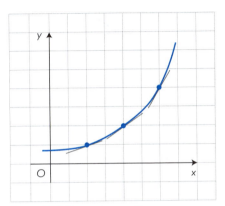

Figura 3.8. Derivadas positivas.

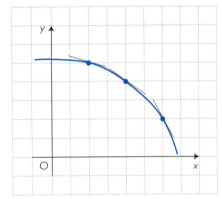

Figura 3.9. Derivadas negativas.

EXERCÍCIO RESOLVIDO

ER5 A declividade de uma estrada de montanha é expressa em porcentagem, conforme o gráfico ao lado.

a) Em que ponto a montanha é mais inclinada?

b) Entre que pontos a inclinação da montanha está mais próxima de 0?

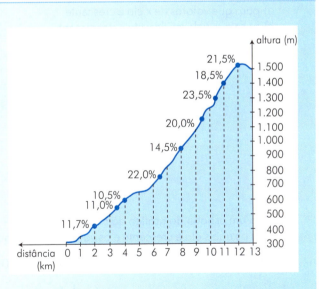

Resolução:

a) Considerando as porcentagens dadas no gráfico, observe que a inclinação é maior entre os quilômetros 10 e 11: 23,5% = 0,235.

b) Note que, entre os quilômetros 12 e 13, a inclinação vai diminuindo e se aproxima de 0 e depois torna-se negativa.

Matemática para Economia e Administração

ATIVIDADE

12. O gráfico a seguir mostra a evolução da densidade demográfica (em hab./km²) da Região Nordeste segundo os censos 1940/2000.

   a) Qual é o sinal da derivada da função representada pelo gráfico entre 1940 e 2000?
   b) O que expressa esse sinal?

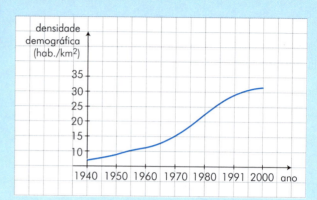

BANCO DE QUESTÕES

1. Observe o gráfico da função $f(x)$ da figura ao lado e, a partir das inclinações das retas tangentes, determine:

   a) para que valores de x ela é crescente.
   b) para que valores de x ela é decrescente.

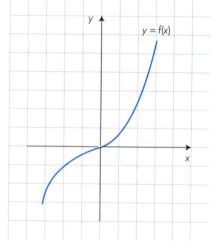

2. Faça um esboço do gráfico da função $f(x) = -4x^2 + 4x - 1$. Determine os valores de x para os quais ela é crescente e os valores para os quais ela é decrescente.

3. Sabe-se que a função $f(x)$ é crescente no intervalo $(-3, 0)$. Nesse caso, podemos afirmar que:

   a) $f(-1) > f(-2)$ b) $f\left(-\dfrac{1}{2}\right) = f(-1)$ c) $f(-2,9) < f(-0,1)$

O texto abaixo refere-se às questões **4** a **7**:

   Uma empresa que iniciou suas atividades em janeiro de 2013 fabrica dois produtos: A e B. O gráfico de linhas a seguir representa o número de unidades dos dois produtos vendidas mensalmente, no período compreendido entre janeiro e setembro desse ano.

Capítulo 3 – Máximos e Mínimos

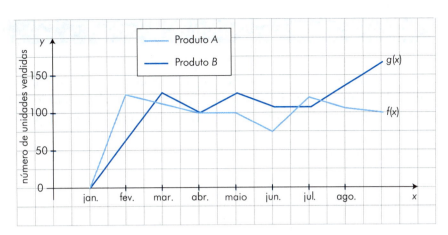

Considerando o gráfico da função f(x) que descreve o número de unidades vendidas do produto A:

4. Em quais meses a derivada f'(x) é positiva?

5. No dia 15 de fevereiro, o valor da derivada é positivo ou negativo?

Considerando o gráfico da função g(x) que descreve o número de unidades vendidas do produto B:

6. Em quais meses a função g(x) é decrescente?

7. No dia 15 de junho, o valor da derivada é positivo, negativo ou zero?

8. Uma função f(x) é decrescente no intervalo $-\frac{1}{2} < x < 1$. Podemos afirmar que:

   a) $f'(0) = 0$ b) $f'(-0,1) > 0$ c) $f'(0,2) < 0$

9. Uma função f(x) é decrescente em $\mathbb{R}$, o conjunto dos números reais. É certo que:
   a) $f(1) < f(-2)$
   b) $f'(10) > 0$
   c) $f'(-2) > f'(2)$

10. O gráfico ao lado representa uma função e o gráfico de sua derivada. Qual é o gráfico da função e de sua derivada?

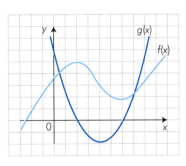

11. Considere a função derivada $f'(x) = \dfrac{-x(x^2 - 6x + 8)(2x - 5)^3}{x^2 + 7}$ da função f(x). Faça um esboço do gráfico de f(x).

3.2 Máximos Relativos e Mínimos Relativos

Quando observamos o gráfico que ilustra a velocidade média dos veículos em certa avenida, entre 13h e 18h, mostrado na Figura 3.10, notamos que alguns pontos expressam informações mais relevantes do que outros. Por exemplo, o ponto *A* expressa que o trânsito é mais rápido às 14h e o ponto *B*, que o trânsito é mais lento às 17h.

O ponto *A* é chamado *máximo relativo* da função e o ponto *B*, *mínimo relativo*.

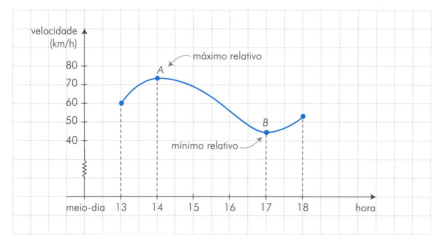

Figura 3.10.

Note que um máximo relativo é qualquer ponto do gráfico de $f(x)$ que seja pelo menos tão alto quanto qualquer ponto vizinho, ao passo que um mínimo relativo é um ponto que deve ser pelo menos tão baixo quanto os pontos vizinhos. Veja também que máximos e mínimos relativos não precisam ser o ponto mais alto ou mais baixo do gráfico da função.

Se consideramos um intervalo maior, por exemplo, $c \leqslant x \leqslant d$, o maior valor de uma função, máximo absoluto, e o menor valor, mínimo absoluto, podem ocorrer em um dos extremos do intervalo, como mostra a Figura 3.11.

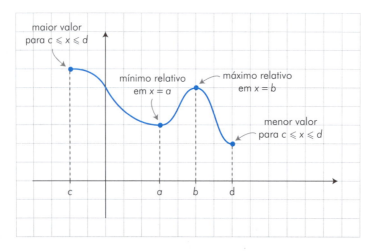

Figura 3.11.

Podemos resumir toda essa discussão mais precisamente assim:

» Uma função $f(x)$ tem um máximo relativo em $x = c$ se $f(x) \leqslant f(c)$ para todos os valores de x em um intervalo (a, b) que contém o ponto do gráfico de abscissa $x = c$ (Figura 3.12).

Observe que $f'(c) = 0$ porque a declividade de uma reta horizontal é zero e $f(x)$ é contínua em $x = c$.

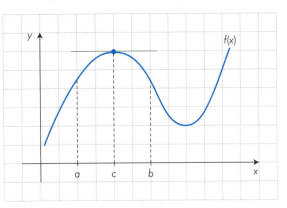

Figura 3.12.

» Uma função $f(x)$ tem um mínimo relativo em $x = c$ se $f(x) \geqslant f(c)$ para todos os valores de x em um intervalo (a, b) que contém o ponto do gráfico de abscissa, $x = c$ (Figura 3.13). Neste caso, $f(x)$ é contínua em $x = c$ e $f'(c) = 0$.

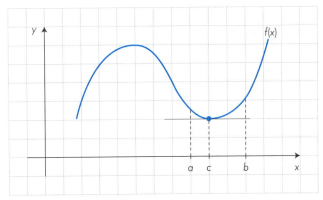

Figura 3.13.

EXERCÍCIO RESOLVIDO

ER6 Na função da figura ao lado, a derivada $f'(c)$ não existe porque há mais de uma reta tangente passando pelo ponto de coordenadas $(c, f(c))$.

Qual é o sinal de $f'(x)$ se $x < c$? E se $x > c$? A função tem um mínimo relativo em $x = c$? Por quê?

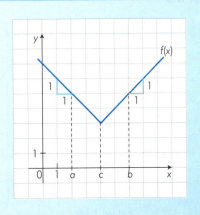

Resolução:

A função $f(x)$ é contínua em $x = c$, mas não tem uma derivada em $x = c$ porque:

$$\begin{cases} f'(x) = 1 \text{ para } x > c \\ f'(x) = -1 \text{ para } x < c \end{cases}$$

No entanto, a função $f(x)$ tem um mínimo relativo em $x = c$, que é também o mínimo absoluto.

Um método para encontrar máximos e mínimos relativos

Já sabemos que uma função $f(x)$ é crescente nos intervalos em que $f'(x) > 0$ e decrescente nos intervalos em que $f'(x) < 0$. Assim, os pontos em que uma função pode ter um máximo ou um mínimo relativo são aqueles em que $f'(x) = 0$ ou $f'(x)$ não existe.

Podemos construir um método simples e prático para determinar um máximo ou um mínimo relativo de uma função $f(x)$. Considere uma função $f(x)$ em que $f'(c) = 0$. Veja as Figuras 3.14, 3.15 e 3.16:

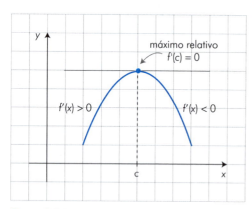

Figura 3.14.

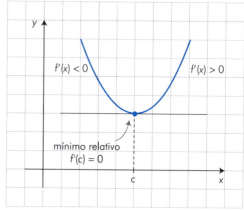

Figura 3.15.

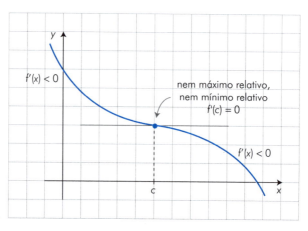

Figura 3.16.

Note que um máximo ou mínimo relativo em $x = c$ significa que $f'(c) = 0$ somente se $f(x)$ e $f'(x)$ são contínuas em $x = c$.

Na figura 3.17 $f'(c)$ não existe, porém a função tem um máximo relativo em $x = c$.

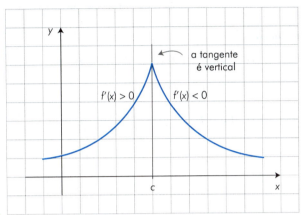

Figura 3.17.

Para determinar os máximos e mínimos relativos de uma função, por exemplo, $f(x) = 2x^3 - 24x + 1$, podemos seguir os passos abaixo.

1) Determinamos os valores de x para os quais $f'(x) = 0$. Note que a derivada existe para qualquer valor de x. Assim, os únicos pontos em que pode haver um máximo ou mínimo relativos são aqueles para os quais $f'(x) = 0$.

$$f'(x) = 6x^2 - 24$$

$$f'(x) = 0 \Rightarrow x^2 = \frac{24}{6} = 4 \Rightarrow x = -2 \quad \text{ou} \quad x = 2$$

2) Fazemos um estudo dos sinais de $f'(x)$ (Figura 3.18).

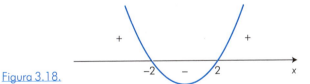

Figura 3.18.

3) Fazemos um rascunho do gráfico de $f(x)$ a partir dos sinais de sua derivada. Note que o gráfico da Figura 3.19 é somente um "rabisco", não estamos discutindo ainda a sua concavidade.

A função tem um máximo relativo em $x = -2$ e um mínimo relativo em $x = 2$.

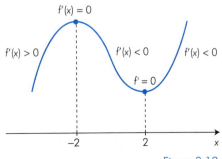

Figura 3.19.

EXERCÍCIO RESOLVIDO

ER7 Determine os máximos ou mínimos relativos da função a seguir:

$$f(x) = \frac{x^4}{4} - 2x^3 + 4,5x^2 + 3$$

Resolução:

Para determinar os máximos e mínimos de uma função polinomial de 4.º grau, por exemplo, $f(x) = \frac{x^4}{4} - 2x^3 + 4,5x^2 + 3$, obtemos os números reais para os quais $f'(x) = 0$ e estudamos os sinais de $f'(x)$:

$$f'(x) = \frac{4x^3}{4} - 6x^2 + 9x + 0 = x^3 - 6x^2 + 9x$$

$$f'(x) = x(x^2 - 6x + 9) = x(x-3)^2$$

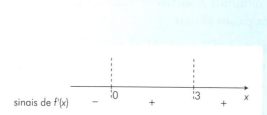
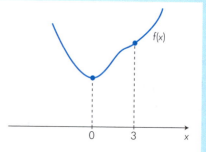

Observe que a função $f(x)$ tem um mínimo relativo em $x = 0$.

Modelos matemáticos

Comumente, chamamos de *modelo matemático* uma representação matemática de uma situação real, e isso é feito principalmente mediante as funções.

Em geral, os matemáticos analisam a atividade de uma indústria durante certo intervalo de tempo em que salários, impostos e matérias-primas podem ser considerados aproximadamente constantes.

Os gerentes de produção, mesmo sem ter um conhecimento específico de Cálculo, têm necessidade de utilizar as funções, como a função custo $C(x)$ para produzir x unidades de um produto.

Nas indústrias, existem diversas situações que podem ser modeladas, como, por exemplo, as funções custo e lucro.

Capítulo 3 – Máximos e Mínimos

EXERCÍCIO RESOLVIDO

ER8 Considere que a função custo de um fabricante seja expressa por:

$$C(x) = \left(\frac{4 \cdot 10^{-3}}{3}\right)x^3 - 0,04x^2 - 32x + 2.500 \text{ reais}$$

a) Calcule os valores positivos de x para os quais o custo marginal $C'(x)$ é igual a 0. Faça um esboço do gráfico de $C(x)$.

b) Quantas unidades podem ser produzidas com o menor custo possível?

Resolução:

a) $C'(x) = 3\left(\dfrac{4 \cdot 10^{-3}}{3}\right)x^2 - 0,08x - 32 = 0,004x^2 - 0,08x - 32$

$C'(x) = 0 \Rightarrow x = -80$ ou $x = 100$

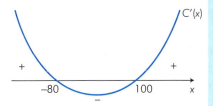

Assim, $x = 100$. Mediante o custo marginal, $C'(x)$, podemos fazer um esboço de $C(x)$ e obter algumas importantes informações, por exemplo, o número de unidades que devem ser produzidas para se obter o menor custo possível.

Esboço de $C(x)$:

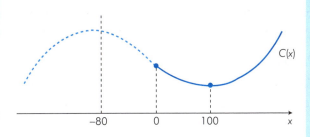

b) Observando o esboço de $C(x)$, temos que o menor custo se obtém com uma produção de 100 unidades.

Geralmente, as funções custo, receita e lucro são definidas somente para valores naturais de x. Isso porque não tem sentido falar no custo gerado para se produzir −5 ou 10,85 computadores. Portanto, o gráfico dessas funções deveria ser uma coleção de pontos discretos e situados no 1.º quadrante. Mas quando definimos essas funções, embora não expressem exatamente os dados do problema, elas apontam onde buscar a sua solução concreta. Por isso trabalhamos com a receita, custo, lucro, como funções contínuas nos intervalos que nos interessam.

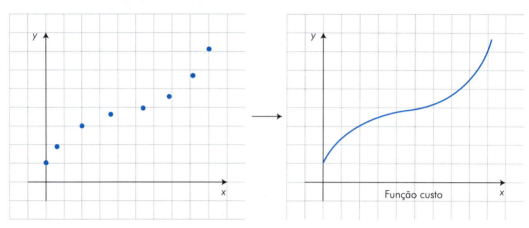

Figura 3.20.

Em geral, um fabricante está preocupado não apenas com os custos, mas também com a receita $R(x)$ que espera obter com a produção e comercialização de x unidades de determinado produto.

EXERCÍCIO RESOLVIDO

ER9 A função receita de uma pequena fábrica que produz uma única mercadoria pode ser expressa por:

$$R(x) = 1.000 - \frac{20.000}{x+6} - 2x \text{ milhares de reais}$$

sendo x o número de unidades produzidas mensalmente.
Encontre o valor de x que produz a receita máxima mensal.

Resolução:

Com os sinais da receita marginal, $R'(x)$, podemos fazer um esboço do gráfico de $R(x)$ e obter, por exemplo, a receita máxima mensal.

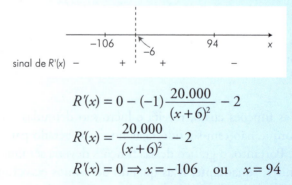

$$R'(x) = 0 - (-1)\frac{20.000}{(x+6)^2} - 2$$

$$R'(x) = \frac{20.000}{(x+6)^2} - 2$$

$$R'(x) = 0 \Rightarrow x = -106 \quad \text{ou} \quad x = 94$$

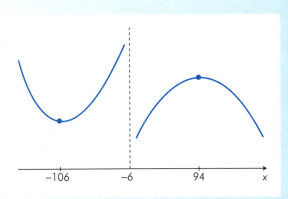

A receita máxima é obtida para $x = 94$ unidades:

$$R(94) = 1.000 - \frac{20.000}{100} - 2 \cdot 94 = 612 \text{ milhares de reais}$$

Ou seja, R$ 612.000,00.

Muitas vezes, somente determinado tipo de produto é disponibilizado no mercado por uma empresa que detém o monopólio. Nesse caso, consumidores irão comprar grandes quantidades do produto se o preço por unidade for baixo e quantidades menores se o preço por unidade aumentar.

A função demanda relaciona a quantidade demandada x ao preço por unidade $y = f(x)$. Então, a receita obtida com a venda de x unidades é $R(x) = x \cdot y = x \cdot f(x)$.

EXERCÍCIO RESOLVIDO

ER10 Vamos supor que a função demanda de certo modelo de apontador escolar seja $y = -0,5x + 9$, em que y representa o preço de cada apontador e x o número de apontadores vendidos diariamente.

A que preço deve ser vendido cada apontador para se obter a maior receita diária possível?

Resolução:

A função receita é igual a:

$R(x) = x \cdot y = x(-0,5x + 9)$
$R(x) = -0,5x^2 + 9x$
$R'(x) = -x + 9$
$R'(x) = 0 \Rightarrow x = 9$

sinal de $R'(x)$: $+$ 9 $-$

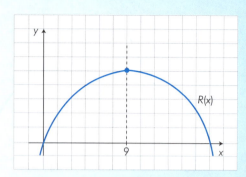

Para se obter a maior receita possível, devem ser vendidos diariamente 9 apontadores, a um preço unitário de:

$$y = -0{,}5x + 9 = -0{,}5 \cdot 9 + 9 = 4{,}5$$

Ou seja, R$ 4,50.

ATIVIDADE

13. A função demanda de um produto é dada por $y = \dfrac{x^2}{12} - 15x + 756$ reais, em que y representa o preço por unidade e x o número de unidades demandadas, tal que $0 \leqslant x \leqslant 84$. Qual é a receita máxima que o produtor pode obter?

Na produção e comercialização de determinado produto, suponha que uma empresa estime uma função custo $C(x)$ e uma função receita $R(x)$. Em geral, a empresa irá estabelecer a sua produção de modo a maximizar a função lucro $L(x)$. Recorde que:

$$L(x) = R(x) - C(x)$$

ATIVIDADES

14. Suponha que em uma pequena cidade do interior do Estado de São Paulo haja uma única papelaria na qual é disponibilizado um único modelo de agenda escolar. A função demanda pode ser expressa por $y = -0{,}5x + 25$ reais, em que y representa o preço de uma agenda e x o número de agendas vendidas mensalmente.

O dono da papelaria adquire as agendas na cidade de São Paulo a R$ 6,00 cada. Qual é o lucro máximo que ele pode obter mensalmente?

15. Uma fábrica de materiais esportivos vende calções de futebol brancos a R$ 4,00 cada um em suas próprias lojas. A função custo diário é estimada em C(x) reais, em que x é o número de calções vendidos diariamente, e $C(x) = 0{,}0004x^3 - 0{,}09x^2 + 10{,}48x - 365{,}8$. Determine o valor de x que irá maximizar o lucro diário da loja, sabendo que ela produz de 60 a 120 calções brancos por dia. Qual é o valor desse lucro?

16. Quando o governo cobra um imposto sobre um produto vendido por um monopolista, o custo da produção e comercialização do produto aumenta, mas, em geral, a função demanda permanece a mesma, porque o consumidor busca um produto de acordo com a sua renda, o seu salário.

    A função demanda de um produto vendido por uma empresa que detém o monopólio é estimada em $y = 180 - 2x$ reais (y representa o preço unitário do produto e x a quantidade demandada), e a função custo da produção de x unidades do produto é $C(x) = 65 + 90x - x^2$ para $0 \leqslant x \leqslant 50$.

    a) Qual é o lucro máximo estimado pela empresa?
    b) Se o governo institui um imposto de R$ 5,00 por unidade produzida, expresse em porcentagem a queda do lucro máximo obtido sem o imposto.

BANCO DE QUESTÕES

12. A partir dos gráficos dados a seguir, determine as coordenadas dos máximos e mínimos relativos, se houver, de cada função.

    a)
    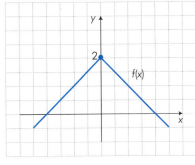

    c)
    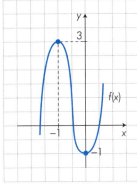

    b)
    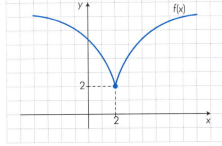

d)

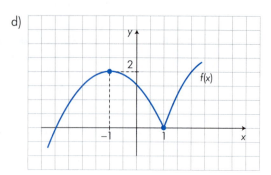

13. Considerando os pontos de máximo e mínimo relativos do exercício anterior:

a) em quais deles as derivadas nesses pontos são iguais a 0?
b) em quais deles as derivadas não existem?

14. O gráfico a seguir representa a função $f(x) = 2x^{\frac{2}{3}} + 2$.

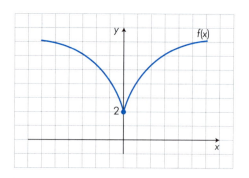

Com base apenas no gráfico, responda:

a) Quais são as coordenadas de seu mínimo relativo?
b) É possível calcular $f'(2)$?
c) Para que valores de x tem-se que $f'(x) > 0$?
d) Para que valores de x tem-se que $f'(x) < 0$?

15. Observe, a seguir, o gráfico da função $f(x) = -\sqrt{6-x} - 1$.

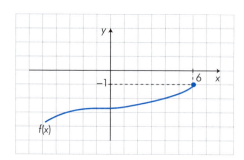

a) Qual é o maior valor que ela assume?
b) É definido $f'(6)$?

16. Observe o gráfico da função $f(x) = x + \dfrac{1}{x}$.

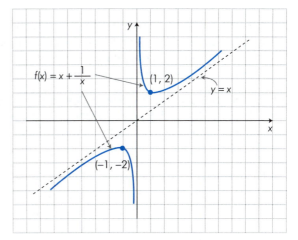

a) Quais são as coordenadas do máximo e mínimo relativos?
b) É certo que $f'(1) = f'(-1)$?
c) A função é contínua para qualquer número real?
d) Para que valores de x tem-se que $f'(x) < 0$?

17. Determine os máximos e mínimos relativos da função:

$$f(x) = \dfrac{1}{2}x^4 - \dfrac{8}{3}x^3 + 4x^2 - 5$$

18. A figura ao lado mostra o gráfico da função $f(x) = 4 + 3x - x^3$.

    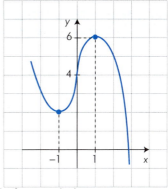

    a) Quais são as coordenadas do mínimo relativo?
    b) Qual é o maior valor da função no intervalo $0 < x < 4$?

19. Determine os intervalos em que os valores da função dada estão aumentando e os intervalos em que estão diminuindo.

    a) $f(x) = 2x^3 - 5x^2 + 4x + 1$
    c) $f(x) = x^5 - 15x^3$
    b) $f(x) = \dfrac{1}{4}(2x - 1)^4$
    d) $f(x) = \dfrac{4}{3}x^3 - 8x^2 + 2$

20. O custo total para produzir x unidades de uma mercadoria é dado por:

$$C(x) = \sqrt{8x + 20} + 40$$

O nível atual de produção é de 10 unidades por mês.

a) Determine o custo marginal.
b) O custo marginal vai aumentar ou diminuir se aumentarmos a produção?

Matemática para Economia e Administração

21. A função $y = (36 - 2x)^2$ reais expressa o preço unitário pelo qual x unidades de certo produto são vendidas. Quantas unidades devem ser produzidas e comercializadas para se obter a máxima receita? Recorde que $R(x) = x \cdot y$, em que x representa a quantidade vendida e y o preço de cada unidade.

22. O custo total para produzir x unidades de determinado tipo de calculadora é dado por $C(x) = 3x^2 + 2x + 10$ reais. Todas as unidades são vendidas quando o preço de cada calculadora é dado por $p = 242 - 3x$ reais. Qual é o lucro máximo que o fabricante vai obter?

23. Faça o esboço do gráfico de uma função com as propriedades:
    a) $f'(1) = f'(3) = 0$; $f'(x) > 0$ se $x < 1$ e se $x > 3$; $f'(x) < 0$ se $1 < x < 3$.
    b) $f'(-1) = f'(1) = 0$; não é contínua em $x = 0$;
       $f'(x) > 0$ se $x < -1$ e se $x > 1$;
       $f'(x) < 0$ se $-1 < x < 0$ e se $0 < x < 1$;
       $f(-1) < 0$; $f(1) > 0$.
    c) $f(3) = 0$; $f'(x) < 0$ para qualquer número real x.

24. Demonstre que o máximo e o mínimo relativos da função quadrática $f(x) = ax^2 + bx + c$ ocorrem para $x = \dfrac{-b}{2a}$.

3.3 A Derivada Segunda

Um pedagogo, analisando graficamente o rendimento dos alunos de uma classe do período da manhã, observou que a curva aumenta lentamente nas primeiras aulas (sono?), atinge um ponto de máxima inclinação logo após o intervalo e diminui nas últimas aulas (cansaço?), como mostra a Figura 3.21.

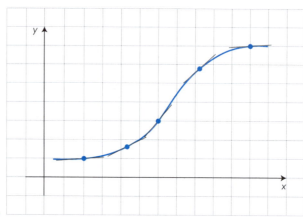

Figura 3.21.

Podemos descrever como aumenta ou diminui a inclinação das retas tangentes ao gráfico de uma função mediante o termo *concavidade*.

Assim, analisando o gráfico da figura, podemos resumir a discussão desta forma: se a função $f(x)$ é derivável no intervalo $a < x < b$, o gráfico tem *concavidade para cima* se $f'(x)$ é crescente nesse intervalo; o gráfico tem *concavidade para baixo* se $f'(x)$ é decrescente nesse intervalo.

É fácil você compreender que há uma relação simples entre a concavidade de uma curva e o sinal da *derivada da derivada* da função.

Nas Figuras 3.22 e 3.23, o gráfico da função $f(x)$ tem concavidade para cima no intervalo $a < x < b$. Em ambos os gráficos, note que os valores de $f'(x)$ estão aumentando à medida que x aumenta. Isso significa que $f'(x)$ é crescente nesse intervalo e, portanto, a derivada de $f'(x)$, comumente chamada **derivada segunda**, é positiva em $a < x < b$.

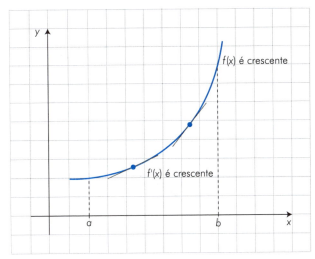

Figura 3.22.

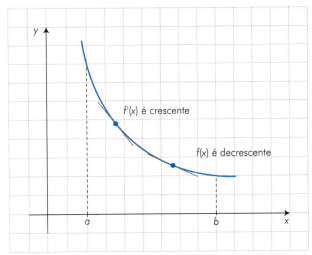

Figura 3.23.

Nos gráficos acima, a função derivada segunda tem somente valores positivos no intervalo $a < x < b$.

Nas Figuras 3.24 e 3.25, a função $f(x)$ tem concavidade para baixo no intervalo $a < x < b$. Note que, nos dois casos, os valores de $f'(x)$ estão diminuindo à medida que x aumenta. Então, $f'(x)$ é decrescente e, portanto, a derivada de $f'(x)$ é negativa no intervalo $a < x < b$.

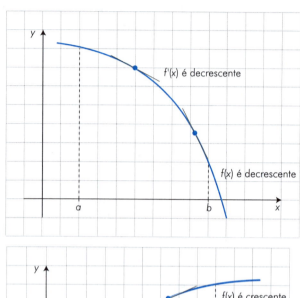

Figura 3.24.

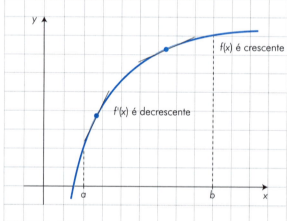

Figura 3.25.

Nos gráficos acima, a função derivada segunda tem somente valores negativos no intervalo $a < x < b$.

Em resumo, temos:

» a derivada segunda de uma função $y = f(x)$ é a derivada da derivada da função: $[f'(x)]'$. É comum simplificar essa notação por:

$$[f'(x)]' = f''(x) \quad \text{ou} \quad \frac{d}{dx}\left[\frac{dy}{dx}\right] = \frac{d^2y}{dx^2}$$

Veja:
$$f(x) = x^3 - 6x^2 + 1 \implies f'(x) = 3x^2 - 12x \implies f''(x) = 6x - 12$$

» é comum chamar a derivada de uma função, $f'(x)$, de *derivada primeira* se houver necessidade de diferenciá-la da derivada segunda;

» se $f''(x) > 0$ no intervalo $a < x < b$, $f(x)$ tem concavidade para cima nesse intervalo;
» se $f''(x) < 0$ no intervalo $a < x < b$, $f(x)$ tem concavidade para baixo nesse intervalo.

Para calcular a derivada segunda de uma função, basta calcular a derivada de uma função e derivá-la novamente. Não há necessidade de nenhuma regra nova.

EXERCÍCIO RESOLVIDO

ER11 Indique o sinal da derivada primeira e segunda da função $f(x)$ em cada intervalo.

a) $(-\infty, -1)$
b) $(-1, 0)$
c) $(0, 1)$
d) $(1, 2)$
e) $(2; 2,5)$
f) $(2,5; +\infty)$

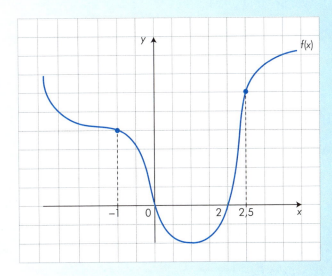

Resolução:

Lembre-se de que se a derivada primeira trata do crescimento ou decrescimento de uma função, a derivada segunda está ligada à concavidade da curva: se é para cima ou para baixo.

Assim, observando o gráfico, podemos deduzir o sinal da derivada primeira e da derivada segunda. Observe:

a) $(-\infty, -1) \to f'(x) < 0$ e $f''(x) > 0$
b) $(-1, 0) \to f'(x) < 0$ e $f''(x) < 0$
c) $(0, 1) \to f'(x) < 0$ e $f''(x) > 0$
d) $(1, 2) \to f'(x) > 0$ e $f''(x) > 0$
e) $(2; 2,5) \to f'(x) > 0$ e $f''(x) > 0$
f) $(2,5; +\infty) \to f'(x) > 0$ e $f''(x) < 0$

Matemática para Economia e Administração

ATIVIDADES

17. As figuras a seguir representam o gráfico da função derivada $f'(x)$. Para cada caso, faça um esboço do gráfico da função $y = f(x)$.

a)

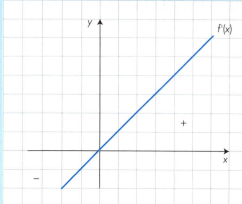

b)

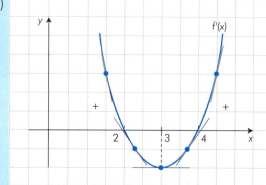

18. Determine a derivada segunda de cada função:

a) $y = 2x^3 - 6x^2 + 8x - 1$

b) $y = x^2 - x + \dfrac{16}{x}$

c) $y = 4\sqrt{x} - \dfrac{1}{\sqrt{x}}$

d) $y = \dfrac{1}{2x} + \sqrt{2x} + x\sqrt{2}$

A derivada segunda pode indicar o melhor caminho para determinarmos os máximos e mínimos relativos de uma função.

Considere que $f(x)$ e $f'(x)$ são contínuas em $x = c$ e $f'(c) = 0$. Quando a função $f(x)$ possui um mínimo relativo, o seu gráfico em algum instante faz um movimento como o representado na Figura 3.26.

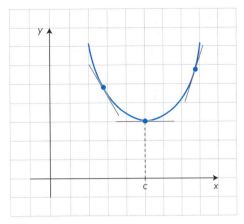

Figura 3.26.

Observe que, em um intervalo em torno de c, $f'(x)$ é crescente e, portanto, $f''(x) > 0$ para qualquer valor de x contido nesse intervalo.

 Se $f(x)$ e $f'(x)$ são contínuas em $x = c$ e $f'(c) = 0$ e $f''(c) > 0$, então a função $f(x)$ possui um mínimo relativo em $x = c$.

Para possuir um máximo relativo, em algum instante o gráfico da função $f(x)$ deve fazer o movimento representado na Figura 3.27.

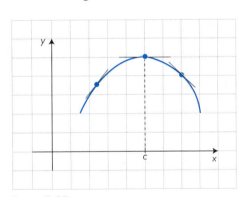

Figura 3.27.

Em um intervalo em torno de c, $f'(x)$ é decrescente e, portanto, $f''(x) < 0$ para qualquer valor de x desse intervalo.

 Se $f(x)$ e $f'(x)$ são contínuas em $x = c$ e $f'(c) = 0$ e $f''(c) < 0$, então a função $f(x)$ possui um máximo relativo em $x = c$.

Matemática para Economia e Administração

Para determinar os máximos e mínimos relativos de uma função, por exemplo, $f(x) = -x^3 + 9x^2 - 24x + 4$, buscamos primeiro os valores de x para os quais a derivada primeira se anula:

$$f'(x) = -3x^2 + 18x - 24$$
$$f'(x) = 0 \Rightarrow x = 2 \quad \text{ou} \quad x = 4$$

Em seguida, determinamos o sinal da derivada segunda para $x = 2$ e $x = 4$.

$$f''(x) = -6x + 18$$

Para $x = 2$, temos: $f''(2) = -6 \cdot 2 + 18 = 6 \therefore f''(2) > 0$

A função tem um mínimo relativo em $x = 2$ e o ponto correspondente é $(2, -16)$, pois

$$f(2) = -2^3 + 9 \cdot 2^2 - 24 \cdot 2 + 4 = -16$$

Para $x = 4$, temos: $f''(4) = -6(4) + 18 = -6 \therefore f''(4) < 0$

A função tem um máximo relativo em $x = 4$ e o ponto correspondente é $(4, -12)$, como mostrado na Figura 3.28, pois:

$$f(4) = -4^3 + 9 \cdot 4^2 - 24 \cdot 4 + 4 = -12$$

Figura 3.28.

EXERCÍCIO RESOLVIDO

ER12 Determine as coordenadas dos máximos e mínimos relativos da função $f(x) = x + \dfrac{4}{x}$, usando os sinais da derivada segunda. Faça um rascunho bem simples de seu gráfico.

Resolução:
Para fazer o gráfico de uma função, o melhor caminho é buscar os máximos e mínimos relativos, se houver. Observe que o domínio da função é formado por todos os números reais diferentes de 0. A função $f(x)$ não é contínua em $x = 0$ e $f(0)$ e $f'(0)$ não existem. Daí:

$$f'(x) = 1 - \frac{4}{x^2}$$
$$f'(x) = 0 \Rightarrow x = -2 \quad \text{ou} \quad x = 2$$

Calculando a derivada segunda e determinando o seu sinal para $x = 2$ e $x = 4$, temos:

$$f''(x) = \frac{8}{x^3}$$

Para $x = -2$

$$f''(-2) = \frac{8}{(-2)^3} = -1$$

a função tem um máximo relativo em $x = -2$, que é o ponto $(-2, -4)$, pois:

$$f(-2) = -2 + \frac{4}{-2} = -4$$

Para $x = 2$

$$f''(2) = \frac{8}{2^3} = 1$$

a função tem um mínimo relativo em $x = 2$, que é o ponto $(2, 4)$, pois:

$$f(-2) = -2 + \frac{4}{2} = -4$$

Note que $f''(x) > 0$ para $x > 0$ expressa a concavidade para cima, e $f''(x) < 0$ para $x < 0$, a concavidade para baixo. Ao lado, está um esboço do gráfico.

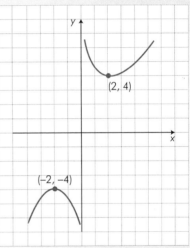

ATIVIDADES

19. Determine as coordenadas dos máximos e mínimos relativos de cada função, usando os sinais da derivada segunda. Faça um rascunho bem simples de seu gráfico.

   a) $f(x) = -8x + \dfrac{x^4}{4}$ b) $f(x) = 2x^3 - 3x^2 - 12x + 4$ c) $f(x) = -x^3 + 12x - 12$

20. A figura ao lado representa os gráficos das funções $f(x)$ e $f'(x)$. Identifique as duas.

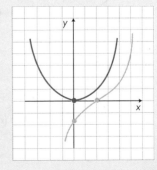

Pontos de inflexão

Podem acontecer situações em que $f'(c) = 0$ e $f''(c)$ também é igual a 0 ou não existe. Nesses casos, a função pode ter um máximo ou um mínimo relativo, ou um outro ponto especial que já vamos discutir.

Suponha, por exemplo, a função $f(x) = -x^4$, que tem um máximo relativo em $x = 0$ (Figura 3.29).

Quando calculamos sua derivada primeira:

$$f'(x) = -4x^3 \quad \text{e} \quad f'(0) = 0$$

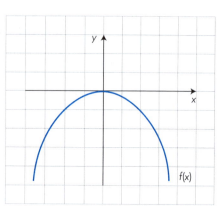

Figura 3.29.

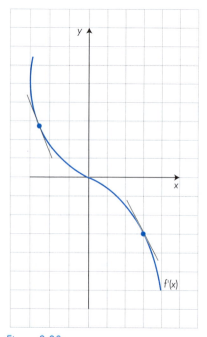

Notamos que $f'(x)$ é uma função decrescente em $\mathbb{R}$ (Figura 3.30) e, portanto, a sua derivada, $f''(x)$, é sempre negativa ou 0 (Figura 3.31):

$$f''(x) = -12x^2 \quad \text{e} \quad f''(0) = 0$$

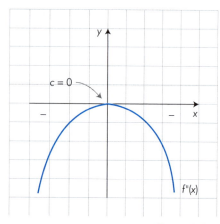

Figura 3.30.

Figura 3.31.

Já, por exemplo, a função $f(x) = x^4 + 1$ tem um mínimo relativo em $x = 0$ (Figura 3.32).

A derivada primeira, $f'(x)$, é crescente em $\mathbb{R}$ (Figura 3.33):

$$f'(x) = 4x^3 \quad \text{e} \quad f'(0) = 0$$

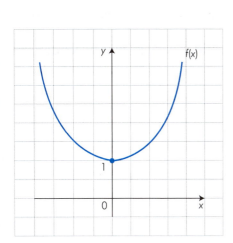

Figura 3.32.

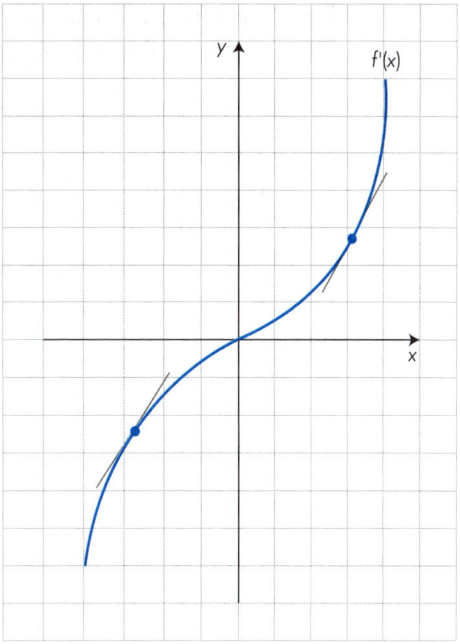

Figura 3.33.

Observando o gráfico de $f'(x)$, note que as retas tangentes têm declividade positiva ou nula (Figura 3.34), assim:

$$f''(x) = 12x^2 \quad \text{e} \quad f''(0) = 0$$

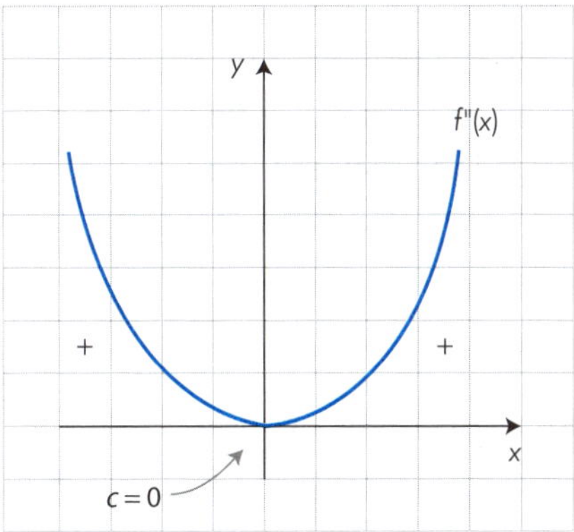

Figura 3.34.

Note que, nos dois casos, $f''(x)$ *não muda de sinal* antes e depois de c (no exemplo, $c = 0$).

147

EXERCÍCIO RESOLVIDO

ER13 Faça um esboço do gráfico da função $f(x) = 1 - 2x^4$ e determine as coordenadas dos máximos e mínimos relativos, se houver:

Resolução:

Para determinar os máximos ou mínimos relativos da função $f(x) = 1 - 2x^4$, calculamos os valores de x que tornam zero a derivada primeira:

$$f'(x) = 0 - 4 \cdot 2x^3 = -8x^3$$
$$f'(x) = 0 \Rightarrow x = 0$$

Mas quando calculamos a derivada segunda, $f''(x) = -24x^2$, notamos que $f''(0) = 0$.

Como a derivada segunda é negativa ou nula para qualquer valor de x, a função $f(x)$ tem concavidade para baixo e, portanto, tem um máximo relativo em $x = 0$. Daí:

$$f(0) = 1 - 2 \cdot 0^4 = 1$$

Logo, o máximo relativo será o ponto (0, 1).

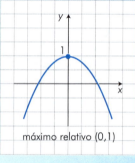

máximo relativo (0,1)

Existem situações em que temos um ponto especial, nem máximo nem mínimo relativo, em que a concavidade da curva muda. Esse ponto é comumente chamado de *ponto de inflexão*. Por exemplo, a função $f(x) = x^3 + 1$ não tem um máximo ou mínimo relativo; no entanto, a derivada primeira se anula para $x = 0$ (Figura 3.35).

$$f'(x) = 3x^2$$
$$f'(x) = 0 \quad \text{se} \quad x = 0$$

Note que, para $x < 0$, a curva tem a concavidade para baixo:

$$f''(x) < 0$$

e, para $x > 0$, a curva tem a concavidade para cima:

$$f''(x) > 0$$

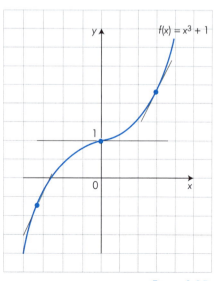

Figura 3.35.

A derivada segunda se anula para $x = 0$:

$$f''(x) = 6x \quad \text{e} \quad f''(0) = 0$$

e muda de sinal para valores antes e depois do 0 (Figura 3.36). Assim, o ponto (0, 1) é um ponto de inflexão.

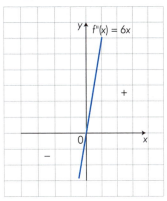

Figura 3.36.

Outro exemplo é a função $f(x) = 2 - x^3$, que também tem um ponto de inflexão em $x = 0$, que é (0, 2), como se pode observar na Figura 3.37. Assim:

$$f'(x) = -3x^2$$
$$f'(x) = 0 \quad \text{se} \quad x = 0$$

Note que para $x < 0$, a curva tem a concavidade para cima:

$$f''(x) > 0$$

e, para $x > 0$, tem a concavidade para baixo:

$$f''(x) < 0$$

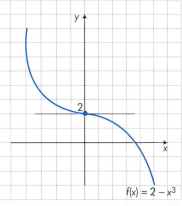

Figura 3.37.

A derivada segunda se anula para $x = 0$ e muda de sinal para valores antes e depois do 0, como podemos observar na Figura 3.38:

$$f''(x) = -6x \quad \text{e} \quad f''(0) = 0$$

Assim, se $f'(c) = 0$ e $f''(c) = 0$, a curva terá um ponto de inflexão se $f''(x)$ mudar de sinal quando x passa por c.

O caso em que $f(x)$ é contínua em $x = c$ e $f''(c)$ não existe deve ser considerado separadamente, como no exemplo a seguir.

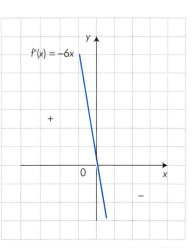

Figura 3.38.

A função $f(x) = \sqrt[3]{x}$ tem um ponto de inflexão em $x = 0$, que é $(0, 0)$. Veja a Figura 3.39.

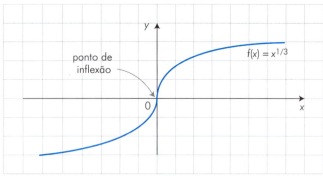

Figura 3.39.

Observe que $f'(x) = \dfrac{1}{3\sqrt[3]{x^2}}$ e $f''(x) = \dfrac{-2}{9\sqrt[3]{x^5}}$ não são contínuas em $x = 0$, pois $f'(0)$ e $f''(0)$ não existem.

Porém, temos:

$f''(x) > 0$ se $x < 0 \rightarrow f(x)$ tem concavidade para cima em $x < 0$

$f''(x) < 0$ se $x > 0 \rightarrow f(x)$ tem concavidade para baixo em $x > 0$

Podemos resumir toda essa discussão da seguinte maneira: considere a função $y = f(x)$ em $x = c$. Recorde que:

$f''(c) > 0$ significa que $f(x)$ tem concavidade para cima em $x = c$;

$f''(c) < 0$ significa que $f(x)$ tem concavidade para baixo em $x = c$.

» Suponha que $f(x)$ e $f'(x)$ são contínuas em $x = c$ e $f'(c) = 0$. Assim:

(1) Se $f''(c) > 0$, então o mínimo relativo está em $x = c$

(2) Se $f''(c) < 0$, então o máximo relativo está em $x = c$

(3) Se $f''(c) = 0$, então nada se pode concluir

» Considerando que $f(c)$ é contínua em $x = c$ e $f''(c) = 0$, temos que:

(1) $f''(x)$ muda de sinal antes e depois de c
$\downarrow$
ponto de inflexão em $x = c$

(2) $f''(x)$ não muda de sinal antes e depois de c
$\downarrow$
não tem ponto de inflexão em $x = c$

» Suponha que $f(c)$ é contínua em $x = c$ e $f''(c)$ não existe. Então,

(1) $f''(x)$ muda de sinal antes e depois de c
$\downarrow$
ponto de inflexão em $x = c$

(2) $f''(x)$ não muda de sinal antes e depois de c
↓
não tem ponto de inflexão em $x = c$

Em geral, as funções matemáticas são úteis para expressar problemas reais de Administração ou Economia dentro de determinadas faixas de valores. E, dentro dessas faixas, os pontos mais importantes são os máximos e mínimos relativos e pontos de inflexão.

Atualmente, com o auxílio dos mais modernos computadores, podemos construir gráficos de funções os mais exatos possíveis. Mas, frequentemente, temos necessidade de fazer somente esboços razoáveis de gráficos.

O avanço das tecnologias permite a construção de gráficos de maneira rápida e exata.

Para construir o gráfico de uma função, por exemplo, $f(x) = x^3 - 3x - 4$, podemos buscar primeiro a sua intersecção com os eixos, se for possível encontrá-la.

1) eixo y: $f(0) = -4$

2) eixo x: $f(x) = 0 \Rightarrow x^3 - 3x - 4 = 0$

Apenas em cursos mais teóricos de Matemática aprendemos processos para encontrar raízes aproximadas ou não dessa equação. No entanto, na prática, não temos muita necessidade de determiná-las ou, então, temos de usar uma calculadora ou um computador que tenha um programa para resolver equações.

Com as derivadas primeira e segunda, buscamos os máximos e mínimos relativos e pontos de inflexão.

3) $f'(x) = 3x^2 - 3$
$f'(x) = 0 \Rightarrow x = -1$ ou $x = 1$

4) $f''(x) = 6x$
» $f''(-1) = 6 \cdot (-1) = -6$
máximo relativo em $x = -1$: $f(-1) = (-1)^3 - 3(-1) - 4 = -2$
Ponto: $(-1, -2)$

» $f''(1) = 6(1) = 6$

mínimo relativo em $x = 1$: $f(1) = 1^3 - 3 \cdot 1 - 4 = -6$

Ponto: $(1, -6)$

5) Para determinar se há pontos de inflexão, buscamos os valores de x que anulam a derivada segunda e estudamos os sinais de $f''(x)$. Para haver um ponto de inflexão, não é necessário que a derivada primeira também seja igual a 0.

$$f''(x) = 0 \Rightarrow 6x = 0 \Rightarrow x = 0$$

O sinal da derivada segunda indica também a concavidade da curva:

$x < 0 \Rightarrow f''(x) < 0$: concavidade para baixo

$x > 0 \Rightarrow f''(x) > 0$: concavidade para cima

A função $f(x)$ tem um ponto de inflexão em $x = 0$ (Figura 3.40):

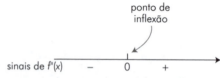

Figura 3.40.

Observe um esboço do gráfico da função $f(x)$ ao lado (Figura 3.41).

Note que o ponto de inflexão é $(0, -4)$, pois:

$$f(0) = 0^3 - 3 \cdot 0 - 4 = -4$$

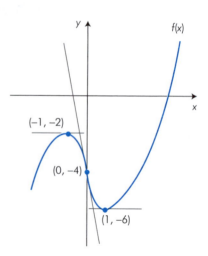

Figura 3.41.

EXERCÍCIO RESOLVIDO

ER14 Determine os máximos relativos, mínimos relativos e pontos de inflexão, se houver, da função $f(x) = \dfrac{x^3}{3} + 2x^2 + 3x + 2$. Depois, faça um esboço do gráfico.

Resolução:

Para fazer um esboço do gráfico da função $f(x) = \dfrac{x^3}{3} + 2x^2 + 3x + 2$, buscamos os máximos e mínimos relativos e pontos de inflexão. Assim:

$$f'(x) = x^2 + 4x + 3$$
$$f'(x) = 0 \Rightarrow x = -3 \text{ ou } x = -1$$

Calculando a segunda derivada e determinando seu sinal, temos:

$$f''(x) = 2x + 4$$

Para $x = -3$

$$f''(-3) = -2 \to f(x) \text{ tem um máximo relativo em } (-3, 2)$$

Para $x = -1$

$$f''(-1) = 2 \to f(x) \text{ tem um mínimo relativo em } \left(-1, \dfrac{2}{3}\right)$$

Agora, vamos estudar a concavidade da curva:

$$f''(x) = 0 \Rightarrow x = -2$$

O ponto de inflexão será $\left(-2, \dfrac{4}{3}\right)$, pois:

$$f(-2) = \dfrac{(-2)^3}{3} + 2(-2)^2 + 3(-2) + 2$$

$$f(-2) = \dfrac{-8}{3} + 8 - 6 + 2$$

$$f(-2) = \dfrac{-8}{3} + 4$$

$$f(-2) = \dfrac{-8 + 12}{3}$$

$$f(-2) = \dfrac{4}{3}$$

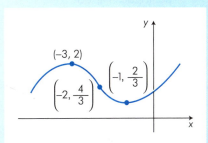

ATIVIDADES

21. Qual é o domínio da função $f(x) = 2(x+1) + \dfrac{18}{x}$? Faça um esboço de seu gráfico mediante a derivada primeira e a derivada segunda.

22. Considere a função $f(x) = 2\sqrt[3]{x}$. Mostre que $f''(0)$ não existe, porém a curva tem um ponto de inflexão em $x = 0$.

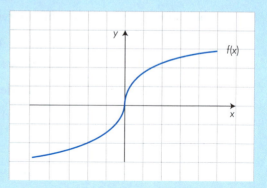

23. Para cada uma das funções, determine os máximos e mínimos relativos e pontos de inflexão, se houver. Trace a curva que representa cada função.

a) $f(x) = x^4 - 8x^3 - 1$

b) $f(x) = (x-4)^3$

24. Faça um esboço do gráfico de uma função com as propriedades:

a) $f'(0,25) = 0$; $f(0) = 2$; $f(0,25) > 0$;
$f'(x) < 0$ se $x < 0,25$ e $f'(x) > 0$ se $x > 0,25$;
$f''(x) > 0$ se $x < 0,25$ e se $x > 0,25$.

b) $f(0) = 1$; $f(1) > 0$; $f(3) > 0$;
$f(3) > f(1)$; $f'(x) < 0$ se $x < 1$ e se $x > 3$; $f'(x) > 0$ se $1 < x < 3$;
$f''(x) > 0$ se $x < 2$; $f''(x) < 0$ se $x > 2$.

BANCO DE QUESTÕES

25. Observe o gráfico da função $y = f(x)$.

a) Determine as coordenadas dos máximos e mínimos relativos e pontos de inflexão.
b) Em que intervalos a derivada segunda da função é positiva?
c) Em que intervalos a derivada segunda é negativa?

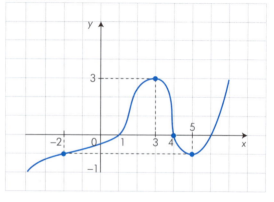

Nos exercícios **26** a **29**, determine as coordenadas dos máximos e mínimos relativos e pontos de inflexão. Faça um esboço do gráfico de cada função.

26. $f(x) = \dfrac{1}{3}x^3 - 3x^2 + 8x + 2$

27. $f(x) = x^4 - 32x$

28. $F(x) = (x - 1)^3$

29. $G(x) = (2x + 4)^4$

30. Determine os máximos e mínimos relativos, se houver, da função $f(t) = t + 2 + \dfrac{36}{t}$.

31. Determine as coordenadas do ponto de inflexão da função $y = x^3 - 3x^2 + 5$.

32. Faça um possível esboço do gráfico de uma função com as seguintes propriedades:

$f(-1) = 3; f(0) = 5; f(1) = 7$
$f'(-1) = f'(1) = 0$
$f'(x) < 0$ se $x < -1$ e se $x > 1$; $f'(x) > 0$ se $-1 < x < 1$
$f''(x) > 0$ se $x < 0$; $f''(x) < 0$ se $x > 0$.

33. Escreva as coordenadas dos máximos e mínimos relativos e pontos de inflexão do exercício anterior.

Nos exercícios a seguir, é dada a fórmula da derivada primeira $f'(x)$ de uma função. Determine as coordenadas x dos máximos e mínimos relativos e pontos de inflexão.

34. $f'(x) = 9 - x^2$

35. $f'(x) = 2x^2 - x - 3$

36. $f'(x) = 2x(5 - x)$

3.4 Derivada de um Produto e de um Quociente

Em muitas situações práticas e reais, é muito conveniente fazer o esboço de um gráfico para determinar e visualizar o maior ou menor valor de uma função, como, por exemplo, a maior receita que se espera obter ou o menor custo que se pode conseguir na produção de determinada mercadoria.

Suponha que, para um passeio a uma praia próxima a Fortaleza, CE, uma empresa de turismo cobre R$ 70,00 por pessoa se o grupo tiver exatamente 30 pessoas. Para grupos maiores,

Parque aquático na beira da praia de Porto das Dunas – CE.

FOTOTECA

o preço é reduzido em R$ 1,00 para cada pessoa além das 30. O ônibus a ser utilizado tem capacidade para 54 passageiros. Qual é a receita máxima que pode ser obtida pela empresa?

Podemos pensar assim: se representarmos por x o número de passageiros além dos 30, a função receita vai ser expressa por:

$$R(x) = (30 + x)(70 - x)$$

Para fazer um esboço do gráfico da função receita, começamos calculando a receita marginal, ou seja, a derivada primeira da função receita. No entanto, você vai observar que, frequentemente, quando temos um produto, em vez de fazer a multiplicação e depois calcular a derivada, é mais fácil usar uma nova propriedade das derivadas: "o produto de duas funções deriváveis é igual ao produto da derivada da primeira função pela segunda função mais o produto da primeira função pela derivada da segunda função". Assim, se $f(x)$, $g(x)$ e $f(x) \cdot g(x)$ são deriváveis em x, temos:

$$\frac{d}{dx}[f(x) \cdot g(x)] = \frac{df}{dx} g(x) + f(x) \frac{dg}{dx}$$

Mais resumidamente:

Podemos demonstrar essa propriedade usando a definição de derivada como um

$$(f \cdot g)' = f' \cdot g + f \cdot g'$$

limite.

$$f'(x) = \lim_{h \to 0} \frac{f(x+h) - f(x)}{h}$$

Assim:

$$\frac{d}{dx}[f(x) \cdot g(x)] = \lim_{h \to 0} \frac{[f \cdot g](x+h) - [f \cdot g](x)}{h}$$

$$= \lim_{h \to 0} \frac{f(x+h) \cdot g(x+h) - f(x) \cdot g(x)}{h} \quad \text{(propriedades das funções)}$$

$$= \lim_{h \to 0} \left[\frac{f(x+h) \cdot g(x+h) - f(x+h) \cdot g(x)}{h} + \frac{f(x+h) \cdot g(x) - f(x) \cdot g(x)}{h} \right]$$

$$= \lim_{h \to 0} [f(x+h)] \cdot \lim_{h \to 0} \underbrace{\frac{g(x+h) - g(x)}{h}}_{g'(x)} + \lim_{h \to 0} g(x) \cdot \lim_{h \to 0} \underbrace{\frac{f(x+h) - f(x)}{h}}_{f'(x)}$$

$\underbrace{}_{f(x)} \qquad \underbrace{}_{g'(x)} \qquad \underbrace{}_{g(x)} \qquad \underbrace{}_{f'(x)}$

Portanto:

$$[f \cdot g]'(x) = f'(x) \cdot g(x) + f(x) \cdot g'(x)$$

Voltando ao problema inicial:

$$R(x) = \underbrace{(30+x)}_{f(x)}\underbrace{(70-x)}_{g(x)}$$

$$R'(x) = 1(70-x) + (30+x)(-1) = -2x + 40$$

$$R'(x) = 0 \Rightarrow x = 20$$

Como $R''(x) < 0$, pois $R''(x) = -2$, a função tem um máximo relativo em $x = 2$ e concavidade para baixo.

O sinal da derivada primeira indica o crescimento da função, como podemos observar na Figura 3.42:

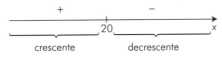

Figura 3.42.

Aqui está o esboço do gráfico da função receita. Observe que, com as informações obtidas pelos sinais das derivadas primeira e segunda, podemos concluir que o maior valor da função receita ocorre em $x = 20$ (Figura 3.43):

A receita máxima que pode ser obtida é igual a:

$$R(20) = (30 + 20)(70 - 20)$$
$$R(20) = 2.500$$
$$R(20) = R\$ \ 2.500{,}00$$

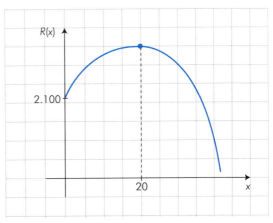

Figura 3.43.

EXERCÍCIO RESOLVIDO

ER15 Calcule a derivada da função $g(x) = 4(3x - 2)(1 - 2x)$.

Resolução:

Para calcular a derivada de uma função, lembre-se de que a derivada do produto de uma constante por uma função é igual ao produto da constante pela derivada da função. Portanto:

$$g'(x) = 4[3(1 - 2x) + (3x - 2)(-2)]$$
$$g'(x) = 4(3 - 6x - 6x + 4)$$
$$g'(x) = 4(-12x + 7)$$

ATIVIDADES

25. Escreva a equação da reta tangente à curva $y = (2x - 1)(2x^2 - x - 3)$ no ponto de abscissa $x = 0$.

26. Lembre que a derivada da função $y = [f(x)]^n$ é $y' = n[f(x)]^{n-1} \cdot f'(x)$. Qual é a declividade da reta tangente à curva $y = t\sqrt{2t+1}$ no ponto de abscissa $t = 4$?

Para derivar uma função como $f(x) = \dfrac{2x+1}{x-1}$, podemos expressá-la como um produto, $f(x) = (2x+1)(x-1)^{-1}$, ou então usar uma nova propriedade das derivadas, a regra do quociente: "Para calcular a derivada do quociente de duas funções deriváveis, calculamos em primeiro lugar a diferença: o produto da derivada do numerador pelo denominador menos o produto do numerador pela derivada do denominador, e dividimos essa diferença pelo quadrado do denominador".

Assim, se $f(x)$, $g(x)$ e $\dfrac{f(x)}{g(x)}$ são funções deriváveis em x, temos:

$$\frac{d}{dx}\left[\frac{f(x)}{g(x)}\right] = \frac{\dfrac{df}{dx}g(x) - f(x)\dfrac{dg}{dx}}{[g(x)]^2}, \text{ com } g(x) \neq 0$$

Mais resumidamente:

$$\left(\frac{f}{g}\right)' = \frac{f' \cdot g - f \cdot g'}{g^2}$$

Também podemos fazer essa demonstração sem usar limites; neste caso, é preciso lembrar que:

$$\frac{f}{g} = f \cdot g^{-1} \quad \text{e} \quad (g^{-1})' = -1 \cdot g^{-2} \cdot g'$$

EXERCÍCIO RESOLVIDO

ER16 Calcule a derivada da função $f(x) = \dfrac{2x+1}{x-1}$ de dois modos diferentes: usando a regra do produto e a regra do quociente.

Resolução:
Regra do quociente:

$$f'(x) = \frac{2(x-1) - (2x+1)1}{(x-1)^2} = \frac{2x - 2 - 2x - 1}{(x-1)^2} = \frac{-3}{(x-1)^2}$$

Regra do produto:

$$f(x) = (2x+1)(x-1)^{-1}$$
$$f'(x) = 2(x-1)^{-1} + (2x+1)(-1)(x-1)^{-2}$$
$$f'(x) = \frac{2}{x-1} - \frac{2x+1}{(x-1)^2} = \frac{-3}{(x-1)^2}$$

ATIVIDADES

27. Derive as funções:

   a) $y = \dfrac{10}{x^6}$

   b) $y = \dfrac{x^3 - 8}{x^2}$

   c) $y = \dfrac{x^2 - 4x + 5}{x - 2}$

   d) $y = \dfrac{x}{\sqrt{x}}$

28. Qual é a alternativa correta para a derivada da função $y = \sqrt{x^2 + 4}$?

   a) $\dfrac{1}{2}(x^2 + 4)^{-\frac{1}{2}}$

   b) $\dfrac{x}{\sqrt{x^2 + 4}}$

29. Dada a função $f(x) = \dfrac{2x}{\sqrt{x^2 + 4}}$, calcule a declividade da reta tangente ao gráfico de f(x) em x = 0.

30. Dada a função $f(x) = \dfrac{1}{\sqrt{1 + x^2}}$, qual é a declividade da reta tangente ao gráfico de f'(x) em x = 0?

31. Se $f(t) = \sqrt{\dfrac{t+1}{t-1}}$, o valor de $f'\left(-\dfrac{5}{3}\right)$ é igual a:

   a) 2

   b) $-\dfrac{9}{32}$

   c) $-\dfrac{9}{8}$

32. Um estudo feito por uma universidade estimou que daqui a *t* anos a população de uma pequena cidade próxima a essa universidade poderá ser expressa por $P(t) = 36 - \dfrac{0,5}{t+1}$ milhares de pessoas, com $t \geqslant 0$. Hoje, t = 0.

   a) Para estimar o aumento da população daqui a um ano, devemos calcular P'(0) ou P'(1)? Por quê?

   b) Qual é a população atual da cidade, aproximadamente?

   c) Daqui a um ano, o número de habitantes será aproximadamente igual a:

   c-1) 36.000
   c-2) 37.000
   c-3) 38.000

Matemática para Economia e Administração

33. A receita mensal obtida com a produção e venda de x unidades de certa mercadoria é dada por $R(x) = \dfrac{-x^2 + 80x}{x^2 + 80}$ mil reais. Que nível de produção proporciona a máxima receita?

34. Determine os máximos relativos, mínimos relativos, pontos de inflexão (se houver) e faça um esboço do gráfico da função $f(x) = \dfrac{4x}{x^2 + 1}$.

Como construir o gráfico de uma função

A esta altura, você já deve ter notado como a derivada primeira e a derivada segunda são fundamentais para a compreensão dos movimentos dos gráficos de funções.

Suponha que a derivada de uma função seja $f'(x) = x(x-3)^2$. Podemos, a partir dessa informação, fazer um esboço de seu gráfico.

Os valores de x que anulam $f'(x)$ são 0 e 3. Os sinais de $f'(x)$ indicam o crescimento de $f(x)$ e são dados pelo produto $x(x-3)^2$. Raciocinando, você deve perceber que, como $(x-3)^2$ é sempre positivo ou nulo, o sinal do produto é o do outro fator, x (Figura 3.44).

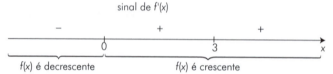

Figura 3.44.

Para determinar máximos e mínimos relativos e pontos de inflexão utilizamos a derivada segunda, calculando-a mediante a regra do produto:

» $f''(x) = 1(x-3)^2 + x \cdot 2(x-3)^1 \cdot 1 = (x-3)[(x-3) + 2x]$
$f''(x) = (x-3)(3x-3) = 3(x-1)(x-3)$
» $f''(0) = 9$ (mínimo relativo)

No entanto, $f''(x) = 0$ para $x = 1$ e $x = 3$. Agora, podemos estudar os sinais de $f''(x)$ apenas substituindo alguns valores em $f''(x)$.

Vamos determinar se $f(x)$ tem pontos de inflexão e se a sua concavidade é para cima ou para baixo (Figura 3.45).

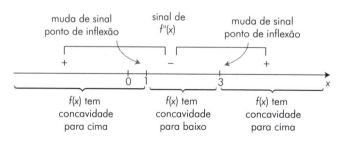

Figura 3.45.

A Figura 3.46 apresenta um esboço do gráfico da função $f(x)$.

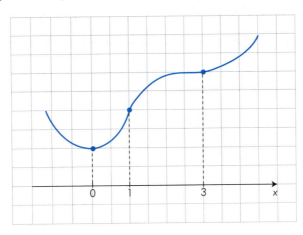

Figura 3.46.

EXERCÍCIOS RESOLVIDOS

ER17 Faça um esboço da função $f(x)$ dada a expressão analítica de sua derivada.

$$f'(x) = 2(5 - x)(x + 1)^2$$

Resolução:
Buscamos as raízes de $f'(x) = 0$, $x = 5$ e $x = -1$, e estudamos os sinais de $f'(x)$:

Resolvemos a equação $f''(x) = 0$ e estudamos os sinais de $f''(x)$:

$f''(x) = 2[-1(x + 1)^2 + 2(5 - x)(x + 1)]$
$f''(x) = 2(x + 1)(-3x + 9)$
$f''(5) = -72 \rightarrow$ máximo relativo em $x = 5$
$f''(x) = 0 \Rightarrow x = -1$ ou $x = 3$

Note que o sinal muda antes e depois de $x = -1$ e de $x = 3$, pois são pontos de inflexão.

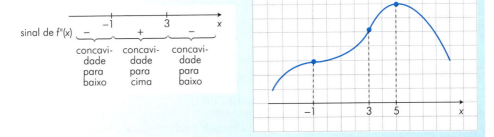

ER18 A função $f(x)$ não está definida para $x = 0$ e a sua derivada é expressa por $f'(x) = \dfrac{6-x}{x^3}$. Determine a coordenada x de seu ponto de inflexão.

Resolução:

Para determinar a coordernada x de seu ponto de inflexão, resolvemos a equação $f''(x) = 0$ e estudamos os sinais de $f''(x)$:

$$f''(x) = \frac{-1(x^3) - (6-x)3x^2}{(x^3)^2} = \frac{x^2(2x-18)}{x^6}$$

$$f''(x) = \frac{2x-18}{x^4}$$

$$f''(x) = 0 \Rightarrow x = 9$$

A função $f(x)$ tem um ponto de inflexão em $x = 9$.

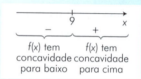

✓ ATIVIDADE

35. Faça um esboço do gráfico da função $f(x)$ dada a função derivada $f'(x) = \dfrac{6-x}{x^3}$.

Taxa de variação

Taxa de variação de uma função $f(x)$ no ponto c é o valor da derivada nesse ponto, ou seja, $f'(c)$.

Suponha que um estudo, feito em uma fábrica de móveis coloniais, mostre que, quando x unidades de certo produto são fabricadas e comercializadas, a receita é estimada em:

$$R(x) = x(0,4x + 6) \text{ milhares de reais}$$

Assim, se 10 unidades são fabricadas, a taxa de variação da receita é igual a:

$$R'(x) = 1(0,4x + 6) + x \cdot 0,4 = 0,8x + 6$$
$$R'(10) = 8 + 6 = 14$$
$$R'(10) = R\$\ 14.000,00$$

Isso significa que, se uma unidade a mais for fabricada, ou seja, quando a produção passar para 11 unidades, a receita vai aumentar R$ 14.000,00 (Figura 3.47).

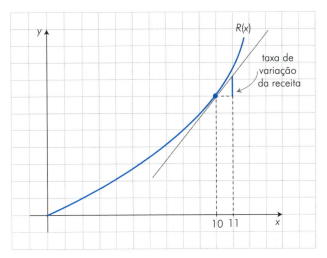

Figura 3.47.

EXERCÍCIO RESOLVIDO

ER19 A função $f(x) = x(3x^2 - 4x - 15)$ expressa a função custo total de uma fábrica de instrumentos de precisão. O nível atual de produção é de 20 unidades por mês.

Qual é a taxa de variação do custo com o nível de produção?

Resolução:

A taxa de variação do custo com o nível de produção $f'(20)$ representa a variação do custo se o nível de produção passar de 20 para 21 unidades por mês. Veja:

$$f'(x) = 1(3x^2 - 4x - 15) + x(6x - 4)$$
$$f'(x) = 9x^2 - 8x - 15$$
$$f'(20) = 3.425$$

A taxa de variação, ou seja, o custo marginal é igual a R$ 3.425,00 e pode expressar também o custo da 21.ª unidade.

A derivada segunda de uma função $y = f(x)$ é representada como $f''(x)$ ou $\dfrac{d^2 y}{dx^2}$. Se derivamos a derivada segunda, obtemos a derivada terceira, que representamos por:

$$f'''(x) \quad \text{ou} \quad \dfrac{d^3 y}{dx^3}$$

Daqui para a frente, a notação das novas derivadas tem uma pequena mudança e os apóstrofos ('''') são substituídos por números:

$$\text{derivada quarta} \rightarrow f^{(4)}(x) \text{ ou } \frac{d^4 y}{dx^4}$$

$$\text{derivada quinta} \rightarrow f^{(5)}(x) \text{ ou } \frac{d^5 y}{dx^5}$$

$$\vdots$$

$$\text{derivada enésima} \rightarrow f^{(n)}(x) \text{ ou } \frac{d^n y}{dx^n}$$

BANCO DE QUESTÕES

Nos exercícios **37** a **42**, simplifique tanto quanto possível a derivada primeira e calcule a derivada segunda de cada função.

37. $f(x) = x^8 - \dfrac{4}{\sqrt{x}}$

38. $g(x) = (2x - 1)^6$

39. $y = (t^2 + 3)^3$

40. $f(t) = \dfrac{1}{t-1}$

41. $g(u) = \dfrac{u}{u+1}$

42. $f(x) = \dfrac{8x}{x^2 + 4}$

43. Considere a função $f(x) = \dfrac{x+1}{3x^2}$. Qual é a inclinação da reta tangente ao gráfico de $f'(x)$ em $x = -1$?

44. Dada a função $f(x) = \dfrac{x^{10}}{10}$, calcule:

a) $f'''(x)$ b) $f^{(4)}(-1)$ c) $\dfrac{d^5 y}{dx^5}$ para $x = 1$

45. A receita de uma fábrica que produz x unidades de uma única mercadoria pode ser expressa pela função:

$$R(x) = 800 - \frac{800}{x+4} - 2x \text{ mil reais}$$

Qual é a taxa de variação da receita, $R'(4)$, quando quatro unidades são produzidas e comercializadas mensalmente?

46. A derivada de uma função $f(x)$ é $f'(x) = \dfrac{4}{1+x^2}$. Mostre que o gráfico de $f(x)$ tem um ponto de inflexão em $x = 0$.

47. A derivada de uma função $f(x)$ é $f'(x) = \sqrt{6x^2 + 3}$. Determine a coordenada x de seu ponto de inflexão.

48. Uma estimativa sugere que daqui a x meses a população de certa cidade será dada por $P(x) = 72 - \dfrac{18}{x+2}$ mil habitantes, com $x \geqslant 0$. Hoje, $x = 0$.

a) Calcule $P(10) - P(9)$.
b) Qual será a taxa de variação com o tempo daqui a nove meses, ou seja, qual é o valor de $P'(9)$?
c) Compare os dois resultados obtidos.

3.5 Máximos e Mínimos Absolutos

Frequentemente, temos necessidade de calcular o maior ou o menor valor de uma função em um intervalo. O **máximo absoluto** de uma função em um intervalo é o maior valor da função, e o **mínimo absoluto** é o menor valor da função nesse intervalo. E nem sempre eles coincidem com os máximos e mínimos relativos. Observe as Figuras 3.48, 3.49 e 3.50.

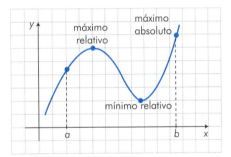

Figura 3.48. Máximo absoluto em $x = b$ para $a \leqslant x \leqslant b$.

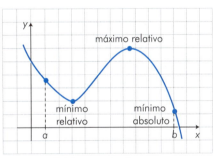

Figura 3.49. Mínimo absoluto em $x = b$ para $a \leqslant x \leqslant b$.

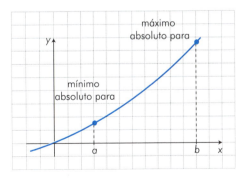

Figura 3.50. O maior valor é f(b) e o menor valor é f(a), considerando o intervalo $a \leqslant x \leqslant b$.

Considere uma função definida em um intervalo I e o número real c pertencente a esse intervalo.

» $f(x)$ possui um máximo absoluto em $x = c$ se $f(x) \leqslant f(c)$ para todo x que pertence a I.
» $f(x)$ possui um mínimo absoluto em $x = c$ se $f(x) \geqslant f(c)$ para todo x que pertence a I.

Matemática para Economia e Administração

Intuitivamente, você deve perceber que cada um dos máximos ou mínimos absolutos de uma função contínua no intervalo $a \leq x \leq b$ pode ocorrer em $x = a$, $x = b$ ou em um ponto c tal que $a < c < b$.

EXERCÍCIO RESOLVIDO

ER20 Quais são o máximo e o mínimo absolutos da função da figura abaixo no intervalo fechado $1 \leq x \leq 5$?

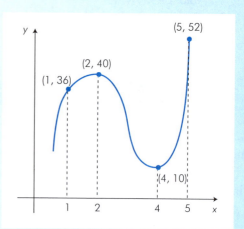

Resolução:

A função da figura tem um máximo relativo em $x = 2$, que é o par ordenado $(2, 40)$, e um mínimo relativo em $x = 4$, que é o par ordenado $(4, 10)$.

Considerando o intervalo $1 \leq x \leq 5$, o máximo absoluto ocorre em $x = 5$, $(5, 52)$, e o maior valor da função nesse intervalo é $f(5) = 52$. O mínimo absoluto ocorre em $x = 4$, coincidindo com o mínimo relativo, $(4, 10)$, e com o menor valor da função $f(4) = 10$.

ATIVIDADES

36. Quais são o mínimo e o máximo absolutos da função da figura ao lado no intervalo $1 \leq x \leq 3$?

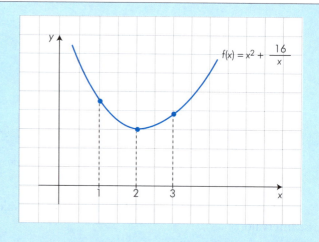

37. Quais são as coordenadas do mínimo relativo da função do exercício anterior?

Como determinamos o máximo e o mínimo absolutos de uma função contínua, por exemplo, $f(x) = \dfrac{2}{3}x^3 - x^2 - 4x + 1$, em um intervalo fechado, por exemplo, $-2 \leqslant x \leqslant 1$?

Um método é, em primeiro lugar, buscar os máximos e mínimos relativos da função e fazer um esboço bem simples de seu gráfico, mais para ilustrar e visualizar a situação, como mostrado na Figura 3.51.

» $f'(x) = 2x^2 - 2x - 4$
  $f'(x) = 0 \Rightarrow x = -1$ ou $x = 2$

» $f''(x) = 4x - 2$

  $f''(-1) = -6$ (máximo relativo); $\left(-1, \dfrac{10}{3}\right)$

  $f''(2) = 6$ (mínimo relativo); $\left(2, -\dfrac{17}{3}\right)$

  No intervalo considerado $-2 \leqslant x \leqslant 1$,

» $f(-1) = \dfrac{10}{3}$ é o máximo absoluto;

» $f(1) = -\dfrac{10}{3}$ é o mínimo absoluto.

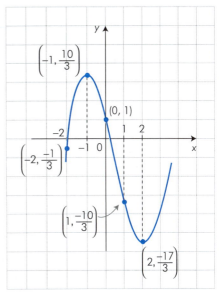

Figura 3.51.

EXERCÍCIOS RESOLVIDOS

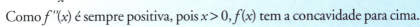

ER21 Determine o máximo e o mínimo absolutos da função $f(x) = \dfrac{2}{x}$, com $x > 0$, para $1 \leqslant x \leqslant 4$.

Resolução:

Fazemos um esboço do gráfico com o auxílio da derivada primeira e da derivada segunda.

» $f'(x) = \dfrac{-2}{x^2}$

Como $f'(x)$ é sempre negativa, $f(x)$ é decrescente.

» $f''(x) = \dfrac{4}{x^3}$

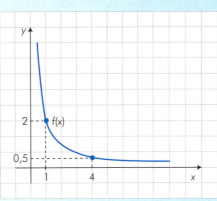

Como $f''(x)$ é sempre positiva, pois $x > 0$, $f(x)$ tem a concavidade para cima.

O maior valor é $f(1) = \dfrac{2}{1} = 2$ e o menor valor é $f(4) = \dfrac{2}{4} = 0,5$.

Matemática para Economia e Administração

ER22 Qual é o maior valor da função $f(x) = 4\sqrt{x}$ no intervalo $0 \leqslant x \leqslant 4$?

Resolução:

Também fazemos um esboço do gráfico com o auxílio da derivada primeira e da derivada segunda.

» $f'(x) = 4 \cdot \dfrac{1}{2} \cdot x^{\frac{-1}{2}} = \dfrac{2}{\sqrt{x}}$

$f(x)$ é crescente

» $f''(x) = \dfrac{-1}{\sqrt{x^3}}$

$f(x)$ tem a concavidade para baixo

O maior valor para $0 \leqslant x \leqslant 4$, é $f(4) = 8$, pois:

$$f(4) = 4\sqrt{4} = 8$$

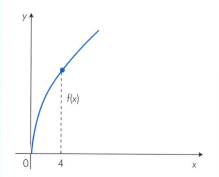

ATIVIDADE

38. Determine o máximo e o mínimo absolutos de cada função abaixo.

a) $f(x) = 3x^4 - x^3 + 4$; no intervalo $0 \leqslant x \leqslant 1$

b) $f(x) = \dfrac{x^3}{3} - 2x^2 + 4x + 1$; no intervalo $0 \leqslant x \leqslant 3$

c) $1 = \dfrac{4}{y\sqrt[4]{x}}$; no intervalo $16 \leqslant x \leqslant 81$

Custo médio e custo marginal

Lembre que se o custo total y para produzir e comercializar x unidades de um artigo é uma função somente de x, então a função custo total pode ser expressa por $y = C(x)$.

Em geral, quando nenhuma unidade é produzida, o custo total é igual a 0 ou é positivo e $C(0)$ expressa o montante das despesas gerais ou dos custos fixos. O custo aumenta quando x aumenta e, portanto, $C'(x)$ é positivo.

O custo marginal $C'(x)$ é a derivada do custo total e expressa o aumento no custo gerado pelo aumento da produção em uma unidade.

O custo médio $C_{médio}(x)$ expressa uma ideia bem diferente: é o quociente do custo total $C(x)$ pelo número de unidades produzidas x:

$$C_{médio}(x) = \dfrac{C(x)}{x}$$

Esse custo expressa uma estimativa de qual seria o custo de cada unidade, supondo que seria o mesmo para qualquer unidade produzida.

EXERCÍCIO RESOLVIDO

ER23 Uma pequena fábrica faz estojos escolares, e o seu custo total mensal é expresso por:

$$C(x) = 10^{-2}x^{-2} + 0,004x + 400 \text{ dezenas de reais}$$

sendo x o número de estojos produzidos mensalmente.

Em certo ano, por uma questão de mercado, o gerente de vendas determinou que deveriam ser produzidos mensalmente entre 300 e 400 estojos escolares.

Para obter o menor custo por estojo, ou seja, o menor custo médio, quantos deveriam ser produzidos mensalmente?

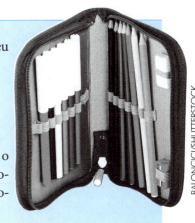

Resolução:

Para obter o menor custo por estojo, ou seja, o menor custo médio, fazemos um esboço do gráfico do custo médio:

» $C_{médio}(x) = \dfrac{10^{-2}x^2 + 0,004x + 400}{x}$

$C_{médio}(x) = 10^{-2}x + 0,004 + \dfrac{400}{x}$

» $C'_{médio}(x) = \dfrac{1}{100} - \dfrac{400}{x^2}$

$C'_{médio}(x) = 0 \Rightarrow x = 200$

» $C''_{médio}(x) = \dfrac{800}{x^3}$

$C''_{médio}(200) = \dfrac{800}{200^3} = 0,001$

A função $C_{médio}(x)$ tem um mínimo relativo em $x = 200$, porém no intervalo $300 \leqslant x \leqslant 400$ o mínimo absoluto se obtém para $x = 300$.

O menor custo médio se obtém com a produção de 300 estojos escolares.

Uma importante propriedade diz que o custo médio é mínimo para um valor de x tal que o custo médio é igual ao custo marginal, ou seja, os gráficos do custo médio e do custo marginal se interceptam no ponto de custo médio mínimo. Veja a Figura 3.52.

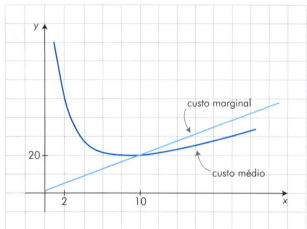

Figura 3.52.

EXERCÍCIO RESOLVIDO

ER24 Dada a função custo médio $C_{médio}(x) = 6x + 10 + \dfrac{216}{x}$, determine o valor de x correspondente ao mínimo custo médio. Depois, trace os gráficos das funções custo médio e custo marginal.

Resolução:

Vamos determinar o valor de x correspondente ao mínimo custo médio e verificar que, para esse valor, o custo médio e o custo marginal são iguais. Observe:

» $C'_{médio}(x) = 6 - \dfrac{216}{x^2}$

$C'_{médio}(x) = 0 \Rightarrow x = 6$

Note que $C_{médio}(x)$ tem um mínimo relativo em $x = 6$.

» $C''_{médio}(x) = \dfrac{432}{x^3}$

» $C_{total}(x) = \left(6x + 10 + \dfrac{216}{x}\right)x$

$C_{total}(x) = 6x^2 + 10x + 216$

» $C_{marginal}(x) = C'_{total}(x) = 12x + 10$

$C_{marginal}(6) = 12 \cdot 6 + 10 = 82$

$C_{médio}(6) = 6 \cdot 6 + 10 + \dfrac{216}{6} = 82$

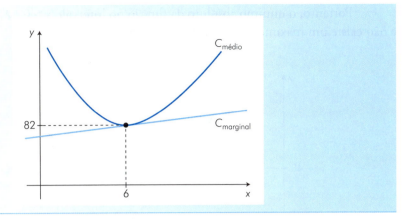

Frequentemente, temos necessidade de encontrar o máximo ou mínimo absolutos de uma função, sendo que a variável x deve ser um número positivo. Ou seja, como encontrar o máximo ou mínimo absolutos, se houver, da função, por exemplo, $f(x) = x^2 + \dfrac{128}{x}$, no intervalo $x > 0$?

Uma ideia é utilizar as técnicas de esboços de gráfico que conhecemos, mas considerando somente o intervalo $x > 0$. Veja:

» $f'(x) = 2x - \dfrac{128}{x^2} = \dfrac{2x^3 - 128}{x^2} = \dfrac{2(x^3 - 64)}{x^2}$

$f'(x) = 0 \Rightarrow x^3 - 64 = 0 \Rightarrow x^3 = 64 \Rightarrow x = 4$

É fácil ver que a função é contínua no intervalo $x > 0$, pois é descontínua apenas no ponto $x = 0$. Observe os sinais de $f'(x)$ na Figura 3.53:

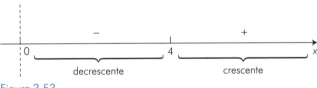

Figura 3.53.

Se quisermos, podemos estudar os sinais da derivada segunda para verificar a concavidade da curva (Figura 3.54):

$$f''(x) = 2 \cdot 1 - (-2)128x^{-3} = 2 + \dfrac{256}{x^3}$$

Figura 3.54.

Portanto, o mínimo absoluto da função no intervalo $x > 0$ é $f(4) = 4^2 + \dfrac{128}{4} = 48$, e não existe um máximo absoluto (Figura 3.55).

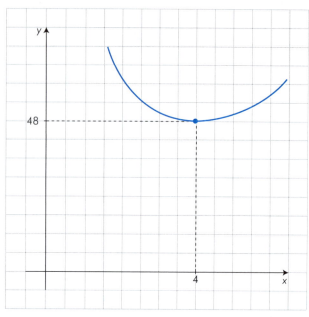

Figura 3.55.

EXERCÍCIO RESOLVIDO

ER25 Encontre o máximo absoluto e o mínimo absoluto, se existirem, da função

$$f(x) = x^3 - 21x^2 + 144x + 25$$

no intervalo $x \geqslant 0$.

Resolução:

» $f'(x) = 3x^2 - 42x + 144$
$f'(x) = 3(x^2 - 14x + 48)$
$f'(x) = 0 \Rightarrow x = 6$ ou $x = 8$

» $f''(x) = 6x - 42$
$f''(6) = -6$ e $f''(8) = 6$
Máximo relativo: $(6, 349)$
Mínimo relativo: $(8, 345)$
$f''(x) = 0 \Rightarrow x = 7$

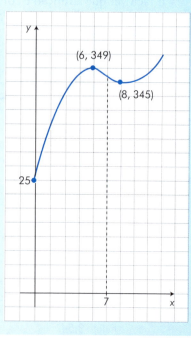

A função $f(x)$ tem um ponto de inflexão em $(7, 347)$.
O mínimo absoluto da função para $x \geqslant 0$ é $f(0) = 25$ e, nesse intervalo, não tem um máximo absoluto.

Em muitos problemas do dia a dia, há necessidade de encontrar o máximo ou o mínimo absolutos de uma função para responder a perguntas do tipo:

» Qual é a quantidade mínima de uma droga que irá produzir os efeitos desejados nos pacientes de um médico?
» A que preço deve ser vendido um dicionário para maximizar o lucro da editora responsável?
» Qual é o percurso mais econômico para estendermos um cabo de uma usina de força à margem de um rio até um hospital situado na outra margem do rio?

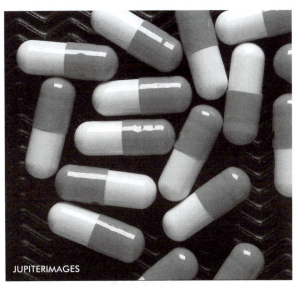

Ao receitar determinada droga, o médico deve estudar a quantidade mínima que produzirá os efeitos desejados nos pacientes.

Como exemplo, suponha que a prefeitura de uma cidade do interior do Estado do Ceará planeje construir uma área de lazer para seus habitantes à beira de um rio. O terreno deve ser retangular, com uma área de 4.050 metros quadrados, e deve ser cercado, com exceção do lado que beira o rio. Qual deve ser o menor comprimento da cerca necessária para a obra?

Um esboço que expresse os dados da situação pode nos ajudar. Observe, ao lado, a Figura 3.56.

Para analisar problemas práticos como esse, o primeiro passo é escrever uma expressão algébrica que contenha todas as variáveis que interessam à solução. Se P é o comprimento total da cerca que vamos utilizar, então temos:

$$P = x + 2y$$

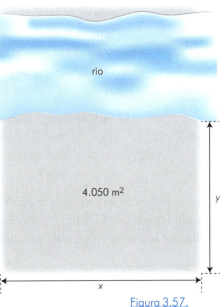

Figura 3.57.

O segundo passo é usar equações e suas propriedades para substituir todas as variáveis e escrever P como uma função de uma única variável. Como a área do terreno deve ser igual a 4.050 m², podemos escrever:

$$x \cdot y = 4.050 \Rightarrow y = \frac{4.050}{x}$$

Substituímos y na expressão de P e obtemos a função de x:

$$P(x) = x + 2\left(\frac{4.050}{x}\right) = x + \frac{8.100}{x}$$

Agora, para encontrar a solução, temos de calcular o mínimo absoluto de $P(x)$ no intervalo $x > 0$.

EXERCÍCIO RESOLVIDO

ER26 Encontre os máximos e os mínimos relativos de $P(x)$, se houver.

Resolução:

$P'(x) = 1 - \dfrac{8.100}{x^2}$

$P'(x) = 0$

para $x > 0 \rightarrow x = 90$

$P''(x) = \dfrac{16.200}{x^3}$

$P''(x) > 0$ para $x > 0$

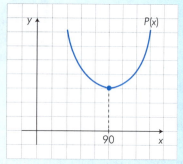

A função tem a concavidade para cima e um mínimo relativo, que é o mínimo absoluto para $x > 0$.

$$P(90) = 90 + \frac{8.100}{90} = 180$$

O menor comprimento da cerca necessário para a obra é 180 m.

Podemos encontrar a melhor solução para diversos problemas práticos e comuns usando técnicas de Cálculo e propriedades de figuras geométricas. Você se lembra das fórmulas da área e do volume de um cilindro circular reto (Figura 3.57)?

$$A_{lateral} = 2\pi \cdot r \cdot h$$
$$A_{total} = 2\pi \cdot r \cdot h + 2\pi \cdot r^2$$
$$V = \pi \cdot r^2 \cdot h$$

Capítulo 3 – Máximos e Mínimos

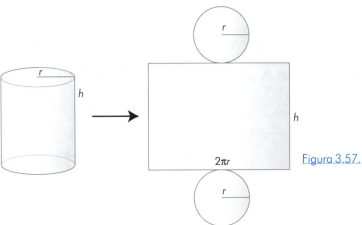

Figura 3.57.

ATIVIDADES

39. Uma lata de cerveja de determinada marca tem capacidade de 350 mL. O preço do material usado para construir o fundo e a tampa da lata é R$ 0,03 por centímetro quadrado, e para o lado da lata é R$ 0,02 por centímetro quadrado. Qual deve ser a altura e o raio da lata para que o custo da matéria-prima seja o menor possível?

40. Alberto pretende gastar exatamente R$ 600,00 para construir uma caixa de fundo quadrado e que tenha o maior volume possível. Uma firma de embalagens vai lhe cobrar, para fazer o fundo, R$ 8,00 por decímetro quadrado, e para os lados, R$ 6,00 por decímetro quadrado. Qual deve ser o volume da caixa?

41. Paulo pretende construir e cercar dois galinheiros retangulares, como mostra a figura a seguir, usando 120 metros de cerca. Qual deve ser a área total ocupada conjuntamente pelos galinheiros, de modo que seja a maior possível?

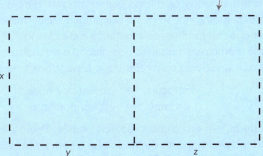

42. Frequentemente, o Cálculo pode ser útil nas tomadas de decisão, por exemplo, na escolha do percurso mais econômico na construção de uma estrada.

175

Vai ser construída uma estrada de terra para ligar um pequeno povoado rural a um hospital. O custo para construir a estrada será de R$ 6,00 o metro para o percurso *AP*, e de R$ 5,00 o metro para o percurso *PC*. Qual é o percurso mais econômico? Por causa do calçadão, *AB* não pode ser um trecho do percurso, porém o percurso AC deve ser considerado.

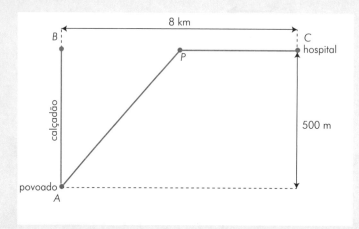

43. A fabricação de muitos produtos envolve geralmente um custo fixo, um custo de produção por unidade e o custo de matéria-prima. Uma fábrica produz x borrachas por dia com os seguintes custos: custo fixo de R$ 2.000,00 por dia em salários, aluguel e seguros; custo unitário do produto de R$ 0,18; custo de matéria-prima de $(90x^{-2})$ reais. Qual é o nível de produção para o qual o custo total diário é mínimo?

44. Uma fábrica recebe uma encomenda para produzir 36.000 cartazes de propaganda de certo filme e por isso vai alugar algumas máquinas. Cada máquina pode produzir 60 cartazes por hora. Para operar as máquinas é necessário somente um funcionário, que recebe R$ 6,00 por hora. O custo do aluguel é de R$ 36,00 cada máquina, independentemente do tempo pelo qual são utilizadas. Quantas máquinas devem ser alugadas para que o custo seja o menor possível?

45. No momento em que todos os atletas caíram no mar, Paulo sabia que a sua única chance de vencer o Triathlon, composto por natação, ciclismo e corrida, nessa ordem, era conseguir chegar na frente após a natação e o ciclismo.
    A velocidade média que mantinha na natação e no ciclismo era aproximadamente igual à de seus dois principais concorrentes, o espanhol e o norte-americano:

    natação → 4,8 km por hora
    ciclismo → 40 km por hora

    Mas, na corrida, ele era o mais rápido dos três. Paulo iria fazer o possível para atingir o ponto P na praia oposta de modo que a soma dos seus tempos de natação e ciclismo fosse a menor possível. Ele podia atingir qualquer ponto da praia, pegar a bicicleta e correr os quilômetros que faltavam até o ponto B.

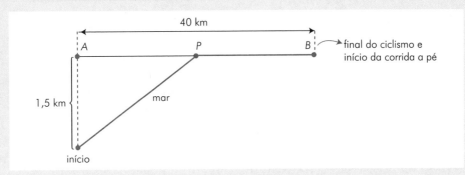

Qual deve ser a localização de P, que Paulo deve atingir, para que consiga completar o percurso até o ponto B no menor tempo possível? Por causa das pedras, os atletas não podem nadar diretamente até o ponto A nem até o ponto B.

46. No mundo dos negócios, um dos problemas mais comuns é o de controle de estoque ou inventário. Em cada encomenda de produtos, o fabricante deve pagar um valor de transporte, armazenar as mercadorias e pagar um custo por isso. Portanto, ele deve determinar quantos produtos deve encomendar de cada vez para minimizar o seu custo total.

Os serviços de localização via satélite que usam o sistema GPS (Sistema de Posicionamento Global) serão utilizados cada vez mais, até mesmo em celulares.

O lojista Carlos Alberto estimou que compraria de um distribuidor e conseguiria vender 100 celulares com GPS por ano. A taxa de transporte é de R$ 25,00 por encomenda e ele paga, em cada celular com GPS, R$ 800,00.

Ele estima que a demanda por GPS se manterá constante durante todo o ano e pretende que cada nova remessa seja entregue no momento em que o estoque se esgotar.

O custo de armazenamento é de R$ 2,00 por celular por ano. Quando uma remessa chega, todos os celulares são armazenados e passam a ser retirados até que não restem mais celulares, e aí chega uma nova remessa.

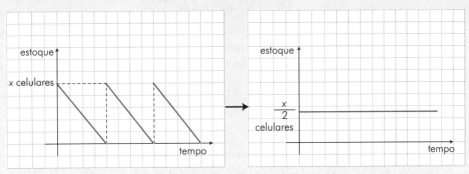

Intuitivamente, podemos imaginar que o custo de armazenamento dos x celulares com GPS é aproximadamente o mesmo custo de $\frac{x}{2}$ celulares mantidos em estoque durante o ano, ou seja, $\frac{x}{2} \cdot 2$.

Quantos celulares deve ter cada encomenda de modo a minimizar o custo total (custo de armazenamento + custo de transporte + valor pago pelos celulares)?

BANCO DE QUESTÕES

49. Determine a derivada segunda de cada função abaixo.

a) $f(x) = 2x^5 - 6x + 0{,}5$

b) $g(t) = (2 - t)^{10}$

c) $H(u) = \dfrac{1-u}{2u-1}$

d) $F(x) = \dfrac{2x+1}{x-3}$

e) $f(x) = 2\sqrt{x} + \dfrac{1}{\sqrt{x}}$

f) $g(x) = \dfrac{\sqrt{x+1}}{2}$

50. Se $F(x) = x^{10}$, calcule $F'''(1)$ e $F^{(4)}(-1)$.

51. Determine o máximo absoluto e o mínimo absoluto da função:
$$f(x) = x^3 + 4{,}5x^2 + 1, \text{ no intervalo } -6 \leqslant x \leqslant 1$$

52. Qual é o valor máximo da função $f(t) = \dfrac{8t^2}{t^2+4}$, no intervalo $-1 \leqslant t \leqslant 2$?

53. Qual é o menor valor da função $F(x) = \dfrac{1}{x^2+4}$, no intervalo $-1 \leqslant x \leqslant 1$?

54. Faça um esboço do gráfico da função $f(x) = 3x^4 - 16x^3 + 18x^2 + 1$. Determine o maior e o menor valor da função $f(x)$ no intervalo $0 \leqslant x \leqslant 4$.

55. Uma fábrica estima que o custo, em reais, da produção de x unidades de uma mercadoria é $C(x) = 3.200 + 4x + 0{,}02x^2$. Qual é o nível de produção para que o custo médio seja o menor possível?

56. Determine o nível de produção que maximizará o lucro de uma fábrica, dadas as funções:

$$\text{Custo: } C(x) = 100 + 2x - 0{,}02x^2 + \dfrac{0{,}00025x^3}{3}$$
$$\text{Demanda: } p(x) = 4{,}5 - 0{,}02x$$

57. O dono de um bar com 20 mesas estima que o lucro diário é de R$ 24,00 por mesa. Como o número de clientes tem aumentado, decidiu colocar algumas mesas a mais. No entanto, para cada mesa colocada a mais, o lucro por mesa é reduzido em R$ 1,00.

A sócia arquiteta responsável decidiu que, por uma questão de estética, deveriam ser colocadas 4 ou 8 mesas a mais. Quantas mesas a mais devem ser colocadas de forma a maximizar o lucro?

58. Um fabricante produz x calculadoras financeiras mensalmente e seu lucro é estimado em $y = -0{,}01x^3 + 5x^2 - 800x + 50.000$ reais. O fabricante tem um contrato para produzir entre 180 e 250 calculadoras por mês. Quantas deve produzir para maximizar o seu lucro?

59. Um fabricante produz x centenas de um tipo de agenda escolar A e y centenas de um outro tipo B de tal forma que a relação entre as quantidades x e y é expressa por:

$$\dfrac{y}{6} = \dfrac{4-x}{8-x}, \text{ para } 0 < x < 8$$

A agenda escolar A é vendida por R$ 18,00 e a agenda escolar B por R$ 27,00 cada uma. Se forem vendidas todas as agendas escolares produzidas, qual é a receita máxima que o fabricante pode esperar obter?

60. Use o teste da derivada segunda para determinar os máximos e mínimos relativos, se houver, da função $f(x) = \dfrac{x+4}{x^2}$.

61. A derivada primeira da função $g(x)$ é $g'(x) = x(x-2)^2$. Determine a coordenada x de seu ponto de inflexão.

62. Determine os máximos e mínimos relativos e pontos de inflexão da função $f(x) = \dfrac{3x}{x^2+9}$. Em seguida, faça um esboço do gráfico.

3.6 Gráficos no Computador

O melhor método para estudar os movimentos das curvas de funções é mediante as derivadas primeira e segunda. No entanto, quando se compreende esses conceitos e eles são combinados com as grandes descobertas tecnológicas que acontecem cada vez mais, tem-se uma ideia muito mais ampla dos conceitos matemáticos. Depois de fazer o esboço do gráfico de uma função, por exemplo, $f(x) = x^2 - 2x$, você pode construí-lo usando uma planilha como a BrOffice.org.Calc. Veja:

1) Abra a tela do BrOffice.org Calc. Coloque, por exemplo, na coluna **A**, alguns valores de *x*.

2) Na coluna **B**, comece com o sinal de igualdade = e depois coloque x^2, que é representado assim: **A1^2**.

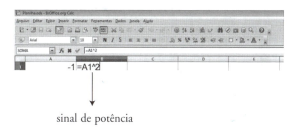

sinal de potência

Matemática para Economia e Administração

3) Complete a fórmula algébrica da função.

sinal de multiplicação

4) Dê um **ENTER** e vai aparecer o valor $f(-1) = 3$.

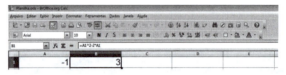

5) Não há necessidade de ir calculando os outros valores. Posicione o mouse no canto inferior direito da célula até aparecer o sinal **+** e arraste-o, sem soltar o mouse, para baixo.

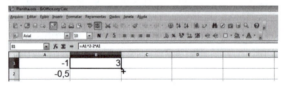

Aparecerão todos os outros valores.

6) Selecione todos os números das colunas **A** e **B**, simplesmente passando o mouse, sem soltar, sobre eles. Ficarão em destaque.

7) Clique, no alto da tela, no símbolo de **Gráficos**.

8) Vai aparecer uma nova tela chamada **Assistente de gráficos**. Escolha **Dispersão**:

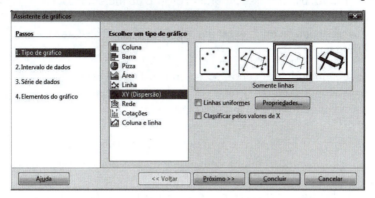

9) Clique em **Avançar e Concluir** e o gráfico está pronto. Veja como ele vai ficar.

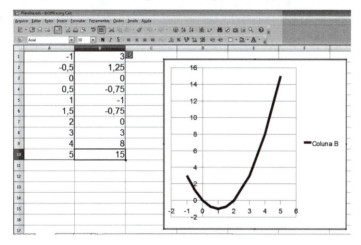

Faça os gráficos destas funções mediante as derivadas primeira e segunda e depois confira com o BrOffice.org Calc. se você acertou:

1. $y = x^2 - 4x + 3$

2. $y = \dfrac{2}{x}$

3. $y = \dfrac{1}{x^2}$

4. $y = x^3 - 10,5x^2 + 30x$

5. $y = 1 + \sqrt{x}$

6. $y = (x-1)^{\frac{2}{3}} + 2$

7. $y = 3x^4 - 4x^3$

8. $y = \dfrac{4x}{x^2+1}$

Matemática para Economia e Administração

ATIVIDADES

47. Acesse o site www.wolframalpha.com. Faça os mesmos gráficos da seção anterior, do **1** ao **8**, usando esse programa gráfico de matemática. Note que ao invés de usar a "vírgula decimal" você deve usar o ponto decimal. Se houver necessidade de estabelecer um intervalo, $a \leqslant x \leqslant b$, escreva por exemplo "from a to b".

48. Suponha que x unidades de certo tipo de caneta-tinteiro sejam vendidas mensalmente quando o preço é y reais por unidade e que o mesmo número seja fornecido pelo fabricante quando o preço é y reais por unidade. As duas funções são:

    demanda: $y = 110 - x$ oferta: $y = x^3 - 25x^2 + 2x + 1.580$

    a) Acesse o site www.wolframalpha.com e determine o preço e a quantidade de equilíbrio.
    b) Que preço de cada caneta maximiza o lucro mensal? Resolva algebricamente mediante derivadas ou acessando por exemplo o site www.wolframalpha.com.

CÁLCULO, HOJE

O escritor espanhol Carlos Ruiz Zafón vendeu mais de 10 milhões de exemplares de seu livro "La sombra del viento". No lançamento do seu novo livro, em Barcelona, "El juego del ángel", em 2008, a editora resolveu disponibilizá-lo em capa dura e brochura.

Suponha que, no dia do lançamento, a demanda dos consumidores tenha sido:

$$capa\ dura: x = 20{,}25 - 0{,}5p$$
$$brochura: y = 28{,}5 - q$$

em que p e q são os preços dos livros em capa dura e brochura, respectivamente, em euros, e x e y as quantidades em capa dura e brochura, respectivamente, em mil exemplares.

O custo total da editora, independentemente do tipo de capa, é dado por $(x + y)^2$.

Suponha que, por motivos econômicos, a editora decida que a diferença entre a versão de capa dura e a versão brochura seja de 6 €.

Assim, buscando maximizar o lucro no dia do lançamento, ela estabeleceu os seguintes preços:

$$capa\ dura: 32\ €$$
$$brochura: 26\ €$$

Foi correta a decisão da editora? Por quê?

KIRSTEN HINTE/PANTHERMEDIA/KEYDISC

SUPORTE MATEMÁTICO

1. Os termos a que se deve estar mais atento neste capítulo são:

- » função crescente
- » função decrescente
- » máximo relativo
- » mínimo relativo
- » ponto de inflexão
- » taxa de variação
- » máximo absoluto
- » mínimo absoluto

2. A função $f(x)$ é derivável no intervalo $a < x < b$:

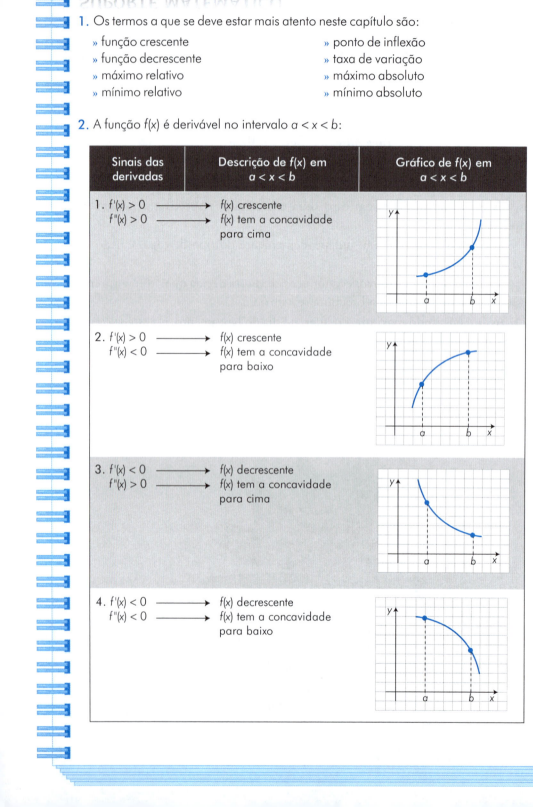

3. A função f(x) é tal que f'(c) = 0:

Sinais de f"(c)	Gráfico de f(x) nas proximidades de x = c
1. f"(c) > 0	mínimo relativo
2. f"(c) < 0	máximo relativo

4. Caso f"(c) = 0 ou f"(c) não exista, f(c) pode ser um máximo relativo, um mínimo relativo ou um ponto de inflexão.

5. A função f(x) tem um ponto de inflexão em x = c e c pertence a um intervalo (a, b):

f(x) é crescente em (a, b)	Gráfico de f(x) em (a, b)
1. a < x < c e f"(x) > 0 c < x < b e f"(x) < 0	
2. a < x < c e f"(x) < 0 c < x < b e f"(x) > 0	

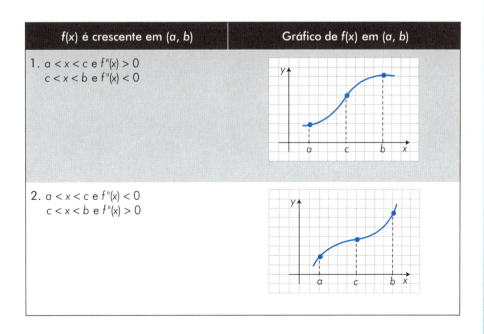

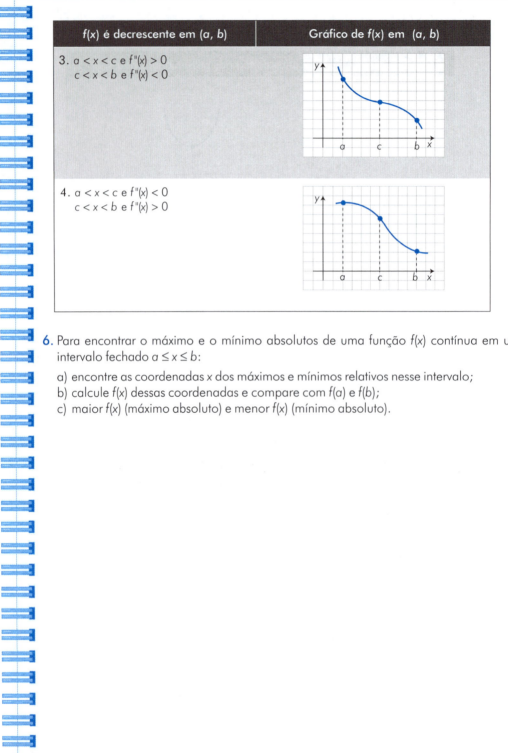

f(x) é decrescente em (a, b)	Gráfico de f(x) em (a, b)
3. $a < x < c$ e $f''(x) > 0$ $c < x < b$ e $f''(x) < 0$	
4. $a < x < c$ e $f''(x) < 0$ $c < x < b$ e $f''(x) > 0$	

6. Para encontrar o máximo e o mínimo absolutos de uma função f(x) contínua em um intervalo fechado $a \leq x \leq b$:

   a) encontre as coordenadas x dos máximos e mínimos relativos nesse intervalo;
   b) calcule f(x) dessas coordenadas e compare com f(a) e f(b);
   c) maior f(x) (máximo absoluto) e menor f(x) (mínimo absoluto).

CONTA-ME COMO PASSOU

Todos o chamavam de *O Último Sábio*. Natural de Leipzig, Alemanha, Gottfried Wilhelm Leibniz foi um estudioso que adquiriu conhecimentos em diferentes áreas de estudo: Direito, Filosofia, Teologia e Matemática.

Geralmente, Leibniz é considerado o segundo inventor do Cálculo. O primeiro, na opinião de um biógrafo recente, "um dos poucos supremos gênios que podemos contar com os dedos de uma mão", foi o astrônomo, físico e matemático inglês Isaac Newton.

O Cálculo foi somente uma das diversas áreas em que Newton contribuiu para possibilitar uma melhor compreensão do mundo a nossa volta. Ele consolidou, generalizou e deu um significado claro ao material construído pelos matemáticos do século XVII, notadamente sobre tangentes a curvas e o cálculo de áreas.

Gottfried Wilhelm Leibniz (1646-1716). Leibniz desenvolveu o Cálculo inspirado em conceitos geométricos dos trabalhos de Cavalieri e Pascal.

Isaac Newton (1642-1727). Em 1687 Newton publicou sua obra principal, *Philosophiae Naturalis Principia Mathematica*, em três volumes. Nessa obra, Newton resumiu suas descobertas sobre o Cálculo.

Mas, no que se refere às notações matemáticas, Leibniz certamente ficou acima de Newton. Como nenhum outro, Leibniz percebeu a necessidade de se criarem boas notações que pudessem auxiliar o pensamento matemático. Muitos dos símbolos que hoje usamos em Matemática foram criados por ele. Nesse ponto, ele só foi inferior a outro matemático, Euler.

Por volta de 1675, Leibniz usava indistintamente um dos sinais:

⎓   ou   ⊓

para "é igual a".

Por volta de 1679, passou a usar os sinais de desigualdades:

⊓ é maior que   ⊓ é menor que

Em 1710, mudou para:

— é maior que   — é menor que

Em um artigo desse mesmo ano usa os sinais praticamente como os conhecemos atualmente:

▷ é maior que   ◁ é menor que

embora, às vezes, também usasse estes sinais:

⊐ é maior que   ⊏ é menor que

Durante muito tempo, Leibniz tentou criar um alfabeto do pensamento humano, um modo de representar todos os conceitos fundamentais simbolicamente e um método para combinar esses símbolos para representar pensamentos mais complexos. Apesar de não ter terminado o projeto, isso deve tê-lo ajudado nas notações do Cálculo.

Enquanto as ideias sobre Cálculo de Newton eram entendidas somente por um seleto grupo de cientistas, Leibniz conseguiu apresentar o novo Cálculo de um modo acessível para um número muito maior de leitores.

Os símbolos que ainda hoje usamos para derivadas e integrais vêm de Leibniz, que foi também o primeiro a perceber a importância dos novos métodos de Cálculo e suas notações para todos os ramos da Matemática.

CAPÍTULO 4
Funções Exponenciais e Logarítmicas

A mão do homem é a primeira calculadora de todos os tempos. Para fazer todos os cálculos que o dia a dia exigia, o homem usava o próprio corpo, como os dedos das mãos e até os dedos dos pés.

No entanto, o uso do corpo humano para efetuar cálculos tem seus limites. Assim, o homem passou a usar pedras, paus entalhados e colares de contas para fazer os cálculos que os dedos das mãos não conseguiam realizar. Até mesmo uma mesa de contar com fichas, o ábaco, foi inventada.

A origem da civilização, com o consequente desenvolvimento do comércio, fez com que fossem criados instrumentos muito mais sofisticados para a contagem, como as grandes e extensas tabelas de logaritmos.

Provavelmente, podemos afirmar que, se a mão do homem é a mais antiga calculadora, a tabela dos logaritmos criada no século XVII é o mais antigo de todos os computadores.

Antigamente, o homem utilizava conjuntos de pedras no auxílio de cálculos.

Matemática para Economia e Administração

FERRAMENTAS

» Com o gráfico da função $f(x) = 2^x$, podemos encontrar aproximações decimais para qualquer potência de base 2.

Assim, para expressar o número 3 como uma potência de 2, traçamos uma reta horizontal e uma reta vertical para obter: $3 \cong 2^{1,59}$ (Figura 4.1).

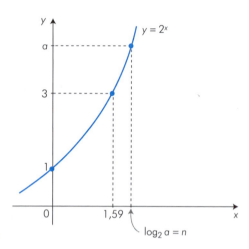

Figura 4.1.

O gráfico mostra que, para qualquer número positivo *a*, existe um único número real *n* tal que $2^n = a$. O número *n* é chamado de logaritmo de *a* na base 2 e escrevemos $\log_2 a$.

De modo geral, se *a* representa um número real positivo e *b*, um número real positivo e diferente de 1, o único número real *n* tal que *b* elevado a *n* é igual a *a* chama-se **logaritmo de *a* na base *b***. Veja:

$$\log_b a = n \text{ se } b^n = a$$

Se a base é 10, podemos omiti-la: $\log a = n$.

» *Propriedades dos logaritmos*

Se *a*, *b* e *c* são três números reais positivos e *c* é diferente de 1, temos:

1) $\log_c a \cdot b = \log_c a + \log_c b$

2) $\log_c \dfrac{a}{b} = \log_c a - \log_c b$

3) $\log_c a^n = n \cdot \log_c a$

4) $\log_c a = \dfrac{\log_b a}{\log_b c}; b \neq 1$

5) $c^{\log_c a} = a$

Capítulo 4 – Funções Exponenciais e Logarítmicas

EXERCÍCIOS RESOLVIDOS

ER1 Use a definição $\log_b a = n$ se $b^n = a$ para calcular os diversos logaritmos:

a) $\log_4 16$
b) $\log_{10} 1$
c) $\log_{10} 10$
d) $\log_2 1.024$

Resolução:

a) $\log_4 16 = 2$, pois $4^2 = 16$
b) $\log_{10} 1 = 0$, pois $10^0 = 1$
c) $\log_{10} 10 = 1$, pois $10^1 = 10$
d) $\log_2 1.024 = 10$, pois $2^{10} = 1.024$

ER2 Use as propriedades dos logaritmos para simplificar e calcular o valor de cada um:

a) $\log \sqrt{1.000}$
b) $\log_3 \dfrac{243}{\sqrt{3}}$

Resolução:

a) $\log \sqrt{1.000} = \log(10^3)^{\frac{1}{2}} = \log 10^{\frac{3}{2}} = \dfrac{3}{2} \cdot \log 10 = \dfrac{3}{2} \cdot 1 = 1,5$

b) $\log_3 \dfrac{243}{\sqrt{3}} = \log_3 3^5 - \log_3 3^{0,5} = 5 \cdot \log_3 3 - 0,5 \cdot \log_3 3 = 5 \cdot 1 - 0,5 \cdot 1 = 4,5$

ATIVIDADES

1. Use a definição $\log_b a = n$ se $b^n = a$ para calcular os logaritmos:

a) $\log_8 4$
b) $\log_{27} 9^{-\frac{3}{2}}$
c) $\log_{\sqrt{2}} 4$
d) $\log_4 \sqrt{2}$
e) $\log_{0,125} 4$
f) $\log_{\sqrt{2}} 1$

2. Use as propriedades dos logaritmos para simplificar e calcular o valor de cada um:

a) $\log_2 \dfrac{1}{8}$
b) $\log 0,0001$
c) $\log_2 \sqrt{8}$
d) $\left(\dfrac{1}{2}\right)^{\log_2 10}$

3. Se $\log_2 b = 8$, qual é o valor de $\log_2 \sqrt[4]{8b^2}$?

Matemática para Economia e Administração

4. Expresse cada logaritmo em sua forma mais simples:

a) $s = \dfrac{1}{2} g \cdot t^2$; $\log s = ?$

b) $t = 2\pi \sqrt{\dfrac{l}{g}}$; $\log g = ?$

5. O logaritmo na base 9 de um número é igual a –0,5. De que número se trata?

4.1 Um Número Especial

À medida que aumentamos o valor de n na expressão algébrica:

$$\left(1 + \frac{1}{n}\right)^n$$

vamos nos aproximando cada vez mais do número irracional **2,7182818284...**, representado pela letra e, provavelmente por ser a primeira letra da palavra exponencial. Veja a tabela a seguir:

n	1	2	10	50	250	10.000
$\left(1+\dfrac{1}{n}\right)^n$	2	2,25	2,5937	2,6916	2,7129	2,7181

Mais formalmente, o número e é definido como um limite:

$$e = \lim_{n \to \infty} \left(1 + \frac{1}{n}\right)^n$$

Quando estudou os logaritmos, você deve ter trabalhado principalmente com as bases 10 e 2. Daqui para a frente vamos utilizar quase sempre logaritmos de base e.

Embora bem conhecido desde o final do século XVI, não havia nenhuma notação especial para esse número até o século XVIII. Foi o matemático suíço Leonhard Euler (1707--1783) quem utilizou a letra e pela primeira vez para representar a base dos **logaritmos naturais** ou **neperianos**. A expressão logaritmos neperianos é uma homenagem ao escocês John Napier (1550-1617), que escreveu a primeira obra sobre logaritmos.

É bastante comum o uso de outra notação para os logaritmos neperianos:

$\log_e 10 = \ln 10$
↓
logaritmo neperiano
(ou natural) de 10

$\log_e e^4 = \ln e^4 = 4$
↓
logaritmo neperiano
(ou natural) de e à quarta

Capítulo 4 – Funções Exponenciais e Logarítmicas

EXERCÍCIO RESOLVIDO

ER3 Calcule $\ln 2\sqrt[4]{e}$.

Resolução:

Para calcular $\ln 2\sqrt[4]{e}$ usamos normalmente as propriedades dos logaritmos para simplificar essa expressão:

$$\ln 2\sqrt[4]{e} = \ln 2 + \ln e^{\frac{1}{4}} = \ln 2 + \frac{1}{4} \ln e$$

Observe que $\ln e = 1$, pois:

$$\ln e = \log_e e = 1, \text{ pois } e^1 = e.$$

Portanto:

$$\ln 2\sqrt[4]{e} = 0{,}25 + \ln 2$$

ATIVIDADE

6. Calcule:

a) $\ln 1$

b) $\ln \dfrac{1}{e^{10}}$

c) $\dfrac{1}{\pi}(\ln e^{\pi}) + e^1 + e^0$

Em muitas calculadoras financeiras ou científicas, os logaritmos neperianos aparecem com o nome  e as funções de base e como (e^x) ou (EXP).

Assim, para calcular, por exemplo, $\ln 2$, na calculadora financeira, teclamos:

$$2 \; \boxed{g} \; \boxed{LN} \; \to 0{,}69$$

e obtemos a aproximação $0{,}69$.

Para resolver uma equação como $\ln x = -4$, recorde que:

$$\ln x = \log_e x = -4 \text{ se } x = e^{-4}$$

Portanto, na calculadora financeira, teclamos:

$$-4 \; \boxed{g} \; \boxed{e^x} \; \to 0{,}018$$

Logo, $x = 0{,}018$.

Para resolver uma equação como:

$$e^{4x} = 10$$

um bom método é usar os logaritmos neperianos:

$$\ln e^{4x} = \ln 10$$
$$4x \cdot \ln e = \ln 10 \rightarrow 10 \boxed{g} \boxed{LN} \rightarrow 2,3$$
$$4x \cdot 1 = 2,3$$
$$x = 0,575$$

EXERCÍCIO RESOLVIDO

ER4 Resolva a equação $\dfrac{1}{e^{1-2x}} = 5$.

Resolução:

Para resolver essa equação, podemos pensar assim:

$$\frac{1}{e^{1-2x}} = e^{2x-1} = 5$$

$$\ln e^{2x-1} = \ln 5$$

$$(2x - 1) \cdot \ln e = \ln 5 \rightarrow 5 \boxed{g} \boxed{LN} \rightarrow 1,6$$

$$2x - 1 = 1,6$$
$$x = 1,3$$

ATIVIDADES

7. Resolva as equações a seguir:

   a) $\ln x = -1,6$

   b) $2e^{-\frac{x}{2}} = 25$

8. Se $4^{2k} = e^{-1}$, qual é o valor de k?

9. Resolva a equação: $x^{\ln x} = e^4$.

10. Use logaritmos neperianos para calcular o valor das expressões:

    a) $\dfrac{1}{\sqrt[3]{10}}$

    b) $2^{-0,08}$

Se trocarmos as coordenadas dos pares ordenados da função exponencial $y = e^x$, obteremos a função logarítmica de base e $y = \ln x$. Por causa disso, as funções $y = e^x$ e $y = \ln x$ são chamadas de **funções inversas**, assim como são funções inversas $y = b^x$ e $y = \log_b x$. Observe a Figura 4.2:

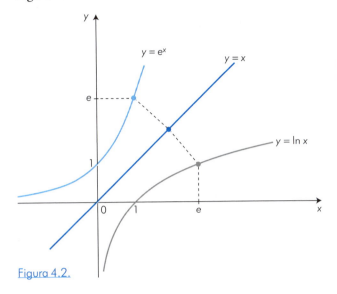

x	$y = e^x$
0	1
1	2,72
2	7,39
−1	0,37
−2	0,14

x	$y = \ln x$
1	0
2,72	1
7,39	2
0,37	−1
0,14	−2

Figura 4.2.

Geralmente, quando nos referimos simplesmente à função exponencial, isso é entendido como a função de base e.

Note que a reta $y = x$ funciona como um "espelho" para os gráficos dessas duas funções. O gráfico de uma função é como uma reflexão da outra em relação à reta $y = x$.

A imagem da função exponencial é o domínio da função logarítmica. Portanto, o domínio da função logarítmica é o conjunto dos números reais positivos. A imagem é o conjunto de todos os números reais, pois qualquer reta paralela ao eixo x intercepta o gráfico da função logarítmica.

EXERCÍCIO RESOLVIDO

ER5 Observe o gráfico ao lado.

a) Qual é a melhor aproximação para $e^{\frac{1}{3}}$?

a-1) 1
a-2) 1,4
a-3) 1,8

b) Se $e^{2x} = 7$, qual é a aproximação mais conveniente para a solução dessa equação?

b-1) $x = 1$
b-2) $x = 1,5$
b-3) $x = 2$

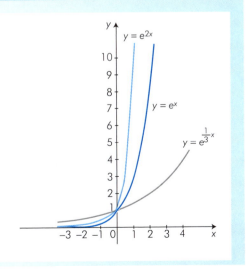

Resolução:

a) $e^{\frac{1}{3}} = e^{0,33} \to 0,33$  $\to 1,39$

$e^{\frac{1}{3}} = 1,39$

Assim, a melhor aproximação é 1,4 (alternativa a-2).

b) $e^{2x} = 7$

$\ln e^{2x} = \ln 7 \to 7$ [g] [LN] $\to 1,95$

$\ln e^{2x} = 1,95$

$2x \cdot \ln e = 1,95$

$2x = 1,95$

$x = 0,975$

Assim, a aproximação mais conveniente para a solução da equação é $x = 1$ (alternativa b-1).

Observe que uma potência de base positiva, qualquer que seja o expoente, é sempre positiva. As três funções da figura têm como domínio o conjunto dos números reais e, como imagem, o conjunto dos números reais positivos.

ATIVIDADE

11. O crescimento de uma planta após x semanas é estimado pelo gráfico da figura a seguir, em que y representa a altura da planta em centímetros.

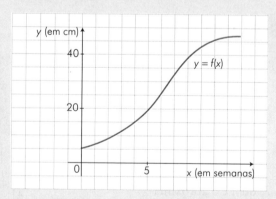

a) Após 5 semanas, quantos centímetros a planta terá de altura, aproximadamente?

   a-1) 10 cm   a-2) 15 cm   a-3) 20 cm

b) A planta terá 0,4 m de altura após quantos meses, aproximadamente?

   b-1) 1 mês   b-2) 2 meses   b-3) 3 meses

A função exponencial de base *e*, ou seja, $f(x) = e^x$, é muito útil para expressar situações reais e concretas e prever alguns resultados.

Por exemplo, suponha que, em uma pesquisa realizada em uma fábrica, o economista João Pedro, também formado em Matemática, registre o número de lapiseiras produzidas por dia, durante *x* dias de produção, e anote os dados obtidos em uma tabela. A partir desses dados, pode-se fazer, em um plano cartesiano, o esboço do gráfico de produção em função do tempo, como mostra a Figura 4.3:

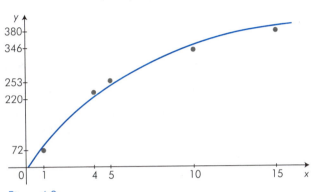

Número de lapiseiras (y)	Número de dias (x)
72	1
220	4
253	5
346	10
380	15

Figura 4.3.

Com o auxílio de computadores e conceitos matemáticos, ele expressou os dados da tabela mediante a função $y = 400(1 - e^{-0,2x})$. As funções exponenciais de base *e* são úteis para essa estimativa. Mais adiante você vai aprender a expressar os dados de uma tabela como essa mediante a fórmula algébrica de uma função linear ou uma função exponencial.

EXERCÍCIO RESOLVIDO

ER6 Supondo os dados da fábrica de lapiseiras do exemplo anterior, faça uma estimativa de quantas lapiseiras serão produzidas por dia um mês após o início da produção.

Resolução:

Usando a fórmula algébrica vista anteriormente, podemos fazer uma estimativa de quantas lapiseiras serão produzidas.

Considerando $x = 30$, temos:

$$y = 400(1 - e^{-0,2 \cdot 30}) = 400(1 - e^{-6})$$

Teclamos: −6 [g] [e^x] para obter e^{-6}:

$$y = 400(1 - 0,0025) = 399$$

Serão produzidas cerca de 399 lapiseiras por dia, um mês após o início da produção.

Matemática para Economia e Administração

ATIVIDADES

12. O custo mensal y, em reais, de um gerador aumenta à medida que aumenta o número mensal de horas x em que ele é utilizado, de acordo com a função:

$$y = 40.000 - 30.000e^{-0,0002x}$$

Qual é o valor do custo mensal se o gerador é utilizado cerca de 180 horas por mês? Qual desses valores lhe parece o mais adequado?

a) R$ 10.000,00
b) R$ 11.000,00
c) R$ 7.000,00
d) R$ 8.000,00

13. Suponha que uma editora estime que, após x meses no emprego, um funcionário comum empacote $F(x) = 800 - 500e^{-0,4x}$ livros por hora, com $x \geqslant 0$.

a) Quantos livros um funcionário recém-contratado, x = 0, pode empacotar por hora?
b) Quantos livros um funcionário com um ano de experiência pode empacotar por hora? Escolha a estimativa que lhe pareça mais adequada.

b-1) 500 livros   b-2) 700 livros   b-3) 800 livros   b-4) 1.000 livros

14. O valor de um quadro comprado em 2013 é estimado em $F(t) = 40.000e^{0,25t}$ reais, com $t \geqslant 0$, após t anos. O ano 2013 corresponde a $t = 0$. Qual será o valor de revenda em 2018? Identifique a alternativa que lhe pareça mais conveniente.

a) R$ 100.000,00
b) R$ 140.000,00
c) R$ 180.000,00
d) R$ 500.000,00

JUPITERIMAGES

BANCO DE QUESTÕES

1. Calcule os valores das expressões sem usar uma calculadora.

   a) $\ln e^{10}$
   b) $e^{\ln 36 - \ln 4}$
   c) $\ln 1$
   d) $e^{\frac{1}{2}\ln 100}$

2. Use uma calculadora para resolver as equações.

   a) $2e^{0,1x} = 4$
   b) $-2,5 \ln x = 10$
   c) $-4 = -10 + 2e^{-0,6x}$
   d) $0,5^{x-3} = e^{-1}$

3. Qual é o domínio de cada função?

   a) $f(x) = \ln(8 + 2x - x^2)$ b) $g(x) = e^{8 + 2x - x^2}$

4. Pedro comprou um quadro por R$ 1.600,00 e estima que daqui a t anos o valor do quadro será expresso pela função $F(t) = 1.600e^{\sqrt{0,5t}}$ reais, com $t \geqslant 0$.

Expresse em porcentagem a variação do preço do quadro, em relação ao valor que ele pagou, daqui a 8 anos.

5. Uma estimativa sugere que daqui a t anos a população de uma pequena cidade será dada por $P(t) = \dfrac{45}{2 + e^{-0,04t}}$ mil habitantes, com $t \geq 0$. Hoje, a população é dada por $t = 0$.
   a) Qual é a população atual?
   b) Qual é a estimativa para a população daqui a 6 anos?

6. Uma estimativa sugere que, se certo tipo de máquina fotográfica for vendida a p reais, cerca de $360e^{-0,002p}$ máquinas serão vendidas mensalmente, com $p > 0$.
   a) Se o preço de cada máquina for R$ 810,00, estime o número de máquinas vendidas por mês.
   b) Houve uma redução no preço de cada máquina e, por causa disso, passaram a ser vendidas cerca de 100 máquinas por mês. Expresse em porcentagem a redução do preço de cada máquina.

7. Uma editora estima que, se x mil livros de Cálculo forem entregues gratuitamente aos professores universitários que ensinam essa matéria no Rio Grande do Sul, cerca de $f(x) = 1.000 - 750e^{-0,8x}$ livros de Cálculo serão vendidos no ano seguinte (com $x \geq 0$). Qual deve ser a estimativa para o número de livros vendidos no próximo ano se, neste ano, 500 livros forem distribuídos aos professores?

8. A figura ao lado mostra o gráfico da função dada por $y \cdot e^x = 1$. Calcule o valor de a.

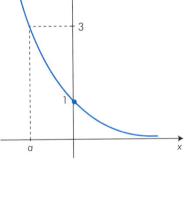

9. A figura ao lado mostra o gráfico da função $x \cdot e^y = e^{0,5}$. Calcule a, b e c.

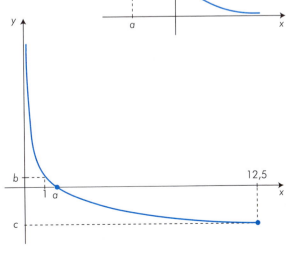

Matemática para Economia e Administração

10. Roberto comprou um carro zero km em janeiro deste ano pelo valor de R$ 54.000,00. O carro sofre uma depreciação tal que daqui a x anos o seu valor será $V(x) = 54.000e^{-0,08x}$, com $x \geq 0$.

Qual será o valor do carro daqui a 6 anos, aproximadamente? Indique a alternativa mais conveniente.

a) R$ 25.000,00
b) R$ 35.000,00
c) R$ 45.000,00

4.2 Crescimento e Decrescimento Exponenciais

Talvez, em algum momento, você tenha pensado ou dito que "enquanto o meu salário sobe linearmente, as minhas despesas aumentam exponencialmente". É possível que você tenha razão, mas os matemáticos expressam esse "grande e rápido aumento" de um modo mais exato.

Quando uma função pode ser expressa na forma:

$$Q(t) = C \cdot e^{k \cdot t}, \text{ com } k > 0$$

dizemos que os valores da função *aumentam exponencialmente*, como mostra a Figura 4.4.

Do mesmo modo, para uma função expressa na forma:

$$Q(t) = C \cdot e^{k \cdot t}, \text{ com } k < 0$$

dizemos que os valores *diminuem exponencialmente*, como mostra a Figura 4.5.

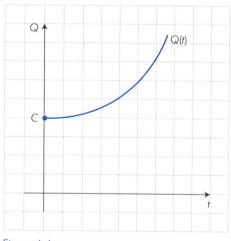
Figura 4.4.

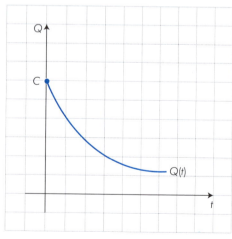
Figura 4.5.

Em geral, neste livro, vamos trabalhar com *t* positivo ou nulo, isto é, $t \geq 0$.

Capítulo 4 – Funções Exponenciais e Logarítmicas

EXERCÍCIOS RESOLVIDOS

ER7 Determine a fórmula algébrica da função $y = C \cdot e^{k \cdot x}$ da figura ao lado.

Resolução:

Para a determinar a fórmula algébrica da função, temos de determinar C e k. Observe:

Para $x = 0$, temos $y = 10.000$. Daí:

$$10.000 = C \cdot e^0 = C$$
$$y = 10.000 e^{k \cdot x}$$

Para $x = 5$, temos $y = 20.000$. Assim:

$$20.000 = 10.000 e^{5k}$$
$$e^{5k} = 2 \Rightarrow 5k \cdot \ln e = \ln 2$$
$$k = 0,14$$

A fórmula algébrica é $y = 10.000 e^{0,14x}$

ER8 Qual é o valor de $f(-2)$ se $f(x) = e^{k \cdot x}$ e $f(-1) = 4$?

Resolução:

$$f(-1) = 4 \Rightarrow 4 = e^{-k} \Rightarrow \ln 4 = -k \cdot \ln e \Rightarrow k = -1,39$$
$$f(x) = e^{-1,39x} \Rightarrow f(-2) = e^{-1,39(-2)} = e^{2,78} = 16,12$$

ATIVIDADES

15. Determine $f(1)$ se $f(x) = C \cdot e^{k \cdot x}$, $f(0) = 100$ e $f(2) = 45$.

16. Encontre a expressão algébrica da função:

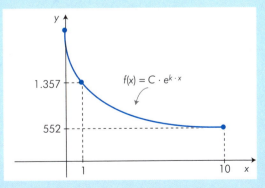

201

17. Com base na tabela ao lado, faça um esboço do gráfico da função:
$f(x) = 2 - e^{-0,2x}$
Qual é o domínio e a imagem da função $f(x)$?

x	f(x)
0	
1	
2	
-1	
	0
	2

Algumas aplicações das funções exponenciais

As funções exponenciais são utilizadas em inúmeras áreas. Por exemplo, em demografia para prever o tamanho de uma população, em finanças para calcular o valor de um investimento, em Arqueologia para registrar a data de uma estatueta antiga. Em Biologia, elas podem ser utilizadas para prever a extinção de uma espécie animal se nada for feito para impedir essa ocorrência.

Nos negócios e na Administração, as funções exponenciais também são utilizadas.

A função exponencial é utilizada para descrever fenômenos nos quais valores a serem calculados dependem do valor existente em determinado instante, como, por exemplo, na Arqueologia, para determinar a idade dos fósseis (na foto, um trilobita, artrópode extinto).

EXERCÍCIO RESOLVIDO

ER9 Um estudo feito por biólogos e matemáticos mostrou que a população de certa espécie animal ameaçada de extinção diminui conforme mostra o gráfico ao lado.

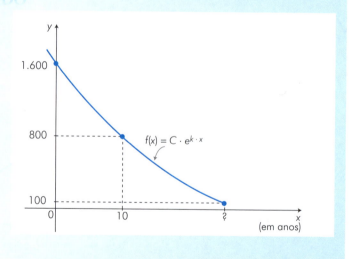

Atualmente, existem 1.600 indivíduos dessa espécie e estima-se que, daqui a 10 anos, haverá 800 indivíduos. Se se mantiver esse decrescimento exponencial, daqui a quantos anos será atingido o ponto em que a extinção é inevitável, considerado pelos biólogos em 100 indivíduos?

Resolução:

Para $x = 0$, temos: $f(0) = 1.600 = C \cdot e^0 = C$

$$f(x) = 1.600 e^{k \cdot x}$$

$f(10) = 800 = 1.600 e^{10k} \Rightarrow e^{10k} = 0,5 \Rightarrow 10k = \ln 0,5 \Rightarrow k = -0,07$

Como $C = 1.600$ e $k = -0,07$, temos $f(x) = 1.600 e^{-0,07x}$.

Assim:

$$100 = 1.600 e^{-0,07x} \Rightarrow \ln 100 = \ln 1.600 + \ln e^{-0,07x} \Rightarrow x = 39,6$$

Daqui a aproximadamente 40 anos, se não for tomada nenhuma medida, essa espécie será extinta.

ATIVIDADES

18. O tamanho da população de determinado inseto é estimado pela função em que t é medido em dias: $f(t) = 720 e^{0,01t}$, com $t \geqslant 0$. Qual será o tamanho da população de insetos daqui a um mês? Escolha a alternativa mais adequada.

    a) 500 insetos   b) 1.000 insetos   c) 2.000 insetos

19. Um biólogo acompanha o crescimento de uma planta durante dois meses. O seu crescimento pode ser estimado pela função $f(x) = C \cdot 2^{0,1x}$, sendo que $f(x)$ expressa a altura da planta em cm e x o número de dias.

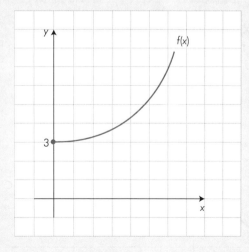

    a) Estime a altura da planta daqui a 10 dias.
    b) Após quantos dias a planta atingirá uma altura de 15 cm?

20. Certo modelo de computador deprecia de tal forma que seu valor após t meses é estimado pela função $f(t) = C \cdot e^{-0,04t}$, com $t \geq 0$.

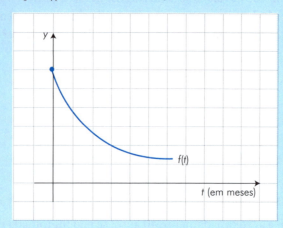

O seu valor original era R$ 2.400,00 e, após certo tempo, caiu para R$ 720,00. Quanto tempo demorou para atingir esse valor?

21. A escala Richter é utilizada em sismógrafos para medir a intensidade dos terremotos. A violência de um terremoto de intensidade I é expressa na escala Richter pela função:

$$R(I) = \frac{\ln I}{\ln 10}$$

Um terremoto na cidade de São Francisco, Estados Unidos, em 1906, alcançou 8,25 graus na escala Richter. Em 2001, outro terremoto, na cidade de Arequipa, Peru, alcançou a marca de 8,1 graus. Expresse, em porcentagem, quanto $R(I_1)$, o terremoto de São Francisco, foi mais violento que $R(I_2)$, o terremoto de Arequipa.

Uma função expressa na forma $y = C - a \cdot e^{k \cdot x}$, em que $C > 0$, $a > 0$ e $k < 0$, é útil para representar várias funções de custo e de produção. Observe a Figura 4.6 em que a curva cresce rapidamente até aproximar-se de sua *assíntota* $y = C$.

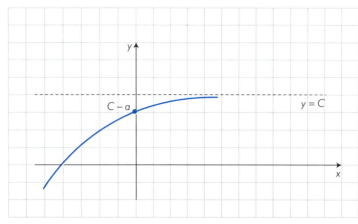

Figura 4.6.

A palavra *assíntota* vem do grego *asymptotas*, "que não coincide", e significa uma reta que se aproxima indefinidamente de uma curva sem alcançá-la.

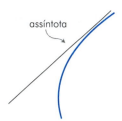

EXERCÍCIOS RESOLVIDOS

ER10 Uma estimativa sugere que, se x milhares de reais forem gastos em propaganda em jornais, rádio e televisão, serão vendidas aproximadamente $Q(x) = 100 - 45e^{-0,1x}$ mil unidades de um produto, com $x \geq 0$; $x = 0$ representa a quantidade vendida se não houver investimentos em propaganda.

a) Esboce o gráfico de $Q(x)$.
b) Quantas unidades serão vendidas se não houver investimento em propaganda?
c) Quantas serão vendidas se forem gastos R$ 20.000,00 em propaganda?

Resolução:

a)

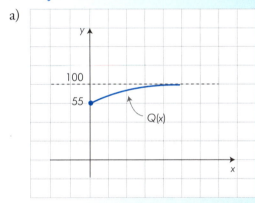

b) Se não houver nenhum investimento em propaganda, serão vendidas cerca de
$$Q(0) = 100 - 45e^0 = 55$$
$$Q(0) = 55.000 \text{ unidades}$$

c) Se forem investidos R$ 20.000,00 em propaganda, a quantidade vendida será de aproximadamente
$$Q(20) = 100 - 45.000e^{-0,1(20)} = 94$$
$$Q(20) = 94 \text{ unidades}$$

BANCO DE QUESTÕES

11. Sem usar calculadoras, calcule o valor das expressões.

    a) $\ln e^{-5}$

    b) $e^{-\ln 8}$

    c) $3 \ln \sqrt{e}$

    d) $e^{4 \ln e + \ln \sqrt{e}}$

12. Com a sua calculadora, determine o valor de x.

    a) $2 \ln x + 1 = 0$

    b) $e^{-0,02x} = 1,5$

    c) $e^{-2x} + 4 = 8$

    d) $e^x \left[\dfrac{-2 + \ln x}{x} \right] = 0$

13. Considere a função expressa por $f(t) = \dfrac{10}{1 + 4e^{-0,01t}}$.

    a) Calcule $f(100)$.

    b) Calcule t de modo que $f(t) = 2,16$.

14. O valor de um carro diminui exponencialmente mediante a função
    $$f(t) = C \cdot e^{k \cdot t}, \text{ com } t \geqslant 0$$
    e $t = 0$ expressa o valor do carro quando novo. Se seu preço quando novo era R$ 32.750,00 e valia R$ 20.000,00 com dois anos de uso, quanto valerá com quatro anos de uso?

15. Um quadro de um pintor famoso foi comprado em 2013 por R$ 300.000,00 e seu valor é estimado pela função
    $$f(t) = C \cdot e^{0,08t}, \text{ com } t \geqslant 0$$
    $t = 0$ expressa o valor do quadro em 2013.

    a) Esboce o gráfico da função.

    b) Qual será o valor do quadro em 2025, aproximadamente?

16. O custo mensal y, em reais, de um gerador aumenta à medida que aumenta o número mensal de horas x em que ele é utilizado, mediante a função
    $$y = 72.000 - 45.000 e^{-0,0002x}, \text{ com } x \geqslant 0$$

    a) Esboce o gráfico da função.

    b) Se o gerador é utilizado 120 horas mensalmente, qual é o custo aproximado?

17. Qual é o valor de $\ln [\ln e]$?

18. Em uma fábrica, o lucro obtido na produção de x lapiseiras pode ser estimado pela função
    $$L(x) = \ln(100 + x) + C$$
    com $L(x)$ em milhares de reais.

    a) Qual é o valor da constante C? Por quê?

b) Qual é o lucro na produção de 1.000 lapiseiras?
c) Quantas lapiseiras devem ser produzidas para que o lucro obtido seja de R$ 4.000,00?

19. O gráfico ao lado mostra o número de bactérias presentes em uma cultura como uma função f(x) do tempo medido em horas.

   a) Quantas bactérias estavam presentes na cultura inicialmente?
   b) Entre 2 e 4 horas houve um aumento de 200% no número de bactérias. Qual é o número de bactérias na cultura após 4 horas?

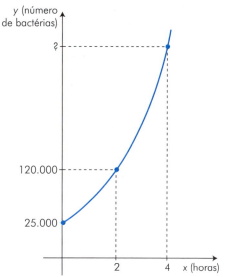

20. A figura mostra o gráfico da função $f(x) = 1 + \ln x$.

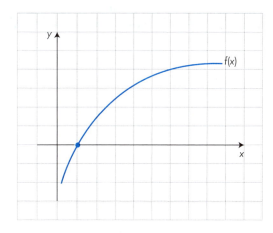

   a) Em que intervalo f(x) é crescente?
   b) Calcule f(1).
   c) Para que valor de x teremos f(x) = 0?

21. A altura de uma planta após t semanas pode ser estimada pela função $f(t) = \dfrac{48}{0,2 + e^{-0,01t}}$; $0 \leqslant t \leqslant 3$ e t = 0 expressa a altura ao ser plantada.

   a) Qual era a altura da planta quando foi plantada?
   b) Qual será a altura da planta daqui a três semanas?

22. Uma televisão LCD de 42 polegadas desvaloriza com o tempo t, em anos, segundo a função $f(t) = a \cdot b^t$; $a > 0$, $b > 0$, $t \geqslant 0$ e t = 0 expressa o seu valor hoje.

   Se hoje a televisão vale R$ 2.600,00 e valerá 20% a menos daqui a um ano, qual será o seu valor daqui a dois anos?

23. A figura ao lado mostra os gráficos das funções:

$f(x) = \ln x$ e $g(x) = e^{-x}$

Quais destas afirmações são verdadeiras?

a) $f(x)$ é crescente em $\mathbb{R}$
b) $g(x)$ é decrescente em $\mathbb{R}$
c) $f(x) \geqslant g(x)$ se $x \geqslant 1$
d) Se $\ln c = e^{-c}$, então $f(x) > g(x)$ se $x > c$

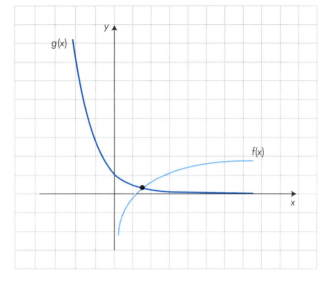

24. Qual é o domínio da função $f(x) = \ln [\ln x]$?

4.3 Derivadas de Funções Logarítmicas

Certamente, você ainda se recorda do significado de derivada de uma função.

Uma função cuja fórmula descreve a inclinação da curva $f(x)$ em cada ponto de coordenada x é a derivada de $f(x)$, ou seja, $f'(x)$.

Para cada valor de x, $f'(x)$ fornece a declividade da reta tangente à curva $f(x)$ no ponto de coordenada x, e esse número é, por definição, a inclinação da curva nesse ponto.

Você também se recorda de que existem curvas que não possuem retas tangentes em todos os pontos. Para esses valores de x, a derivada $f'(x)$ não está definida.

A função $f(x) = \ln x$ é derivável para todos os pontos em que $x > 0$. Observe a Figura 4.7.

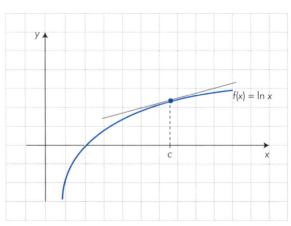

Figura 4.7.

Capítulo 4 – Funções Exponenciais e Logarítmicas

Mas como encontrar a inclinação da curva em $x = c$, ou seja, qual é a declividade da reta tangente à curva $f(x) = \ln x$ em $x = c$?

Embora você vá descobrir que é muito fácil calcular derivadas de funções logarítmicas de base e, não é tão simples assim deduzir essas fórmulas.

Para deduzir uma fórmula para:

$$\frac{d}{dx}(\ln x), \text{ com } x > 0$$

temos de recorrer à nossa definição:

$$f'(x) = \lim_{h \to 0} \frac{f(x+h) - f(x)}{h}$$

$$\frac{f(x+h) - f(x)}{h} = \frac{\ln(x+h) - \ln x}{h}$$

Com as propriedades dos logaritmos:

$$\frac{f(x+h) - f(x)}{h} = \frac{1}{h}\left[\ln\left(\frac{x+h}{x}\right)\right] = \frac{1}{h}\left[\ln\left(\frac{x}{x} + \frac{h}{x}\right)\right] = \ln\left(1 + \frac{h}{x}\right)^{\frac{1}{h}}$$

Se nomeamos $n = \dfrac{x}{h}$, ou seja, $h = \dfrac{x}{n}$, assim temos:

$$\frac{f(x+h) - f(x)}{h} = \ln\left(1 + \frac{1}{n}\right)^{\frac{1}{x/n}} = \ln\left(1 + \frac{1}{n}\right)^{\frac{n}{x}} = \ln\left[\left(1 + \frac{1}{n}\right)^n\right]^{\frac{1}{x}}$$

Note que, como $n = \dfrac{x}{h}$, quando h tende a 0, n tende a ∞. Assim:

$$\lim_{h \to 0} \frac{f(x+h) - f(x)}{h} = \lim_{n \to \infty} \ln\left[\left(1 + \frac{1}{n}\right)^n\right]^{\frac{1}{x}}$$

$$= \ln\left[\lim_{n \to \infty} \left(1 + \frac{1}{n}\right)^n\right]^{\frac{1}{x}}$$

$$= \ln e^{\frac{1}{x}} = \frac{1}{x} \cdot \ln e = \frac{1}{x}; \text{ com } x > 0$$

Portanto:

Se $f(x) = \ln x$, com $x > 0$, então $f'(x) = \dfrac{1}{x}$.

Assim, para determinar a inclinação da curva $f(x) = \ln x$ no ponto em que, por exemplo, $x = 4$, temos (Figura 4.8):

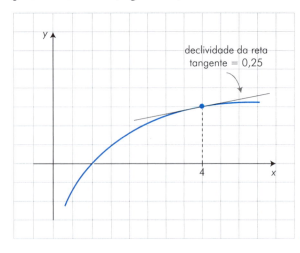

$$f'(x) = \frac{1}{x}$$

$$f'(4) = m = \frac{1}{4} = 0{,}25$$

Figura 4.8.

EXERCÍCIOS RESOLVIDOS

ER11 Determine a derivada da função $f(x) = 4 \cdot \ln x$.

Resolução:

Note que as propriedades das derivadas valem para a função logarítmica. Assim, para calcular a derivada da função $f(x) = 4 \cdot \ln x$, temos:

$$f'(x) = 4 \cdot [\ln x]' = 4 \cdot \frac{1}{x} = \frac{4}{x}$$

↑
constante

ER12 Faça um esboço e determine a inclinação da curva $f(x) = \ln \sqrt{x}$ no ponto em que $x = 9$.

Resolução:

Podemos fazer um esboço do gráfico da função $f(x) = \ln \sqrt{x}$, mediante o estudo da derivada primeira e da derivada segunda.

O domínio de $f(x)$ é o conjunto dos números reais positivos.
Portanto:

$$f(x) = \ln x^{\frac{1}{2}} = \frac{1}{2} \ln x$$

$$f'(x) = \frac{1}{2} \cdot \frac{1}{x} = \frac{1}{2x} \rightarrow \text{Como } x > 0, \text{ temos que } f'(x) > 0$$
$$\text{e } f(x) \text{ é crescente.}$$

$$f''(x) = \frac{1}{2}(-1)x^{-2} = \frac{-1}{2x^2} \to \text{Como } f''(x) < 0, \text{ o gráfico de } f(x) \text{ tem a concavidade para baixo.}$$

Podemos calcular a inclinação da curva em $x = 9$.

$$f'(9) = \frac{1}{2 \cdot 9} = \frac{1}{18} = 0{,}05 \to \text{declividade da reta tangente em } x = 9$$

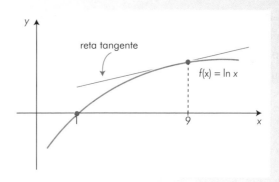

ATIVIDADES

22. Determine a derivada de cada função:

a) $y = \dfrac{\ln x}{4}$ 　　b) $z = -\dfrac{1}{2}\ln x$

23. Qual é a equação da reta tangente ao gráfico de $y = -1{,}5 \cdot \ln x$ no ponto em que $x = 0{,}5$?

24. Determine a equação da reta tangente ao gráfico de $f(x) = x - \ln x$ no ponto em que $x = e^2$. Construa um esboço do gráfico de $f(x)$ mediante o estudo das derivadas $f'(x)$ e $f''(x)$.

25. Determine a derivada de cada função. Lembre-se da derivada do produto e do quociente: $(u \cdot v)' = u \cdot v' + u' \cdot v$; $\left(\dfrac{u}{v}\right)' = \dfrac{u' \cdot v - u \cdot v'}{v^2}$ (com $v \neq 0$).

a) $f(x) = x^2 \cdot \ln x$ 　　c) $g(x) = \dfrac{\ln \sqrt[3]{x}}{x^3}$

b) $F(x) = \dfrac{\ln x}{2x}$ 　　d) $y = 2x - \dfrac{x}{\ln x}$

26. Um estudo feito em uma papelaria mostrou que x unidades de um tipo especial de caneta-tinteiro serão vendidas quando o preço de cada uma for $p(x) = 200 - 2x \cdot \ln x$ (sendo $p(x)$ em dezenas de reais). Atualmente, são vendidas por mês cerca de 10 canetas. Qual seria a variação da receita se fossem vendidas 11 canetas por mês? Dê a resposta mediante o conceito de receita marginal.

Matemática para Economia e Administração

27. A função demanda de um produto é dada por $p(x) = \dfrac{60}{\ln x}$ reais. Calcule a receita marginal para $x = 24$ unidades e interprete o seu significado.

Quando derivamos uma função como:

$$f(x) = [u(x)]^n$$

vimos que $f'(x) = n[u(x)]^{n-1} \cdot u'(x)$, se $u(x)$ é uma função derivável.

Do mesmo modo que fizemos com as potências, podemos pensar em uma ideia semelhante para os logaritmandos de logaritmos neperianos.

Se $u(x)$ é uma função derivável, então:

$$\frac{d}{dx}[\ln u(x)] = \frac{1}{u(x)} \cdot u'(x)$$

Assim, a derivada da função $f(x) = \ln(x^2 + 4)$ é:

$$f'(x) = \underbrace{\frac{1}{x^2 + 4}}_{u(x)} \cdot \underbrace{2x}_{u'(x)} = \frac{2x}{x^2 + 4}$$

EXERCÍCIO RESOLVIDO

ER13 Fazer um esboço do gráfico da função $f(x) = \ln(x^2 + 4)$.

Resolução:

Podemos, com o auxílio das derivadas primeira e segunda, fazer o esboço dos gráficos de funções mais complexas, como $f(x) = \ln(x^2 + 4)$.

Note que, como $x^2 + 4$ representa sempre um número positivo, o domínio de $f(x)$ é o conjunto dos números reais.

» $f'(x) = \dfrac{2x}{x^2 + 4}$

$f'(x) = 0 \Rightarrow x = 0$

» $f''(x) = \dfrac{2(x^2 + 4) - 2x(2x)}{(x^2 + 4)^2} = \dfrac{-2x^2 + 8}{(x^2 + 4)^2}$

$f''(0) = \dfrac{8}{16} = 0,5 \rightarrow$ A função $f(x)$ tem um mínimo relativo em $x = 0$, assim: $(0, \ln 4)$.

» A função tem pontos de inflexão em:
$f''(x) = 0 \Rightarrow x = -2$ ou $x = 2$

Assim: $(-2, \ln 8)$ e $(2, \ln 8)$

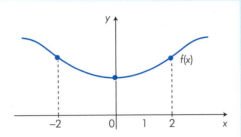

Para você ter uma compreensão exata do gráfico do movimento que descreve no plano cartesiano uma função, há necessidade de saber os intervalos em que a função é crescente ou decrescente, os intervalos em que a concavidade é para cima ou para baixo, os seus máximos e mínimos relativos e pontos de inflexão.

ATIVIDADES

28. Calcule a derivada de cada função.

a) $f(x) = \ln\left[\dfrac{x+1}{x-1}\right]$

b) $f(x) = \ln 8x$

29. Qual é a equação da reta tangente ao gráfico de $f(x) = \ln(2-x)$ em $x = 1$?

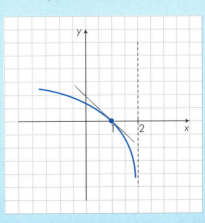

EXERCÍCIO RESOLVIDO

ER14 Trace o gráfico da função $F(x) = 2x - \ln(x-1)$.

Resolução:

Note que o domínio da função $F(x) = 2x - \ln(x-1)$ é o conjunto dos números reais x tais que $x - 1 > 0$, ou seja, $x > 1$.

Calculamos $F'(x)$ e resolvemos a equação $F'(x) = 0$:

$$F'(x) = 2 - \frac{1}{x-1} = \frac{2x-3}{x-1}$$

$$F'(x) = 0 \Rightarrow x = \frac{3}{2}$$

Calculamos $F''(x)$ e $F''\left(\frac{3}{2}\right)$:

$$F''(x) = 0 - \frac{(-1)}{(x-1)^2} = \frac{1}{(x-1)^2}$$

$$F''\left(\frac{3}{2}\right) = \frac{1}{\left(\frac{3}{2}-1\right)^2} = 4 \rightarrow F(x) \text{ tem um mínimo relativo em } x = \frac{3}{2}$$

Assim:

$$\left(\frac{3}{2},\, 3 - \ln 0{,}5\right)$$

Note que $F''(x)$ é sempre positiva para qualquer valor do domínio de $F(x)$ e, portanto, tem a concavidade para cima para $x > 1$ e não muda de concavidade.

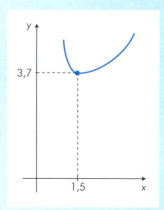

A esta altura você deve estar pensando: como faço para calcular a derivada de um logaritmo cuja base é, por exemplo, 2 ou 10?

Basta recordar nos seus estudos sobre logaritmos que:

$$\log_b a = \frac{\log_c a}{\log_c b}; \text{ para } a > 0,\, b > 0,\, c > 0,\, b \neq 1 \text{ e } c \neq 1$$

EXERCÍCIO RESOLVIDO

ER15 Calcule a derivada da função $y = x - \log x$.

Resolução:

Observe como determinamos a derivada da função $y = x - \log x$:

Note que: $\log x = \dfrac{\log_e x}{\log_e 10} = \dfrac{\ln x}{\ln 10}$

Assim, temos:

$$y' = 1 - \dfrac{1}{\ln 10} \cdot \dfrac{1}{x} = 1 - \dfrac{1}{x \cdot \ln 10}$$

A simplicidade da fórmula da derivada da função logarítmica de base e

$$f(x) = \ln x \Rightarrow f'(x) = \dfrac{1}{x} \text{ (com } x > 0\text{)}$$

permite que alguns problemas que resolveríamos com a regra do quociente possam ser resolvidos mais facilmente tomando logaritmos em ambos os lados da equação. Por exemplo:

$$f(x) = \dfrac{\sqrt[4]{x}}{(1+x)^3}$$

$$\ln f(x) = \ln\left[\dfrac{\sqrt[4]{x}}{(1+x)^3}\right]$$

$$\ln f(x) = \dfrac{1}{4}\ln x - 3 \cdot \ln(1+x)$$

Agora, derivamos ambos os lados da equação, mas note que aqui tem uma sutileza: recorde que a derivada de uma função logarítmica de base e é o produto do inverso do logaritmando pela derivada do logaritmando.

Assim:

$$\dfrac{1}{f(x)} \cdot f'(x) = \dfrac{1}{4} \cdot \dfrac{1}{x} - 3 \cdot \dfrac{1}{x+1}$$

$$f'(x) = f(x)\left[\dfrac{1}{4x} - \dfrac{3}{x+1}\right]$$

$$f'(x) = \dfrac{\sqrt[4]{x}}{(1+x)^3}\left[\dfrac{1}{4x} - \dfrac{3}{x+1}\right]$$

EXERCÍCIO RESOLVIDO

ER16 Derive a função $f(x) = \sqrt[3]{\dfrac{x+1}{x-1}}$.

Resolução:

Escrevemos, em primeiro lugar, $f(x)$ na forma:

$$f(x) = \left(\dfrac{x+1}{x-1}\right)^{\frac{1}{3}}$$

Agora tomamos logaritmos neperianos em ambos os lados da equação e derivamos os dois membros:

$$\ln[f(x)] = \dfrac{1}{3}[\ln(x+1) - \ln(x-1)]$$

$$\dfrac{1}{f(x)} \cdot f'(x) = \dfrac{1}{3}\left[\dfrac{1}{x+1} - \dfrac{1}{x-1}\right] \Rightarrow f'(x) = \dfrac{-2}{3(x^2-1)}\left(\dfrac{x+1}{x-1}\right)^{\frac{1}{3}}$$

ATIVIDADES

30. Derive as funções:

a) $F(x) = \left(\sqrt[10]{2x-1}\right)(x^2-5)^3$ b) $G(x) = \dfrac{(x+2)^4}{\sqrt{2x-1}}$

31. Qual é a inclinação da curva $f(x) = x^{2x+1}$ no ponto em que $x = 1$?

BANCO DE QUESTÕES

25. Determine a derivada de cada função:

a) $f(x) = \ln(2x+1) - 3x$

b) $g(x) = \dfrac{1}{2}\ln(x-3)^2$

c) $y = \dfrac{2 \cdot \ln\sqrt{x}}{x+1}$

26. Determine a inclinação da curva dada por $f(x) = \ln\sqrt{x^2 - 6x + 9}$ em $x = 4$.

27. Para que valores de x o gráfico da função $f(x) = \ln(x^2 + 4)$ tem a concavidade para cima?

28. Determine as coordenadas dos máximos relativos, mínimos relativos e pontos de inflexão, se houver, e construa o gráfico da função $f(x) = 2x \cdot \ln x$.

29. Determine as coordenadas do máximo relativo da função $S(x) = \dfrac{\ln x - 1}{x}$.

30. Determine a inclinação da curva da figura em $x = 10$.

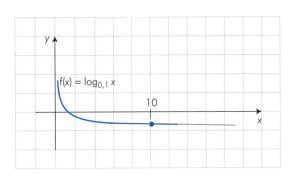

31. Determine as coordenadas do máximo relativo da função $f(x) = -2x \cdot \ln x^2$ para $x > 0$.

32. Determine a taxa de variação, ou seja, $\dfrac{dy}{dt}$, da função $y = \dfrac{1}{\ln 4t}$ para $t = 2$.

33. Qual é a inclinação da curva $f(x) = (x + \ln x)^2$ no ponto em que $x = 1$?

34. Utilize uma derivada logarítmica para calcular a derivada da função $f(t) = 500 e^{0,5\sqrt{t}}$ em $t = 4$.

35. Determine a declividade da reta tangente ao gráfico de $f(x) = e^{2x} \cdot \sqrt[3]{\dfrac{x+1}{2x-1}}$ no ponto em que $x = 0$.

36. Uma pequena empresa pretende contratar entre 4 e 10 funcionários para começar a operar e estima que, se forem contratados x funcionários, o lucro anual será expresso pela função $P(x) = 100[1 + \ln(10x)] - 2x^2$ mil reais, com $x > 0$.

Quantos funcionários deve contratar para maximizar o lucro anual e qual é o valor desse lucro?

4.4 Derivadas de Funções Exponenciais

É possível a derivada de uma função ser a própria função? O que isso significa?

Para encontrar a derivada da função $f(x) = e^x$, tomamos os logaritmos neperianos dos dois lados da equação:

$$\ln [f(x)] = \ln e^x = x \cdot \ln e = x$$

Derivamos ambos os membros:

$$[\ln [f(x)]]' = (x)'$$

$$\dfrac{1}{f(x)} \cdot f'(x) = 1$$

$$f'(x) = f(x) \Rightarrow f'(x) = e^x$$

Isso significa que a inclinação da curva $f(x) = e^x$ em qualquer ponto, por exemplo, $x = c$, é $f'(c) = e^c$. Observe a Figura 4.9.

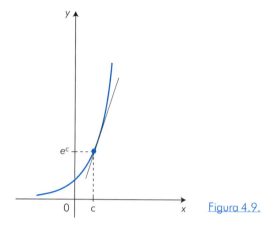

Figura 4.9.

Provavelmente, é essa a razão pela qual os logaritmos de base e são chamados também de logaritmos naturais. Afinal de contas, não é muito mais simples e natural para o Cálculo trabalhar com $f(x) = \ln x$ e $g(x) = e^x$, cujas derivadas são simplesmente $\dfrac{1}{x}$ e e^x?

Do mesmo modo que:

$$y = \ln \underbrace{(2x+1)}_{u(x)}$$

$$y' = \dfrac{1}{u(x)} \cdot u'(x)$$

$$y' = \dfrac{1}{2x+1} \cdot 2 = \dfrac{2}{2x+1}$$

temos:

$$y = e^{\overset{u(x)}{\overbrace{4x+2}}}$$

$$y' = e^{u(x)} \cdot u'(x)$$

$$y' = e^{4x+2} \cdot 4 = 4e^{4x+2}$$

Se $u(x)$ é uma função derivável, então:

$$\dfrac{d}{dx}[e^{u(x)}] = e^{u(x)} \cdot u'(x)$$

Assim, a derivada da função $f(x) = e^{x^2 + 2x}$ é:

$$f'(x) = e^{x^2 + 2x} \cdot (2x + 2) = 2(x+1) \cdot e^{x^2 + 2x}$$

Porque as derivadas das funções inversas $f(x) = \ln x$ e $f(x) = e^x$ têm fórmulas simples, elas se tornaram as favoritas para expressar situações reais em estimativas de populações, administração de negócios e economia de mercado, e é sempre conveniente visualizar essas fórmulas mediante os seus gráficos.

EXERCÍCIO RESOLVIDO

ER17 Construa o gráfico da seguinte função $f(x) = e^{2x-1}$.

Resolução:

Para construir o gráfico de uma função como $f(x) = e^{2x-1}$, calculamos e analisamos as suas derivadas:

$f'(x) = 2e^{2x-1} \rightarrow f'(x)$ é positiva para qualquer valor de x e, por isso, $f(x)$ é crescente em $\mathbb{R}$.

$f''(x) = 4e^{2x-1} \rightarrow f''(x)$ é positiva para qualquer valor de x e, por isso, $f(x)$ tem a concavidade para cima em $\mathbb{R}$.

$f(0) = e^{2 \cdot 0 - 1}$
$f(0) = e^{-1}$
$f(0) = 0{,}37$

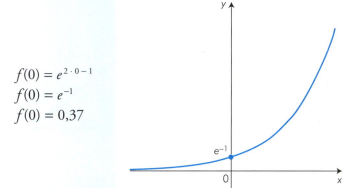

Para construir gráficos mais complexos, podemos seguir estes passos:

» encontrar os máximos e mínimos relativos e pontos de inflexão com as derivadas primeira e segunda;
» usar a derivada primeira para determinar os intervalos em que a função é crescente ou decrescente;
» usar a derivada segunda para determinar os intervalos em que o gráfico da função tem a concavidade para cima ou para baixo.

Matemática para Economia e Administração

EXERCÍCIO RESOLVIDO

ER18 Construa o gráfico da função $f(x) = 4x \cdot e^{-0,5x}$.

Resolução:

$f'(x) = 4 \cdot e^{-0,5x} + 4x \cdot e^{-0,5x} \cdot (-0,5)$

$f'(x) = 4e^{-0,5x}\left(1 - \dfrac{x}{2}\right)$

$f'(x) = 0 \Rightarrow x = 2$

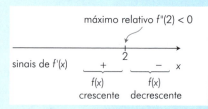

Analisamos agora a função $f''(x)$:

$f''(x) = 4e^{-0,5x}\left(-\dfrac{1}{2}\right)\left(1 - \dfrac{x}{2}\right) + 4e^{-0,5x}\left(-\dfrac{1}{2}\right)$

$f''(x) = -2e^{-0,5x}\left[1 - \dfrac{x}{2} + 1\right]$

$f''(x) = -2e^{-0,5x}\left(2 - \dfrac{x}{2}\right)$

$f''(2) = -2e^{-1}$

$f''(x) = 0 \Rightarrow x = 4$

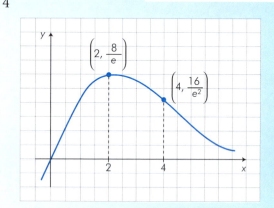

ATIVIDADES

32. Derive as funções:
a) $f(x) = e^{-0,5x} + 10x$
b) $f(x) = \sqrt{x - e^{-x}}$
c) $f(x) = 2 \cdot \ln(x+1) - e^{x-1}$
d) $f(x) = -e^{\frac{1}{x}}$

33. Determine a inclinação da curva $f(x) = (2e^{2x} - 1)^2$ em $x = 0$.

34. Qual é a equação da reta tangente à curva $f(x) = \ln(2x-1) - 4e^{x-1}$ no ponto em que $x = 1$?

35. Na figura ao lado, a reta tem declividade $e = 2,718\ldots$ e é tangente ao gráfico de $f(x)$ em $x = 1$. Calcule $f(1)$ e $f(-1)$.

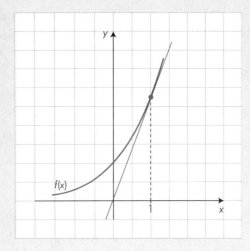

36. Derive as funções:
   a) $f(x) = x^2 \cdot e^{-x}$
   b) $g(x) = \dfrac{e^{4x}}{2x+1}$

37. Determine a equação da reta tangente ao gráfico da função $f(x) = e^{-x} \cdot \ln x$ em $x = 1$.

38. Uma estimativa mostra que daqui a t anos a população de uma certa cidade será de $P(t) = 8.000e^{0,01t}$ habitantes, com $t \geqslant 0$; $t = 0$ expressa a população atual.
   a) Qual é a população atual?
   b) Qual será a taxa de variação $P'(5)$? O que significa esse número?

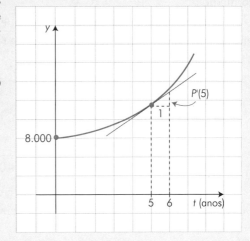

39. Um fabricante estima que $D(p) = 7.200e^{-0,01p}$ camisas de goleiro serão vendidas quando o preço de cada uma for p reais. A que preço deve vender cada camisa para obter a maior receita possível? É necessário calcular sempre a derivada segunda para comprovar o ponto máximo.

40. Para qualquer função demanda $y = f(x)$, a receita é igual ao produto de x, que é o número de unidades demandadas, por y, que é o preço de cada unidade. A demanda para certo produto é dada por $y = 36e^{-0,04x}$. Determine o preço e a quantidade para os quais a receita é máxima.

Elasticidade da demanda

Normalmente, para uma função demanda, à medida que o preço aumenta, a quantidade procurada diminui.

No entanto, como varia, essa quantidade muda muito de um produto para outro. Assim, um aumento, por exemplo, de 5% no preço de uma passagem de avião pode provocar uma importante redução na demanda, ao passo que um aumento de 5% em um shampoo provavelmente não afetará a demanda.

Essa variação sensível da demanda quando varia o preço unitário de um produto é chamada **elasticidade da demanda** em relação ao preço, e normalmente é representada por:

$$E(p)$$

Se x unidades são vendidas quando o preço é p reais, a elasticidade da demanda em relação ao preço é dada pela razão:

$$E(p) = \frac{\frac{dx}{dp}}{\frac{x}{p}} = \frac{dx}{dp} \cdot \frac{p}{x}$$

Note que a elasticidade de x com relação a p mede o modo como x responde às variações de p e, como é uma razão, é independente das unidades com as quais as variações são medidas.

Assim, se uma estimativa mostra que $x = 400 - 2p$ calculadoras financeiras serão vendidas quando o preço de cada uma for p reais, a elasticidade da demanda $E(p)$ é:

$$E(p) = \frac{dx}{dp} \cdot \frac{p}{x} = (-2)\frac{p}{400 - 2p}$$

Se a calculadora custa, por exemplo, $p = R\$ 180,00$, temos:

$$E(180) = (-2)\frac{180}{400 - 2 \cdot 180} = -9$$

Podemos interpretar assim: quando a calculadora custa R\$ 180,00, um aumento de 1% em seu preço provoca uma queda na demanda de cerca de 9%.

ATIVIDADES

41. Estima-se que $x = 10.000 - 4p$ unidades de um produto são demandadas quando o preço unitário do produto é p reais, com $0 \leqslant p \leqslant 2.500$. Calcule a elasticidade da demanda para $p = R\$ 2.400,00$.

42. Uma estimativa sugere que $x = 3(\ln 18 - \ln p)$ unidades de certo tipo de apontador são vendidas quando o preço de cada unidade é p reais, com $0 \leqslant p \leqslant 18$. Qual é a elasticidade da demanda para $p = R\$ 6,00$?

BANCO DE QUESTÕES

37. Faça os gráficos das funções:
a) $f(x) = 4e^{-2x}$
b) $g(x) = 6 - 2e^{-x}$

38. Derive as funções:

a) $f(x) = \left(e^{-\frac{x}{4}} + \ln \frac{x}{4} \right)^2$

b) $g(x) = \dfrac{4x}{\ln 4x}$

c) $y = e^t \ln t^2$

d) $h(x) = 6 - 4e^{-0,1x}$

39. Em 2013, um carro valia R$ 53.450,00. A sua depreciação em t anos é expressa pela função $f(t) = C \cdot e^{-0,1t}$, com $t \geq 0$; $f(0)$ expressa o valor do carro em 2013.
Quanto valerá em 2016, aproximadamente?

40. Um carro zero km, cujo preço à vista em janeiro de 2013 era R$ 32.784,00, valia R$ 18.500,00 após três anos de uso. A sua depreciação foi estimada pela função $V(x) = C \cdot e^{k \cdot t}$, com $t \geq 0$; $V(0)$ expressa o valor do carro em 2013.
Qual deverá ser seu valor em janeiro de 2017, aproximadamente?

41. A função demanda para determinado artigo é dada por $y = 36e^{-0,25x}$, em que x representa a quantidade demandada e y, o preço por unidade, em dólares. Qual é a máxima receita que pode ser obtida?

42. Determine as coordenadas x dos pontos de inflexão da função $f(x) = \dfrac{1}{\sqrt{2\pi}} e^{-0,5x^2}$.

43. Na figura ao lado, a reta $y = e^2(x - 1) + b$ é tangente ao gráfico de $f(x) = 2 + e^x$.
Determine a e b.

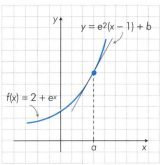

44. Determine, mediante a derivada segunda, qual dos dois gráficos a seguir melhor representa a função $f(x) = 75e^{0,1x}$, com $x \geq 0$.

a)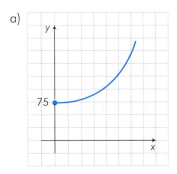

b)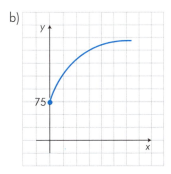

45. Existe um ponto no qual a função $f(x) = 0{,}5e^{2x} - 4e^x + 4x$ muda a sua concavidade. Que ponto é esse?

46. O preço unitário pelo qual x unidades de um artigo são vendidas é dado pela função demanda $p(x) = e^{-0{,}05x}$ reais. Quantas unidades devem ser produzidas para que a receita seja a maior possível?

4.5 Gráficos no Computador

Observe os passos que você deve seguir para construir o gráfico da função $f(x) = e^{2x}$ no BrOffice.org Calc:

1) Abra o BrOffice.org Calc.
2) Na coluna **A**, coloque os valores de x, por exemplo:

3) Na coluna **B**, coloque e^{2x} desta forma, sempre começando com o sinal de igualdade:

4) Dê **ENTER**. Aparece o valor $f(-2)$:

Capítulo 4 – Funções Exponenciais e Logarítmicas

5) Posicione o mouse no canto inferior direito da célula até aparecer o sinal **+**, clique e arraste-o, sem soltar o mouse, para baixo. Vai aparecer a tabela abaixo. Em seguida, selecione todos os números da tabela.

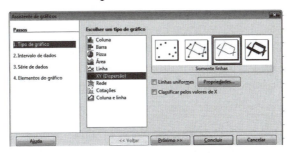

6) Clique, no alto da tela, no símbolo de **Gráfico**. Vai aparecer uma nova tela chamada **Assistente de gráficos**. Escolha **Dispersão**:

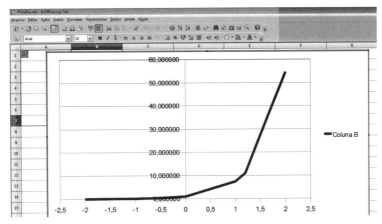

7) Clique em **Avançar** e **Concluir**. O gráfico está pronto! Veja como ele ficou:

8) Para fazer o gráfico da função $f(x) = \ln x$, escolha somente valores positivos, por exemplo:

225

9) Na coluna B, coloque a função ln *x*, sempre começando com o sinal de igualdade.

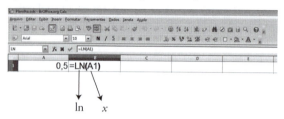

10) Dê **ENTER**. Aparece o valor $f(0,5)$:

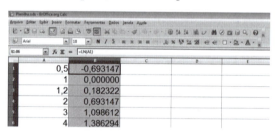

11) Posicione o mouse no canto inferior direito da célula até aparecer o sinal de +, clique e arraste-o, sem soltar o mouse, para baixo. Vai aparecer esta tabela.

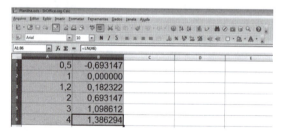

12) Selecione todos os números da tabela.

13) Clique, no alto da tela, no símbolo de **Gráficos** . Na janela **Assistente de gráficos**, escolha **Dispersão**.

14) Clique em concluir. O gráfico está pronto.

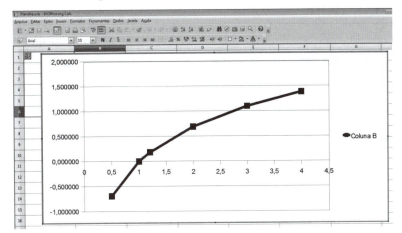

Faça no BrOffice.org Calc os gráficos das funções:

1. $f(x) = e^{2x-1}$
2. $f(x) = 1 + \ln x$
3. $f(x) = \ln 2x$
4. $f(x) = x - \ln x$
5. $f(x) = x + e^{0,5x}$
6. $f(x) = 2x \ln x$

ATIVIDADES

43. Acesse o site www.wolframalpha.com para fazer um esboço dos gráficos das seis funções do exercício anterior.

44. A função receita f(x) na venda de x unidades de certo produto é dada pela função:

$$f(x) = 60.000 \cdot \frac{(\ln x) - 2}{x} \text{ reais}$$

a) Qual é o valor da máxima receita que pode ser obtida?
b) Que preço de cada produto maximiza a receita?

Aproxime os valores dos itens (a) e (b) ao número inteiro de reais mais próximo.

CÁLCULO, HOJE

Considere que, em determinada região do Brasil, uma espécie animal, em perigo de extinção, esteja diminuindo mediante a derivada:

$$f(x) = 250e^{-0,2x} + 30, \text{ com } x \geqslant 0$$

sendo que $f(0)$ expressa o número de indivíduos em 2013.

a) Se nada for feito para preservar esses animais, em que ano essa espécie será extinta, o que é considerado inevitável pelos biólogos quando houver somente 100 indivíduos?

b) Use a ideia de taxa de variação para calcular o número de indivíduos em 2014.

A devastação da Mata Atlântica quase exterminou toda a população de micos-leões-dourados. Essa espécie ainda continua em risco de extinção, segundo o ICMBio, Ministério do Meio Ambiente (Brasil, 2014).

ERIC GEVAERT/PANTHERMEDIA/KEYDISC

SUPORTE MATEMÁTICO

1. Os termos mais usados neste capítulo foram:
   - » logaritmos
   - » logaritmos neperianos ou naturais
   - » função exponencial
   - » função logarítmica
   - » elasticidade da demanda

2. Derivadas fundamentais:

   » $\dfrac{d}{dx}(\ln x) = \dfrac{1}{x}$

   $\dfrac{d}{dx}[\ln u(x)] = \dfrac{1}{u(x)} \cdot u'(x)$

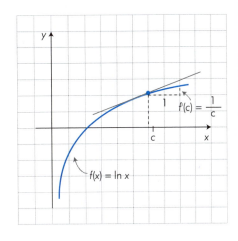

   » $\dfrac{d}{dx}(e^x) = e^x$

   $\dfrac{d}{dx}[e^{u(x)}] = e^{u(x)} \cdot u'(x)$

   $e = \lim\limits_{n \to \infty}\left(1 + \dfrac{1}{n}\right)^n = 2{,}7182\ldots$

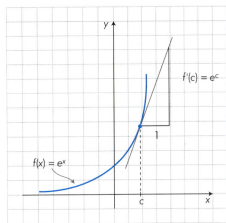

3. Se $f(x) = \log_b x$:

   $$f(x) = \dfrac{\ln x}{\ln b} \Rightarrow f'(x) = \dfrac{1}{x \cdot \ln b}$$

4. Se $f(x) = c^x$:

   $\ln f(x) = x \ln c,$
   $[\ln f(x)]' = [x \ln c]'$

   $\dfrac{1}{f(x)} \cdot f'(x) = \ln c \Rightarrow f'(x) = \ln c \cdot c^x$

5. A elasticidade da demanda x em relação ao preço p é:

   $$E(p) = \dfrac{dx}{dp} \cdot \dfrac{p}{x}$$

CONTA-ME COMO PASSOU

O que uniu na História da Matemática os nomes de duas pessoas tão diferentes como um latifundiário e um relojoeiro?

O escocês John Napier (1550-1617), um grande proprietário de terras e estudioso de Matemática, dizia que:

> *Não há nada mais trabalhoso em Matemática do que as multiplicações, divisões, extrações de raízes quadradas e cúbicas de grandes números, as quais envolvem um grande desperdício de tempo e estão sujeitas a erros.*

As tabelas de logaritmos de Napier apareceram em 1614 em um livro intitulado *Descrição da Maravilhosa Lei dos Logaritmos*. Em um primeiro momento, o objetivo de Napier era facilitar os cálculos com senos e outras funções trigonométricas, necessários para o trabalho de Astronomia.

Como senos eram calculados com sete ou oito algarismos decimais, os cálculos eram longos e muitos erros eram cometidos. Os astrônomos acreditavam que diminuiria o número de erros se alguém pudesse substituir multiplicações e divisões por adições e subtrações.

O nome *logaritmo* foi escolhido por Napier das palavras gregas *logos*, que significa "raio", e *arithmos*, que significa "número", e pode ser interpretado como "valor do raio". Observe que, nessa época, os cálculos de senos eram obtidos de circunferências de raios diferentes de 1.

Nessa mesma época, um fabricante de relógios, o suíço Jobst Bürgi (1552-1632), assistente de Johannes Kepler, também construía uma tabela para lidar com multiplicações de grandes números, publicada em 1620.

Foi assim que os dois homens, trabalhando independentemente um do outro, permitiram, com suas extensas tabelas de números, que os astrônomos, matemáticos e geógrafos deixassem definitivamente de lado as pesadas máquinas de contar e passassem a fazer todos os seus cálculos com pena, papel e a tabela dos números chamados *logaritmos*.

CAPÍTULO 5
Cálculo com Integrais

Sabemos calcular áreas de triângulos, quadrados, trapézios, até mesmo círculos ou partes de círculos usando fórmulas conhecidas.

A técnica utilizada na Antiguidade para decorar e, muitas vezes, narrar fatos ou lendas, está presente até hoje, em nosso cotidiano.

Mas como calcular a área sob a curva $f(x)$, no intervalo $a \leqslant x \leqslant b$, até o eixo x (Figura 5.1)?

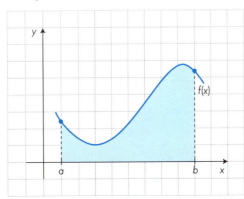

Figura 5.1.

Não sabemos calcular áreas de retângulos? Então, por que não dividir o intervalo $a \leqslant x \leqslant b$ em 6, 12, 24, 48, 96... intervalos iguais, até obter, com a soma das áreas dos retângulos, a aproximação desejada? Observe a Figura 5.2:

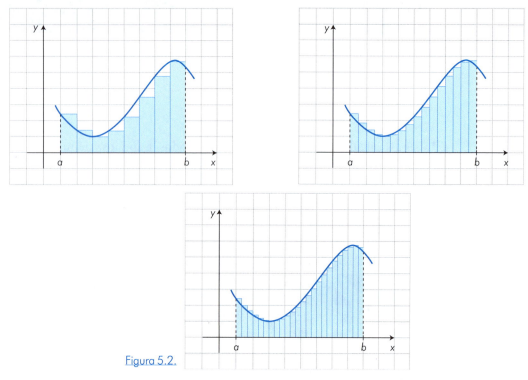

Figura 5.2.

Durante muitos séculos, esse método constituiu uma solução razoável para os matemáticos no cálculo de áreas. Mas, no final do século XVII, uma importante descoberta feita por dois deles iria mudar radicalmente alguns conceitos usados na Matemática.

Eles estabeleceram uma relação direta entre o problema da tangente a uma curva (derivação) e o problema do cálculo de uma área (integração), como representado na Figura 5.3, e que passaremos a estudar a partir de agora.

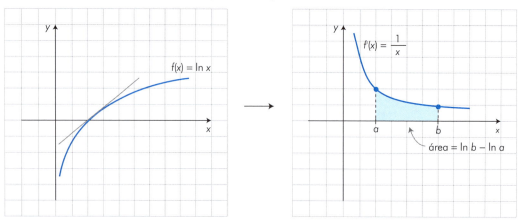

Figura 5.3.

FERRAMENTAS

» A derivada $f'(x)$ é a declividade da reta tangente ao gráfico da função $f(x)$ no ponto de coordenada x, como mostra a Figura 5.4.

$$f'(x) = \frac{dy}{dx}$$

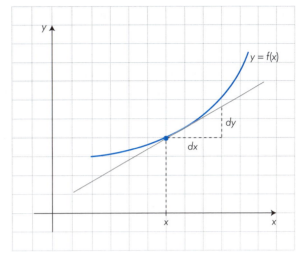

Figura 5.4.

» Regras de derivação para funções deriváveis:

□ Regra da constante: $\frac{d}{dx}(C) = 0$

□ Regra da potência: $\begin{cases} \frac{d}{dx}(x^n) = n \cdot x^{n-1} \\ \frac{d}{dx}[f(x)]^n = n \cdot [f(x)]^{n-1} \cdot f'(x) \end{cases}$

□ Regra da multiplicação por uma constante: $\frac{d}{dx}[C \cdot f(x)] = C \cdot f'(x)$

□ Regra da soma: $\frac{d}{dx}[f(x) + g(x)] = f'(x) + g'(x)$

□ Regra do produto: $\frac{d}{dx}[f(x) \cdot g(x)] = f(x) \cdot g'(x) + f'(x) \cdot g(x)$

□ Regra do quociente: $\frac{d}{dx}\left[\frac{f(x)}{g(x)}\right] = \frac{f'(x) \cdot g(x) - f(x) \cdot g'(x)}{[g(x)]^2}; g(x) \neq 0$

» Regras de derivação para funções logarítmicas e exponenciais:

□ $\begin{cases} \frac{d}{dx}[\ln x] = \frac{1}{x} \\ \frac{d}{dx}[\ln f(x)] = \frac{1}{f(x)} \cdot f'(x) \end{cases}$ □ $\begin{cases} \frac{d}{dx}[e^x] = e^x \\ \frac{d}{dx}[e^{f(x)}] = e^{f(x)} \cdot f'(x) \end{cases}$

EXERCÍCIOS RESOLVIDOS

ER1 Calcule a derivada da função $f(x) = \dfrac{1}{x-4}$.

Resolução:

É sempre conveniente, à medida que os problemas vão se tornando mais complexos, escolher o caminho mais simples no cálculo de uma derivada.

Assim, para derivar a função $f(x) = \dfrac{1}{x-4}$, é preferível expressá-la na forma de uma potência:

$$f(x) = (x-4)^{-1}$$

$$f'(x) = (-1)(x-4)^{-1-1} = \dfrac{-1}{(x-4)^2}$$

ER2 Encontre a inclinação da curva $f(x) = \dfrac{x}{x^2+3}$ no ponto em que $x = 0$.

Resolução:

Para encontrar a inclinação da curva no ponto em que $x = 0$, a regra do quociente pode ser o caminho mais simples:

$$f'(x) = \dfrac{1(x^2+3) - x \cdot 2x}{(x^2+3)^2} = \dfrac{3-x^2}{(x^2+3)^2}$$

$$f'(0) = m = \dfrac{3-0}{(0+3)^2} = \dfrac{1}{3}$$

ATIVIDADES

1. Calcule as derivadas das funções e simplifique as respostas.

   a) $y = \dfrac{2x}{x-3}$

   b) $y = (2x-1)^3(3x+1)^2$

   c) $y = \dfrac{1}{2}\sqrt{x^2+5}$

   d) $f(x) = \sqrt{\dfrac{x-1}{x+1}}$

2. Derive as funções:

   a) $f(x) = x \cdot e^{4x+2}$

   b) $g(x) = \dfrac{\ln \sqrt{x}}{x}$

   c) $y = \dfrac{1}{1+e^{-x}}$

   d) $g(x) = x^2 \cdot e^{0,5x}$

3. Determine a taxa de variação $f'(t)$ da função $f(t) = e^t - e^{-t}$ no ponto em que $t = 0,5$.

4. O custo total para produzir x unidades de um produto é dado por $C(x) = e^{0,4x}$, em reais. O preço unitário para o qual as x unidades são vendidas é dado pela função demanda $p(x) = 2e^{-0,2x}$, em reais.

a) Determine a receita e o custo marginais.
b) Calcule $C'(0)$ e interprete o seu significado.

5.1 Derivação e Integração

Você já parou para pensar em como os processos matemáticos ocorrem aos pares? Por exemplo, sabemos que $72 : 8 = 9$ porque $9 \cdot 8 = 72$, ou que $\ln 1 = 0$, pois $e^0 = 1$.

Em muitas situações, temos a derivada de uma função e precisamos encontrar a própria função.

Suponha que o Departamento de Planejamento e Engenharia estime que a taxa de variação, com o tempo, da população de uma cidade seja $P'(t) = 45.000e^{0,2t}$ habitantes, sendo t em anos e $P(0)$ a população atual.

Para planejar o crescimento urbanístico da cidade, o Departamento precisa prever o tamanho da população daqui a 10 anos.

O processo para obter uma função mediante a sua derivada é chamado **integração**.

> Uma função $F(x)$ é uma **integral** de $f(x)$ se $F'(x) = f(x)$ para qualquer x que pertence ao domínio de $f(x)$.

Por exemplo, as funções:

$$F(x) = 2x^3; \; F(x) = 2x^3 - 1; \; F(x) = 2x^3 + 8; \; F(x) = 2x^3 - \frac{\sqrt{2}}{2}$$

são integrais da função $f(x) = 6x^2$, porque a derivada de cada uma delas é igual a $6x^2$. (O termo *integral* vem do latim "integer" e significa "completo".)

A função a ser integrada em nosso exemplo, $f(x) = 6x^2$, é chamada **integrando**, e cada um dos resultados da integração:

$$2x^3; \; 2x^3 - 1; \; 2x^3 + 8; \; 2x^3 - \frac{\sqrt{2}}{2}$$

é chamado **integral**. O símbolo de integral é um S alongado:

$$\int$$

vem do latim "summa" e significa soma.

Agora, podemos nomear todas as integrais da função de nosso exemplo:

$$\int 6x^2 dx = 2x^3 + C$$

sendo que o número C é chamado *constante de integração*, e o fator **dx** expressa que $f(x)$ é uma função de variável x.

Para verificar se uma integral foi calculada corretamente, basta derivá-la e verificar se o resultado é o integrando.

EXERCÍCIO RESOLVIDO

ER3 Qual das funções é uma integral de $f(x) = 3x^2 - 2x + 1$?

a) $F(x) = x^3 - x^2 + 4$
b) $F(x) = x^3 - x^2 + x + 1$
c) $F(x) = x^3 - 2x^2 + x$

Resolução:

Para que $F(x)$ seja uma integral de $f(x)$, basta que $F'(x) = f(x)$. Daí, podemos analisar item por item:

a) $F(x) = x^3 - x^2 + 4$
$F'(x) = 3x^2 - 2x$

b) $F(x) = x^3 - x^2 + x + 1$
$F'(x) = 3x^2 - 2x + 1$

c) $F(x) = x^3 - 2x^2 + x$
$F'(x) = 3x^2 - 4x + 1$

A função $F(x) = x^3 - x^2 + x + 1$ é um integral de $f(x) = 3x^2 - 2x + 1$ (alternativa b).

ATIVIDADES

5. Qual das seguintes alternativas é igual a $\int \left(4x^3 - x + 2x^{-3} - \dfrac{1}{3} \right) dx$?

a) $x^4 - \dfrac{x^2}{2} + \dfrac{2}{x^2} - \dfrac{1}{3}x + C$

b) $x^4 - 0{,}5x^2 - x^{-2} - \dfrac{1}{3} + C$

c) $x^4 - 0{,}5x^2 - \dfrac{1}{x^2} - \dfrac{1}{3}x + C$

6. Mostre que $F(x) = 0{,}25x^4 + 2 \cdot \ln x - 2\sqrt{x} + \pi$ é uma integral de $f(x) = x^3 + \dfrac{2}{x} - \dfrac{1}{\sqrt{x}}$.

7. Mostre que $F(x) = e^{2x} \cdot \left(\dfrac{2x-1}{4}\right) + 1{,}5$ é uma integral de $f(x) = x \cdot e^{2x}$.

8. É certo que $F(x) = \dfrac{x}{x^2+1} + e^{-1}$ é uma integral da função $f(x) = \dfrac{(1+x)(1-x)}{(1+x^2)^2}$?

9. Dentre as três afirmações, somente uma é verdadeira. Qual é ela?

a) $\int f'(x)\,dx = f(x) + C$

b) $\int f(x)\,dx = F(x) + C$ se $f'(x) = F(x)$

c) $\int f(x)\,dx = f'(x) + C$

Relações entre derivadas e integrais

Semelhante às regras de derivação, temos algumas regras de integração que podemos usar sem ter de memorizá-las. Basta compreender a relação entre derivadas e integrais.

» Regra da constante: $\int k\,dx = k \cdot x + C$

» Regra da potência: $\int x^n dx = \begin{cases} \dfrac{x^{n+1}}{n+1} + C, \text{ se } n \neq -1 \\ \ln|x| + C, \text{ se } n = -1 \end{cases}$

» Regra da exponencial:

$$\int e^x dx = e^x + C$$

$$\int e^{kx} dx = \dfrac{e^{k \cdot x}}{k} + C, \text{ se } k \neq 0$$

Para demonstrar qualquer uma dessas propriedades, por exemplo, a regra do produto por uma constante, basta derivar a integral:

$$\dfrac{d}{dx}(k \cdot x + C) = k \cdot 1 + 0 = k$$

Assim, podemos escrever, por exemplo, que:

$$\int 6\,dx = 6x + C = f(x), \text{ pois } f'(x) = 6 \cdot 1 + 0 = 6$$

Se quisermos uma função em particular, teremos de encontrar o valor de C. Suponha que a curva passe pelo ponto (2, 8).

$$f(2) = 8 \Rightarrow 6 \cdot 2 + C = 8 \Rightarrow C = -4$$

A função é $f(x) = 6x - 4$.

EXERCÍCIO RESOLVIDO

ER4 Demonstre a regra da potência e a regra da exponencial.

Resolução:

Regra da potência

Para $n \neq -1$: $\dfrac{d}{dx}\left(\dfrac{x^{n+1}}{n+1} + C\right) = (n+1) \cdot \dfrac{x^{n+1-1}}{n+1} + 0 = x^n$

Para $n = -1$ e $x > 0$: $\dfrac{d}{dx}(\ln|x| + C) = \dfrac{d}{dx}(\ln x + C) = \dfrac{1}{x}$

Para $n = -1$ e $x < 0$: $\dfrac{d}{dx}(\ln|x| + C) = \dfrac{d}{dx}[\ln(-x) + C] = \dfrac{1}{-x}(-1) = \dfrac{1}{x}$

Regra da exponencial: $\dfrac{d}{dx}\left(\dfrac{e^{k \cdot x}}{k} + C\right) = \dfrac{1}{k} \cdot e^{k \cdot x} \cdot k = e^{k \cdot x}$

ATIVIDADES

10. Determine as integrais:

a) $\displaystyle\int \dfrac{1}{2}\,dx$

b) $\displaystyle\int x^6\,dx$

c) $\displaystyle\int \dfrac{1}{x^2}\,dx$

d) $\displaystyle\int e^{4x}\,dx$

11. Determine a função cuja tangente à curva $f(x)$ tenha inclinação $\dfrac{1}{\sqrt{x}}$ para qualquer x positivo e passe por (0,25; 4).

Será que temos de aprender regras mais complexas de derivação para integrar, por exemplo, um trinômio quadrático?

$$\int (3x^2 - 2x + 5)\,dx$$

As regras algébricas para integração permitem calcular integrais envolvendo somas e diferenças usando os métodos que já aprendemos. Aqui estão elas:

» Regra do produto por uma constante:

$$\int k \cdot f(x)dx = k \cdot \int f(x)dx$$

» Regra da soma e da diferença:

$$\int [f(x)+g(x)]dx = \int f(x)dx + \int g(x)dx$$

$$\int [f(x)-g(x)]dx = \int f(x)dx - \int g(x)dx$$

Portanto: $\int (3x^2 - 2x + 5)dx = \int 3x^2 dx - \int 2x dx + \int 5 dx$

$$= 3 \cdot \int x^2 dx - 2 \cdot \int x dx + 5 \cdot \int 1 dx$$

$$= 3 \cdot \frac{x^3}{3} - 2 \cdot \frac{x^2}{2} + 5x + C$$

$$\int (3x^2 - 2x + 5)dx = x^3 - x^2 + 5x + C$$

Observe que quando integramos uma soma, por exemplo, $f(x) = x + 1$, deveríamos colocar duas constantes:

$$\int (x+1)dx = \int x dx + \int 1 dx = \frac{x^2}{2} + C_1 + x + C_2$$

No entanto, como a soma $C_1 + C_2$ representa qualquer número real, é preferível colocar uma única constante no final do processo, apesar de não ser errado deixar C_1 e C_2:

$$\int (x+1)dx = \frac{x^2}{2} + x + C$$

Para demonstrar as regras algébricas de integração, por exemplo, a regra do produto por uma constante, usamos a ligação que existe entre derivadas e integrais.

Considere uma função $F(x)$ tal que $F'(x) = f(x)$. Portanto:

$$\int f(x)dx = F(x) + C$$

A derivada da função $k \cdot \int f(x)dx$, ou seja, da função $k[F(x) + C]$, é igual a:

$$k \cdot F'(x) + 0 = k \cdot f(x)$$

Podemos concluir que:

$$\int k \cdot f(x)dx = k \cdot [F(x) + C] = k \cdot \int f(x)dx$$

EXERCÍCIO RESOLVIDO

ER5 Demonstre a regra da soma e da diferença para as integrais de $f(x)$ e $g(x)$:

$$f(x) = x\left(x^2 + \frac{1}{x}\right) \quad \text{e} \quad g(x) = \frac{x-1}{x}$$

Resolução:

» $\int x\left(x^2 + \frac{1}{x}\right)dx = \int (x^3 + 1)dx = \int x^3 dx + \int 1 dx = \frac{x^4}{4} + x + C$

» $\int \frac{x-1}{x} dx = \int \left(\frac{x}{x} - \frac{1}{x}\right) dx = \int 1 dx - \int \frac{1}{x} dx = x - \ln|x| + C$

ATIVIDADES

12. Calcule cada integral:

a) $\int (3x^2 - 6x + 1)dx$

b) $\int \left(3\sqrt{y} - \frac{2}{y^4} + 3\right)dy$

c) $\int \left(\sqrt[3]{t^2} - \frac{1}{t^2}\right)dt$

d) $\int 4e^{-x}dx$

e) $\int 3e^{\frac{x}{3}+2}dx$

f) $\int 2e^{\sqrt{t}}\, dt$

13. Determine as integrais:

a) $\int x^2\left(x^3 + \frac{2}{x}\right)dx$

b) $\int (x+2)(x-1)dx$

c) $\int \left(\frac{x^2 + 4x}{2x}\right)dx$

d) $\int \left(\frac{t^4 + 1}{t^2}\right)dt$

O domínio da função $f(x) = \ln x$ é o conjunto dos números reais positivos. É por isso que necessitamos usar módulos em integrações como esta:

$$\int \frac{4}{x} dx = 4 \cdot \int \frac{1}{x} dx = 4 \cdot \ln|x| + C$$

EXERCÍCIO RESOLVIDO

ER6 Determine a função $f(x)$ cuja tangente ao gráfico tenha declividade $-\frac{1}{x} + 2x$ para qualquer valor diferente de 0 e que passe pelo ponto (1, 3).

Capítulo 5 – Cálculo com Integrais

Resolução:

Para determinar a função $f(x)$, basta recordar que a inclinação da curva é expressa pela função derivada $f'(x) = 2x - \dfrac{1}{x}$:

$$f(x) = \int \left(2x - \frac{1}{x}\right)dx = x^2 - \ln|x| + C$$
$$f(1) = 3 \Rightarrow 1 - \ln|1| + C = 3 \Rightarrow C = 2$$

Portanto, $f(x) = x^2 - \ln|x| + 2$.

ATIVIDADES

14. Calcule as integrais:

   a) $\displaystyle\int \left(\dfrac{1}{t} + \dfrac{1}{t^2}\right)dt$

   b) $\displaystyle\int \left(\dfrac{-4}{t}\right)dt$

   c) $\displaystyle\int \left(\dfrac{x^2 - 2x + 1}{x}\right)dx$

   d) $\displaystyle\int \left(e^{-x} - \dfrac{2}{x}\right)dx$

15. A figura ao lado mostra diversas integrais de $f(x) = e^{2x}$.
    a) Qual delas passa pelo ponto B?
    b) Qual é a inclinação dessa integral no ponto B?

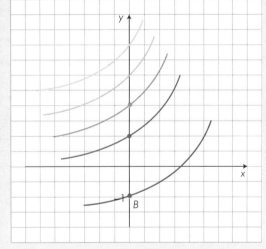

16. Em geral, é mais fácil encontrar a derivada do que a integral de uma função. Nos itens a seguir, calcule o valor de k para que as equações sejam identidades, isto é, sejam verdadeiras para qualquer valor do domínio. Você pode encontrar o número pedido derivando ou, se preferir, integrando uma função.

   a) $\displaystyle\int \dfrac{5}{2}e^{-2t}dt = k \cdot e^{-2t} + C$

   b) $\displaystyle\int \dfrac{1}{e^{2x-1}}dx = k \cdot e^{1-2x} + C$

   c) $\displaystyle\int \left(-\dfrac{3x^{-1}}{2}\right)dx = k \cdot \ln x + C$

   d) $\displaystyle\int x(3x - 1)dx = x^3 - 0{,}5k \cdot x^2 + C$

17. Suponha que, em uma reserva florestal onde vivem mamíferos de pequeno porte de que se alimenta, a população de onças-pintadas seja de 105 indivíduos, aumentando conforme a taxa de variação $P'(t) = 1,2e^{-0,02t}$, em que $P(0)$ expressa a população atual de onças-pintadas, ou seja, 105 indivíduos. Faça uma estimativa de quantas onças-pintadas habitarão essa reserva daqui a 5 anos.

A onça-pintada, também conhecida como jaguar ou jaguaretê, é um mamífero da ordem dos carnívoros e costuma ser encontrada em reservas florestais e matas cerradas do Brasil. Espalhada inicialmente desde o sul dos Estados Unidos até o norte da Argentina, seu território de ocupação diminuiu sensivelmente e atualmente está na lista dos animais em perigo de extinção.

18. Principalmente devido à expansão das áreas de agricultura e pecuária nas regiões do Cerrado brasileiro, um outro animal em perigo de extinção é o lobo-guará.

    Suponha que em determinada região, a população de lobos-guarás seja de 120 indivíduos e que ela esteja decrescendo conforme a taxa de variação $P'(t) = -2,4e^{-0,02t}$, sendo t em anos e $P(0)$ a população atual de lobos-guarás.

    Se se mantiver esse decrescimento exponencial, daqui a quantos anos será atingido o ponto em que a extinção é inevitável, considerado pelos biólogos em 100 indivíduos?

19. Uma estimativa mostra que daqui a x meses a população de certa cidade crescerá conforme a taxa de variação $P'(x) = 75 + 9\sqrt{x+1}$ habitantes por mês; $P(0)$ representa a população atual.

    Atualmente, a cidade tem cerca de 80.000 habitantes. Qual será a população daqui a dois anos, aproximadamente?

20. Uma pesquisa feita por uma federação de futebol mostra que daqui a x anos o número de jogadores profissionais aumentará conforme a taxa de variação $N'(x) = 360e^{0,2x}$ jogadores por ano. Atualmente, existem 1.200 jogadores de futebol profissionais registrados nessa federação, ou seja, $N(0) = 1.200$. Quantos jogadores profissionais de futebol terá a federação daqui a 6 anos, aproximadamente?

Custo, receita e lucro marginais

Lembre-se de que os economistas geralmente usam o termo *marginal* para denotar uma derivada.

Assim, se a função $C(x)$ é o custo para se produzir x unidades de uma mercadoria, a derivada $C'(x)$ é o custo marginal e representa o custo para produzir uma unidade adicional.

$C(k)$ → custo para produzir k unidades

$C'(k)$ → variação do custo quando o nível de produção passa de k para $k + 1$ unidades

Capítulo 5 – Cálculo com Integrais

Você já pensou no significado de **receita marginal** ou **lucro marginal**?

$R(k) \to$ receita da demanda de k unidades

$R'(k) \to$ variação da receita quando a quantidade demandada passa de k para $k + 1$ unidades

$L(k) \to$ lucro da venda de k unidades

$L'(k) \to$ variação do lucro quando a quantidade vendida passa de k para $k + 1$ unidades

EXERCÍCIO RESOLVIDO

ER7 Suponha que o custo marginal quando se produz x unidades de um produto seja $C'(x) = 0,09x^3 - 1,6x + 36$ dólares e que o nível atual de produção seja de 10 unidades por mês.

Como podemos interpretar o significado de $C'(10)$?

Resolução:

Veja:

$$C'(10) = 0,09 \cdot 10^3 - 1,6 \cdot 10 + 36 = 110$$

Se o nível de produção passar de 10 para 11 unidades mensais, haverá um aumento no custo de U$ 110.

É comum se dizer também que esse valor expressa o custo da 11.ª unidade.

ATIVIDADES

21. Tomando por base os dados do ER 7, se o custo fixo de aluguel e seguro, que precisa ser pago independentemente do número de unidades produzidas, é US$ 360, qual deve ser o custo total da produção de 20 unidades?

22. Um fabricante estima que o custo marginal da produção diária de x unidades de certo tipo de bússola é dado por

$$C'(x) = 6x^2 - 6x - 12 \text{ reais}$$

A receita marginal diária é expressa por

$$R'(x) = 42 - 6x \text{ reais}$$

Quantas bússolas o fabricante deve vender por dia para obter o maior lucro possível?

SMILE STUDIO/SHUTTERSTOCK

BANCO DE QUESTÕES

1. Determine cada integral:

a) $\int \left(6x^5 - 4x^3 + 2x - \dfrac{2}{x^3}\right) dx$

b) $\int \left(\dfrac{x^2 - 2x + 1}{x^4}\right) dx$

243

c) $\int 2x(3x+4)dx$

e) $\int \dfrac{-2}{e^{1-2x}}dx$

d) $\int 6e^{3x}dx$

f) $\int \dfrac{x+4}{x}dx$

2. Determine a função f(x) cuja reta tangente a seu gráfico tem declividade $3x(2x-1)^2$ para qualquer valor de x. O ponto (0, 2) pertence ao gráfico.

3. Uma pesquisa realizada em janeiro de 2009 mostra que daqui a x anos a população P(x) de uma pequena cidade crescerá conforme a taxa de variação $P'(x) = 100 + 20\sqrt{x}$. Qual será o aumento da população entre os anos 2014 e 2015?

4. Pablo plantou uma árvore no quintal de sua casa no início de 2013. A árvore está crescendo conforme a taxa de variação $h'(x) = 0{,}45 + \dfrac{1}{x^2}$ metros, x em anos e x > 0.

Quanto a árvore cresceu entre o início de 2014 e o início de 2015? Escolha a alternativa que julgar mais conveniente.

a) 0,5 m   b) 1 m   c) 1,5 m

5. No gráfico abaixo, a inclinação da curva f(x) é expressa por $4e^{2x-1}$ para qualquer valor de x. Qual é a expressão algébrica de f(x)?

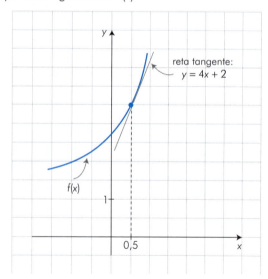

6. Um carro, quando era zero km, valia R$ 32.500,00. Ele está desvalorizando exponencialmente segundo a derivada $V'(t) = -325e^{-0{,}01t}$ reais, sendo t em meses e V(0) o valor do carro quando era novo. Expresse em porcentagem quanto o carro desvalorizou em um ano.

7. A derivada da função d(x) é dada por $d'(x) = -6e^{-0{,}04x}$.

   a) Calcule $d'(1)$ e interprete o resultado.
   b) Se $d(0) = 10$, encontre a expressão algébrica de d(x).

8. Devido à mudança de suas duas fábricas principais para outro município, a população de uma cidade, que tinha 90.000 habitantes, está diminuindo conforme a taxa de varia-

ção $P'(t) = -7.200e^{-0,2t}$, sendo t em meses e $P(0)$ a população atual. Qual será a população da cidade daqui a um ano? Escolha a alternativa que julgar mais adequada.

a) 57.000 habitantes b) 58.000 habitantes c) 59.000 habitantes

9. Uma empresa verifica que a receita marginal na comercialização de x unidades de uma mercadoria é dada por $R'(x) = 25 - 2,5x - 0,6x^2$ reais e que o custo marginal correspondente é $C'(x) = 15 - x - 0,27x^2$ reais.

    Como varia o lucro se o nível de produção passa de duas para quatro unidades?

10. A receita e o custo marginais na produção e comercialização de x unidades de uma mercadoria são expressas por:

    receita marginal: $R'(x) = 72 - 4x$ custo marginal: $C'(x) = 24 - 6x + x^2$

    Qual é a quantidade produzida que maximiza o lucro?

11. Uma pesquisa mostra que, daqui a x meses, o preço de um quilo de batatas $p(x)$ irá variar mediante a derivada $p'(x) = 0,025 + 0,003x^2$ reais por mês e $p(0)$ representa o preço de um quilo de batatas hoje. Utilize o preço das batatas de sua região para estimar quanto irá custar um quilo de batatas daqui a 6 meses.

12. Encontre a função $f(x)$ com as propriedades:

$$f'(x) = e^{-x} + \frac{1}{2\sqrt{x}} \quad e \quad f(4) = \frac{-1}{e^4}$$

13. A figura abaixo representa uma integral da função $f(x)$. Esboce o gráfico de uma integral de $f(x)$ que passe pela origem, sem fazer nenhum cálculo.

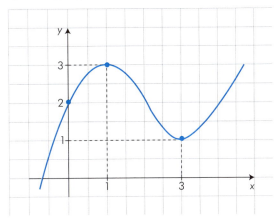

14. É certo que $\int \left[\dfrac{8(1-x)(1+x)}{x^4 + 2x^2 + 1} \right] dx = \dfrac{8x}{x^2 + 1} + C$?

15. A derivada da função demanda de x unidades produzidas de um artigo é dada por

$p'(x) = \dfrac{-1}{2\sqrt{90-x}}$, sendo $0 \leqslant x < 90$ e $p(x)$ o preço de cada unidade.

    Quando o preço de cada artigo é R$ 6,00, a quantidade demandada é de 54 unidades. Podemos afirmar que a função demanda é dada por $p(x) = \sqrt{90-x}$? Por quê?

5.2 Métodos de Integração

As notações estão para o desenvolvimento da Matemática como os instrumentos de trabalho para o desenvolvimento da sociedade humana.

Leibniz (1646-1716), filósofo, cientista, matemático alemão. Credita-se a Leibniz e a Newton o desenvolvimento do Cálculo.

Provavelmente, nenhum matemático viu mais claramente que Leibniz a importância das notações para a Matemática. Em 1675, ele representou a derivada de uma função $y = f(x)$ como:

$$\frac{dy}{dx}$$

Será que já pensava em interpretar esse símbolo como uma fração, trabalhando separadamente com dy e dx?

Em geral, pelas dificuldades de cálculo com a derivação de um produto ou de um quociente foram criadas as fórmulas:

$$(u \cdot v)' = u \cdot v' + u' \cdot v \quad \text{e} \quad \left(\frac{u}{v}\right)' = \frac{u' \cdot v - u \cdot v'}{v^2}$$

Veja como também não é fácil calcular diretamente, com as regras de integração que vimos até agora, funções como:

$$\int \frac{2x}{\sqrt{x^2 + 4}} \, dx$$

Por isso, devemos pensar em uma mudança de variável para simplificar a integral. É conveniente seguir estes passos:

1) Substituímos por **u** a expressão em x da integral, em geral, a mais complexa.

$$u = x^2 + 4$$

2) Calculamos a derivada $u'(x)$, mas usando a notação $\frac{du}{dx}$. Isolamos du.

$$u'(x) = \frac{du}{dx} = 2x \Rightarrow du = 2x\,dx$$

3) A integral resultante, que deve estar somente em termos de u, é calculada, e substituímos u em termos de x para obter a resposta.

$$\int \frac{2x\,du}{\sqrt{x^2+4}} \rightarrow \int \frac{du}{\sqrt{u}} = \int u^{-\frac{1}{2}} du = \frac{u^{-\frac{1}{2}+1}}{-\frac{1}{2}+1} + C = 2\sqrt{u} + C$$

Portanto:

$$\int \frac{2x}{\sqrt{x^2+4}}\,dx = 2\sqrt{x^2+4} + C$$

EXERCÍCIO RESOLVIDO

ER8 Calcule a seguinte integral $\int \dfrac{x}{x^2-9}\,dx$.

Resolução:

Chamamos de u a expressão do denominador e isolamos du:

$$u = x^2 - 9 \Rightarrow \frac{du}{dx} = 2x \Rightarrow du = 2x\,dx$$

Daí:

$$\int \frac{2x\,dx}{2(x^2-9)} \rightarrow \int \frac{du}{2u} = \frac{1}{2}\int \frac{1}{u}\,dx = \frac{1}{2}\ln|u| + C$$

Então, temos:

$$\int \frac{x}{x^2-9}\,dx = \frac{1}{2}\ln|x^2-9| + C$$

ATIVIDADES

23. Calcule as seguintes integrais:

    a) $\int \dfrac{2x+10}{\sqrt{3x^2+30x+4}}\,dx$ b) $\int \dfrac{1}{2t+1}\,dt$

24. Determine a função $f(x)$ cuja reta tangente tem declividade $f'(x) = \dfrac{(\ln x)^2}{2x}$ para $x > 0$ e cuja curva passa pelo ponto $\left(1, \dfrac{1}{6}\right)$. Na substituição, faça $u = \ln x$.

25. Às vezes, temos de usar a imaginação para encontrar a substituição correta. Para calcular a integral $\int \dfrac{4x}{x+4}\,dx$, substitua $u = x+4$ e determine a solução.

26. Calcule $\int \dfrac{x}{4x+9}\,dx$.

27. Um fabricante de pranchas de surfe de uma praia do litoral norte do Estado de São Paulo está vendendo um modelo novo a R$ 300,00 cada. Como tem havido uma grande demanda pelas novas pranchas, ele decidiu disponibilizar mais um lote do modelo novo e colocá-lo à venda, mas variando o preço de todas as pranchas, as que já estão à venda e as novas que serão ofertadas, segundo a função $p'(x) = \dfrac{4x}{\sqrt{4+x^2}}$, sendo x o número de pranchas a mais colocadas à venda e $p(0)$ o preço de cada prancha se nenhum lote do modelo novo for colocado à venda.

    a) Determine a função oferta $p(x)$ usando o método da substituição.
    b) Quanto deverá custar cada prancha se mais 20 forem colocadas à venda?

28. O preço p em reais de determinado relógio varia segundo a derivada $p'(x) = \dfrac{-1}{2\sqrt{144-x}}$ reais, em que x é a quantidade de relógios vendidos semanalmente em uma loja de um shopping.

Estima-se que praticamente nenhum relógio é vendido quando o preço de cada um é R$ 150,00. A loja fez uma grande promoção: abaixou o preço do relógio para R$ 140,00 e ainda deu um estojo de brinde. Faça uma estimativa de quantos relógios serão vendidos semanalmente.

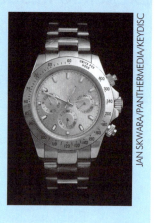

Regra do produto da derivação

Existem muitas integrais que não são passíveis de serem calculadas usando o método da substituição, pois quando tentamos usar esse método, não conseguimos expressá-las somente em termos de uma variável.

A regra do produto da derivação indica o caminho para calcularmos uma integral como, por exemplo:

$$\int 2x \cdot e^{2x+1} dx$$

Considere as funções $g(x)$ e $G(x)$ tais que $g(x) = G'(x)$. Recorde a regra do produto:

$$\dfrac{d}{dx}[f(x) \cdot G(x)] = f'(x) \cdot G(x) + f(x) \cdot G'(x)$$

$$\dfrac{d}{dx}[f(x) \cdot G(x)] = f'(x) \cdot G(x) + f(x) \cdot g(x)$$

Se integrarmos os dois membros da equação, obteremos:

$$\int \dfrac{d}{dx}[f(x) \cdot G(x)] dx = \int [f'(x) \cdot G(x) + f(x) \cdot g(x)] dx$$

$$f(x) \cdot G(x) = \int [f'(x) \cdot G(x)] dx + \int [f(x) \cdot g(x)] dx$$

E chegamos à fórmula de integração: se $G'(x) = g(x)$,

$$\int [f(x) \cdot g(x)] dx = f(x) \cdot G(x) - \int [f'(x) \cdot G(x)] dx$$

Assim, para determinar $\int 2x \cdot e^{2x+1} dx$, escolhemos um dos fatores para ser derivado:

$$f(x) = 2x \Rightarrow f'(x) = 2$$

e outro para ser integrado, em geral o mais complexo, mas g(x) deve ser integrável:

$$g(x) = e^{2x+1} \Rightarrow G(x) = \frac{e^{2x+1}}{2}$$

Finalmente, escrevemos a fórmula:

$$\int [f(x) \cdot g(x)]dx = f(x) \cdot G(x) - \int [f'(x) \cdot G(x)]dx$$

$$\int 2x \cdot e^{2x+1}dx = 2x \cdot \frac{e^{2x+1}}{2} - \int 2 \cdot \frac{e^{2x+1}}{2}dx$$

$$= x \cdot e^{2x+1} - \int e^{2x+1}dx$$

$$= x \cdot e^{2x+1} - \frac{e^{2x+1}}{2} + C$$

EXERCÍCIO RESOLVIDO

ER9 Determine a integral $\int \frac{x}{4} e^{\frac{x}{2}} dx$.

Resolução:

Escolhemos um dos fatores a ser derivado, o outro a ser integrado e aplicamos a fórmula:

$$f(x) = \frac{x}{4} \Rightarrow f'(x) = \frac{1}{4}$$

$$g(x) = e^{\frac{x}{2}} \Rightarrow G(x) = \frac{e^{\frac{x}{2}}}{\frac{1}{2}} = 2e^{\frac{x}{2}}$$

$$\int \frac{x}{4} e^{\frac{x}{2}} dx = \frac{x}{4} \cdot 2e^{\frac{x}{2}} - \int \frac{1}{4} \cdot 2e^{\frac{x}{2}} dx$$

$$= \frac{x}{2} \cdot e^{\frac{x}{2}} - \frac{1}{2} \cdot \frac{e^{\frac{x}{2}}}{\frac{1}{2}} + C = e^{\frac{x}{2}} \left(\frac{x}{2} - 1 \right) + C$$

✓ ATIVIDADES

29. Para determinar $\int \ln x \, dx$, escreva ln x como um produto: ln x = 1 · ln x.

30. Calcule a integral $\int x\sqrt{x+2} \, dx$ usando a fórmula ou por substituição.

Matemática para Economia e Administração

31. Uma pesquisa realizada em uma pequena cidade, em janeiro de 2013, mostrou que em x anos a sua população aumentará mediante a derivada $p'(x) = x \cdot \ln x + 400$. Estime o aumento da população de janeiro de 2014 a janeiro de 2015.

32. O custo marginal da produção de x unidades de um artigo é expresso por:
$$C'(x) = (2 + 0{,}2x)e^{0{,}02x} \text{ reais}$$
e $C(0) = R\$\ 2.000{,}00$.
Qual será o custo da produção de 100 unidades?

BANCO DE QUESTÕES

16. Usando o método da substituição, determine as integrais:

a) $\displaystyle\int \frac{x}{\sqrt{x^2 + 1}}\, dx$

b) $\displaystyle\int \frac{x}{2} e^{-x^2}\, dx$

c) $\displaystyle\int \frac{10}{x \cdot \ln x}\, dx$

d) $\displaystyle\int \frac{x^2 - 8x}{x^3 - 12x^2 + 2}\, dx$

17. A figura abaixo representa várias funções f(x) cuja inclinação para qualquer valor de x é $f'(x) = x(x^2 + 5)^{-\frac{1}{2}}$. Determine a expressão algébrica da função f(x) que passa pela origem.

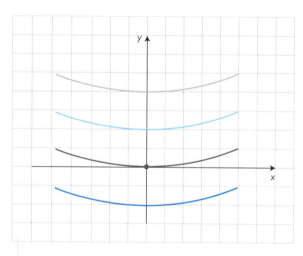

18. Determine $\displaystyle\int \frac{2e^{\frac{4}{x}}}{x^2}\, dx$.

19. Determine a expressão algébrica da função $f(x) = \int \dfrac{2}{x \cdot \ln x} dx$, sabendo que seu gráfico passa pelo ponto (e, 2).

20. O custo marginal para produzir x unidades de um artigo é dado por:

$$C'(x) = 4(2x - 1)^2 \text{ reais}$$

O nível atual de produção é de 20 unidades. Como varia o custo, aproximadamente, se o nível de produção for reduzido em 40%?

21. Se $G'(x) = g(x)$, utilize a fórmula

$$\int f(x) \cdot g(x) dx = f(x) \cdot G(x) - \int f'(x) \cdot G(x) dx$$

para determinar as integrais:

a) $\int 2x(x + 3)^5 dx$

b) $\int \dfrac{8x}{e^{4x}} dx$

c) $\int x^4 \cdot \ln x \, dx$

d) $\int \ln \sqrt{x + 4} \, dx$

22. A declividade da reta tangente ao gráfico de uma função h(x) é dada por $h'(x) = 2x \cdot \ln\sqrt{x}$, para qualquer número real positivo x. O gráfico passa pelo ponto $\left(1, \dfrac{11}{4}\right)$. Qual é o valor de $h'(1) + h(e)$?

23. Estima-se que daqui a t dias a produção de batatas de uma fazenda aumentará diariamente segundo a derivada

$$p'(t) = t^2 + \dfrac{4t}{t+1} + 1 \text{ sacas,}$$

sendo que p(0) = 45 sacas expressa o número de sacas colhidas em 1.º de março e p(t) representa a quantidade de sacas colhidas por dia.

Quantas sacas de batatas serão colhidas no dia 6 de março, aproximadamente?

24. Uma nova fábrica que produz caixas de papelão foi inaugurada, e estima-se que, daqui a x dias, a sua capacidade de produção aumentará conforme a taxa de variação $p'(x) = 150x \cdot e^{-0,5x}$ caixas de papelão por mês. É dado que: no primeiro mês foram produzidas p(0) = 200 caixas de papelão, sendo que p(x) representa a quantidade de caixas produzidas por mês.
Quantas caixas de papelão serão produzidas, no segundo mês de funcionamento, aproximadamente? Escolha a alternativa mais adequada.

a) 150 caixas
b) 300 caixas
c) 600 caixas

Matemática para Economia e Administração

5.3 Integral como uma Área

Um conceito matemático nunca surge pronto e acabado. A sua criação reflete alguns dos mais nobres pensamentos de inúmeras gerações de matemáticos. Em geral, não é uma invenção de um único matemático. Ele surge em determinada época, em determinada sociedade, para dar resposta a um certo problema e, em um processo contínuo de tentativa e erro, vai se desenvolvendo em outras épocas, outras regiões, outros tipos de sociedade, dando inclusive origem a outros conceitos, até estar praticamente pronto e completo.

Apesar de a História mostrar tantos grandes matemáticos, é espantoso reconhecer a imaginação poderosa capaz de estabelecer um vínculo entre a derivação e a integração, com as novas descobertas que isso produziria, como calcular a área sob uma curva.

Agora veja: sabemos calcular a área sob a curva $f(x) = x + 1$ no intervalo $1 \leqslant x \leqslant 8$. Note que $f(x) \geqslant 0$ e a função f é contínua nesse intervalo, como representado na Figura 5.5.

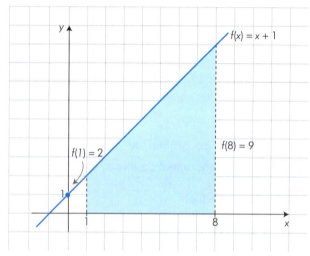

Figura 5.5.

$$A_{\text{trapézio}} = \frac{(9+2) \cdot 7}{2} = 38,5$$

No entanto, mesmo a função $f(x) = x^2 + 1$ sendo contínua e $f(x) \geqslant 0$ no intervalo $1 \leqslant x \leqslant 8$, como calcular a área sob a curva nesse intervalo? Observe a Figura 5.6.

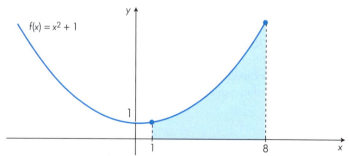

Figura 5.6.

A figura não é um trapézio, pois um de seus "lados" é "curvo". Podemos pensar em dividir a região em uma série de regiões menores retangulares e aproximar a área sob a curva $f(x) = x^2 + 1$, somando as áreas dessas regiões.

Inicialmente, dividimos o intervalo $1 \leqslant x \leqslant 8$ em 7 intervalos de largura Δx, por exemplo, como mostrado na Figura 5.7.

A área sob a curva (Figura 5.7) é aproximadamente igual a:

$A = f(1) \cdot 1 + f(2) \cdot 1 + f(3) \cdot 1 + f(4) \cdot 1 + f(5) \cdot 1 + f(6) \cdot 1 + f(7) \cdot 1$
$A = 2 + 5 + 10 + 17 + 26 + 37 + 50$
$A = 147$

Intuitivamente, podemos observar que, quanto maior é o número de intervalos iguais, mais a soma das áreas dos retângulos se aproxima da área sob a curva da função $f(x)$.

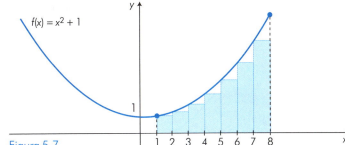

Figura 5.7.

Observe o cálculo da área sob a curva $f(x) = x^2 + 1$ quando dividimos o intervalo $1 \leqslant x \leqslant 8$ em intervalos iguais de largura 0,5, como mostrado na Figura 5.8.

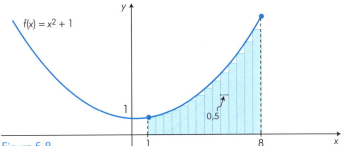

Figura 5.8.

Assim, a área sob a curva (Figura 5.8) é aproximadamente igual a:

$A = [f(1) + f(1,5) + f(2) + ... + f(7,5)] \cdot 0,5$
$A = 161,875$

Podemos, então, pensar na área sob a curva $f(x)$ como o limite da soma quando o número de intervalos tende a infinito.

Considere uma função $f(x)$ que seja contínua em um intervalo $a \leqslant x \leqslant b$ e $f(x) \geqslant 0$ para qualquer valor de x nesse intervalo.

A área sob a curva $y = f(x)$ no intervalo $a \leqslant x \leqslant b$ é expressa por:

$$A = \lim_{n \to +\infty} [f(x_1) + f(x_2) + f(x_3) + ... + f(x_n)] \cdot \Delta x$$

sendo $\Delta x = \dfrac{b-a}{n}$ a largura de cada um dos retângulos.

Observe que, quando n tende a $+\infty$, Δx tende a zero, e por isso podemos partir do extremo direito ou do ponto médio de cada intervalo em vez do extremo esquerdo. Observe a Figura 5.9.

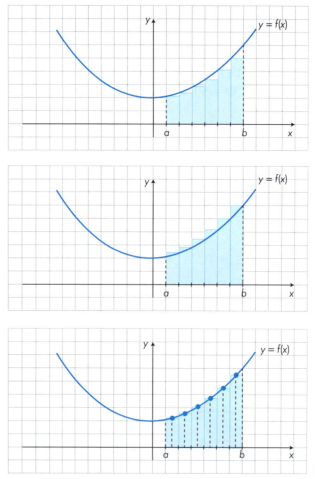

Figura 5.9.

EXERCÍCIO RESOLVIDO

ER10 No gráfico ao lado, estime a área da região assinalada sob a curva $y = \sqrt{x}$ no intervalo $1 \leqslant x \leqslant 6$, usando intervalos de comprimento $\Delta x = 1$.

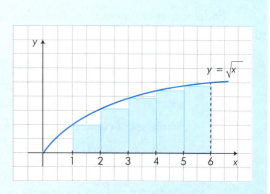

$$\text{Área} = [f(1) + f(2) + f(3) + f(4) + f(5)] \cdot \Delta x$$
$$= \left[\sqrt{1} + \sqrt{2} + \sqrt{3} + \sqrt{4} + \sqrt{5}\right] \cdot 1$$
$$= 3 + \sqrt{2} + \sqrt{3} + \sqrt{5}$$
$$\cong 8{,}38$$

Podemos obter uma aproximação melhor ainda usando intervalos de comprimento $\Delta x = 0{,}5$.

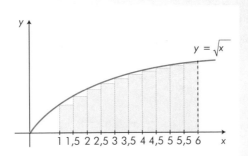

$$\text{Área} = [f(1) + f(1{,}5) + f(2) + \ldots + f(5{,}5)] \cdot \Delta x$$
$$= \left[\sqrt{1} + \sqrt{1{,}5} + \sqrt{2} + \ldots + \sqrt{5{,}5}\right] \cdot 0{,}5$$
$$\cong 8{,}76$$

ATIVIDADES

33. Considere a região limitada pelas curvas $y = e^x$, $x = -1$, $x = 1$ e o eixo x. Calcule a área dessa região aproximando-a mediante a soma das áreas dos retângulos assinalados na figura.

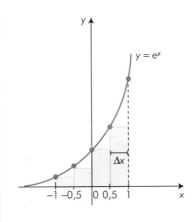

34. Considere a região assinalada na figura. Calcule, aproximadamente, sua área.

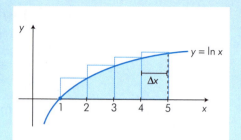

35. Faça uma estimativa de cada área:

a)
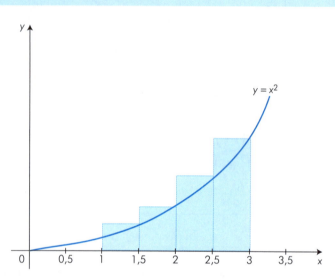

b)
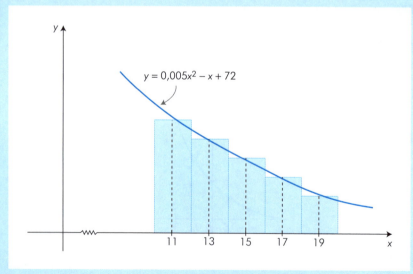

Integral definida

Se tivessem de calcular uma área sob uma curva mediante o limite de uma soma, certamente os matemáticos buscariam outros métodos. E foi exatamente o que fizeram.

O Cálculo com derivadas surgiu do problema de expressar a inclinação de uma curva como a declividade da reta tangente em cada ponto dessa curva. Já o cálculo com integrais surgiu da necessidade de calcular áreas para qualquer figura, não apenas para as regiões poligonais.

O professor de Newton em Cambridge, Isaac Barrow (1630-1677), determinava as inclinações das retas tangentes de modo semelhante ao que fazemos atualmente e foi o primeiro a reconhecer que os processos de derivação e integração estão profundamente ligados.

O Teorema Fundamental do Cálculo mostra a conexão entre os dois ramos dessa ciência: o Cálculo Diferencial e o Cálculo Integral. Foram Newton e Leibniz que exploraram e desenvolveram essa relação.

Veja a Figura 5.10, que representa a função $y = f(x)$.

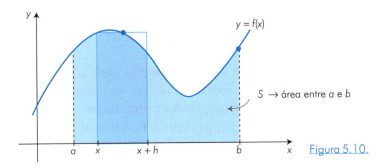

Figura 5.10.

Vamos usar um símbolo:

$$\int_a^b f(x)dx$$

Chamamos de *integral definida* a representação da área S sob a curva $y = f(x)$ até o eixo x no intervalo $a \leqslant x \leqslant b$, sendo $f(x) \geqslant 0$. A função $f(x)$ é chamada **integrando**, e os números a e b, **limites de integração**.

Vamos definir $A(x)$, $a \leqslant x \leqslant b$, como a área sob a curva $f(x)$ de x até a. Portanto:

$$A(a) = 0 \quad \text{e} \quad A(b) = S$$

Note que, para valores de h próximos de zero, a área $A(x + h) - A(x)$ é aproximadamente igual à área do retângulo $f(x) \cdot h$. Podemos escrever, então:

$$A(x + h) - A(x) \cong f(x) \cdot h$$

Ou seja,

$$\frac{A(x + h) - A(x)}{h} \cong f(x)$$

Quando h tende a zero, o erro contido na aproximação se aproxima de zero e, portanto:

$$\lim_{h \to 0} \frac{A(x+h) - A(x)}{h} = f(x)$$

Lembra-se desse limite? Não é a própria definição de derivada?

Assim, $A'(x) = f(x)$ e $A(x)$ é uma integral de $f(x)$.

Se $\int f(x)dx = F(x) + C$, das propriedades das integrais temos que $A(x) = F(x) + C$.

Como $A(a) = 0$ e $A(b) = S$: $\begin{cases} A(a) = F(a) + C = 0 \Rightarrow C = -F(a) & \text{①} \\ A(b) = F(b) + C = S & \text{②} \end{cases}$

De ① e ②, temos:

$$F(b) - F(a) = S$$

Portanto:

$$S = \int_a^b f(x)dx = F(b) - F(a)$$

Como é comum na história da criação de um novo conceito matemático, havia certas imprecisões nos conceitos de Newton e Leibniz que foram sendo aperfeiçoados ao longo dos séculos com a ajuda de outros grandes matemáticos.

Foi um jovem matemático, Georg Friedrich Bernhard Riemann, que morreu jovem também (1826-1866), quem deu uma precisa definição de integral definida.

Considere uma função contínua no intervalo $a \leqslant x \leqslant b$ e suponha que esse intervalo tenha sido dividido em n intervalos iguais de comprimento $\Delta x = \dfrac{b-a}{n}$.

A integral definida de $f(x)$ no intervalo $a \leqslant x \leqslant b$, representada pelo símbolo:

$$\int_a^b f(x)dx$$

é expressa pelo limite:

$$\int_a^b f(x)dx = \lim_{n \to +\infty} [f(x_1) + f(x_2) + f(x_3) + \ldots + f(x_n)] \cdot \Delta x$$

sendo que $x_1, x_2, x_3, \ldots, x_n$ pertencem ao intervalo dado.

Com a notação de integral, podemos simplificar a definição de área sob uma curva.

Considere uma função $y = f(x)$ contínua no intervalo $a \leqslant x \leqslant b$ e tal que os valores $f(x)$ sejam positivos ou nulos nesse intervalo.

Capítulo 5 – Cálculo com Integrais

A área da região sob a curva da função contínua e positiva $y = f(x)$ no intervalo $a \leqslant x \leqslant b$ e limitada pelo eixo x é expressa por:

$$S = \int_a^b f(x)dx = F(b) - F(a)$$

sendo $F(x)$ uma integral de $f(x)$.

Para calcular a área da região assinalada na Figura 5.11, usaremos a notação:

$$\int_0^4 x^2 dx = \left[\frac{x^3}{3}\right]_0^4 = \frac{4^3}{3} - \frac{0^3}{3} = \frac{64}{3}$$

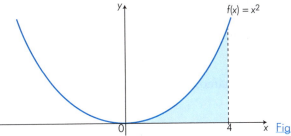

Figura 5.11.

Se $f(x)$ é negativa entre a e b, ou seja, a curva $y = f(x)$ situa-se abaixo do eixo x, então o valor da integral $S = \int_a^b f(x)dx$ é negativo e a área é o módulo da integral.

A área S da região contida entre o gráfico da função $f(x) = x(x^2 + 3x - 4)$ e o eixo x, no intervalo $-4 \leqslant x \leqslant 3$, é a soma das áreas $S = A_1 + A_2 + A_3$. Observe a Figura 5.12.

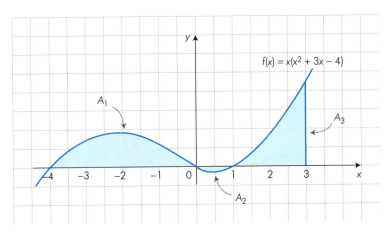

Figura 5.12.

259

No entanto, a integral que vamos usar para calcular A_2 é negativa:

$$\int_0^1 (x^3 + 3x^2 - 4x)dx = \left[\frac{x^4}{4} + x^3 - 2x^2 + C\right]_0^1$$

$$= \left(\frac{1}{4} + 1 - 2 + C\right) - (0 + 0 - 0 + C) = -\frac{3}{4}$$

$$A_2 = \left|-\frac{3}{4}\right| = \frac{3}{4}$$

As áreas abaixo do eixo x são chamadas áreas negativas. Se não quisermos pensar em módulo, podemos expressar S como:

S = soma das áreas positivas – soma das áreas negativas

EXERCÍCIOS RESOLVIDOS

ER11 Determine o valor da área S da Figura 5.12.

Resolução:

Observe como determinamos o valor da área S:

$S = A_1 + A_3 - A_2$

$$S = \int_{-4}^{0} (x^3 + 3x^2 - 4x)dx + \int_{1}^{3} (x^3 + 3x^2 - 4x)dx - \left(\frac{-3}{4}\right)$$

$$S = \left[\frac{x^4}{4} + x^3 - 2x^2\right]_{-4}^{0} + \left[\frac{x^4}{4} + x^3 - 2x^2\right]_{1}^{3} + \frac{3}{4}$$

$S = [0 - (-32)] + [29{,}25 - (-0{,}75)] + 0{,}75$

$S = 62{,}75$

ER12 No gráfico abaixo, calcule a área da região hachurada.

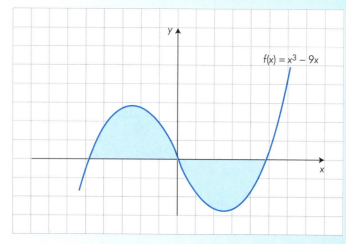

Resolução:

Para calcular a área da região hachurada, temos de encontrar as intersecções de $f(x)$ com o eixo x:

$$f(x) = 0 \Rightarrow x(x^2 - 9) = 0 \Rightarrow x = 0, x = -3 \text{ ou } x = 3$$

$$S = \int_{-3}^{0} (x^3 - 9x)dx - \int_{0}^{3} (x^3 - 9x)dx$$

$$S = \left[\frac{x^4}{4} - 4{,}5x^2\right]_{-3}^{0} - \left[\frac{x^4}{4} - 4{,}5x^2\right]_{0}^{3}$$

$$S = [0 - (-20{,}25)] - [-20{,}25 - 0] = 40{,}5$$

ATIVIDADES

36. Nos gráficos a seguir, calcule a área de cada região destacada.

a)
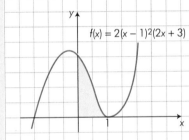
$f(x) = 2(x-1)^2(2x+3)$

b)
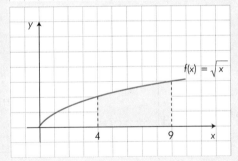
$f(x) = \sqrt{x}$

c)
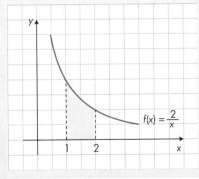
$f(x) = \frac{2}{x}$

d)

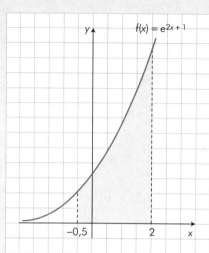

e)

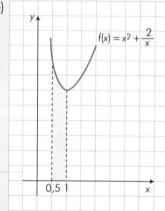

37. Mostre, por derivação, que:

$$\int \ln x\, dx = x(\ln x - 1) + C$$

Qual é o valor da área S da figura ao lado?

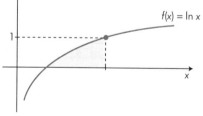

38. Calcule as integrais definidas, usando o método de integração que julgar mais conveniente.

a) $\int_{e^{0,5}}^{e^2} \dfrac{2}{x(\ln x)^2}\, dx$

b) $\int_0^1 2(x-1)e^{\frac{x}{2}}\, dx$

Áreas entre curvas

Algumas vezes, temos necessidade de encontrar a área entre duas curvas, como na Figura 5.13.

Se $f(x)$ e $g(x)$ são duas funções contínuas no intervalo $a \leqslant x \leqslant b$, com $f(x) \geqslant g(x)$, então a área limitada pelos gráficos das duas funções para $a \leqslant x \leqslant b$ é dada por:

$$\int_a^b f(x)dx - \int_a^b g(x)dx = \int_a^b [f(x)-g(x)]dx$$

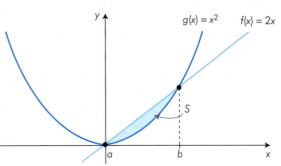

Figura 5.13.

EXERCÍCIO RESOLVIDO

ER13 Calcule a área S da Figura 5.13.

Resolução:

Para calcular a área S da Figura 5.13, temos de encontrar as coordenadas x dos pontos de interseção das duas curvas resolvendo a equação $f(x) = g(x)$:

$$x^2 - 2x = 0 \Rightarrow x = 0 \text{ ou } x = 2$$

Agora calculamos a área S:

$$S = \int_0^2 (2x - x^2)dx = \left[x^2 - \frac{x^3}{3}\right]_0^2 = \left(4 - \frac{8}{3}\right) - 0 = \frac{4}{3}$$

ATIVIDADES

39. No gráfico ao lado, calcule a área da região R.

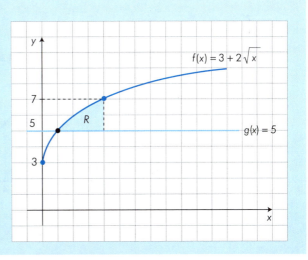

Matemática para Economia e Administração

40. Calcule a área da região R limitada pela curva $f(x) = x^2 - 4x$ e o eixo x.

41. Qual é a área da região R limitada pela curva $f(x) = e^{2x}$, pelas retas $x = 0$, $x = \ln 2$ e o eixo x?

42. Faça um esboço do gráfico das funções no primeiro quadrante:

$$f(x) = \sqrt{x} \quad \text{e} \quad g(x) = \frac{1}{x}$$

Calcule a área da região R limitada pelas funções $f(x)$ e $g(x)$ e por $x = 1$ e $x = 4$.

BANCO DE QUESTÕES

25. Nos gráficos a seguir, estime a integral $\int_a^b f(x)dx$ por meio de uma soma de áreas de retângulos.

a) $\int_{-1}^{2} f(x)dx$

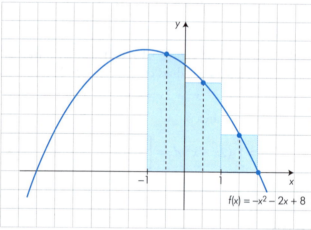

$f(x) = -x^2 - 2x + 8$

b) $\int_{1}^{4} f(x)dx$

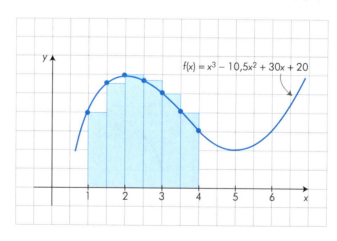

$f(x) = x^3 - 10{,}5x^2 + 30x + 20$

264

c) $\int_{-1}^{2} f(x)dx$

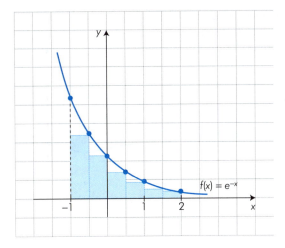

26. Determine as integrais definidas.

a) $\int_{1}^{4}\left(\sqrt{x} + \dfrac{1}{\sqrt{x}}\right)dx$

b) $\int_{-1}^{1} \dfrac{x^2+1}{x^2}dx$

c) $\int_{1}^{2} \dfrac{(x+1)^2}{x^2}dx$

d) $\int_{2}^{4} \dfrac{1}{e^{2x-4}}dx$

27. Use a fórmula de integração para calcular a integral definida $\int_{1}^{2} 6x^2 \cdot \ln \sqrt{x}\, dx$.

28. Calcule a área da região R assinalada no gráfico abaixo.

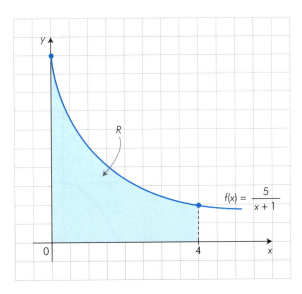

Matemática para Economia e Administração

29. Use o método de integração por substituição para calcular a área indicada na figura ao lado.

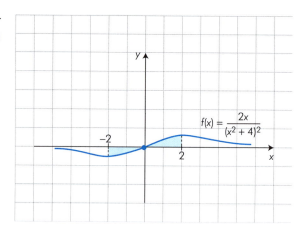

30. Determine a área da região R.

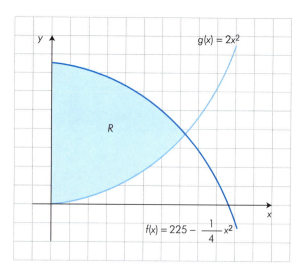

31. Calcule a área S.

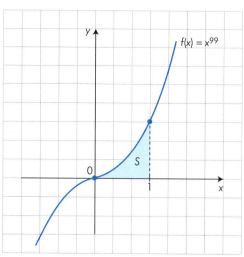

266

32. Calcule a área da região limitada pelas curvas $y = x^2 + 1$, $y = 7 - x$ e pelo eixo y no primeiro quadrante.

33. Calcule a área da região limitada pela curva:

$$f(x) = \begin{cases} -x^2 + 2x, & \text{se } x \geq 1 \\ 2 - x, & \text{se } x < 1 \end{cases}$$

pelo eixo x e pelas retas $x = 0$ e $x = 2$.

34. Calcule a área da região limitada pela curva $x^2 \cdot y = x^2 - 4$, pelo eixo x e pelas retas $x = 2$ e $x = 4$.

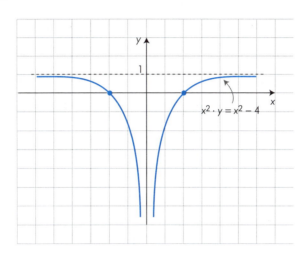

5.4 Algumas Aplicações de Integrais

A integral definida tem diversas aplicações em Administração ou Economia. Frequentemente, sabemos como varia o custo total em determinado nível de produção e queremos saber a variação do custo se aumentarmos ou diminuirmos o número de unidades produzidas.

Suponha que em certa fábrica o custo marginal da produção de x unidades de uma mercadoria seja expresso por:

$$C'(x) = 9(x - 4)^2$$

Como aumentaria esse custo se o nível de produção passasse de 14 para 24 unidades?

O caminho para encontrar a solução é relativamente simples. Temos de encontrar a expressão algébrica do custo total $C(x)$ e determinar a diferença:

$$C(24) - C(14)$$

Podemos fazer isso usando o método de integração por substituição para encontrar a expressão algébrica de $C(x)$:

$$C(x) = 9\int (x-4)^2 dx$$

$$x - 4 = u \Rightarrow dx = du$$

$$9 \cdot \int u^2 du = 9 \cdot \frac{u^3}{3} + k$$

$$C(x) = 9 \cdot \frac{(x-4)^3}{3} + k = 3(x-4)^3 + k$$

Observe que, para encontrar a solução, não precisamos determinar a constante k:

$$C(24) - C(14) = [3(24-4)^3 + k] - [3(14-4)^3 + k]$$
$$= 24.000 + k - 3.000 - k = 21.000$$

Poderíamos resolver o problema por um outro caminho, usando uma integral definida:

$$C(24) - C(14) = \int_{14}^{24} 9(x-4)^2 dx$$
$$= [3(x-4)^3]_{14}^{24} = 3 \cdot 20^3 - 3 \cdot 10^3 = 21.000$$

Veja que no cálculo de uma integração definida não há necessidade de colocar a constante de integração, pois ela será sempre simplificada.

Matematicamente, a representação da integral definida é feita com o gráfico de $C'(x)$. Observe a Figura 5.14.

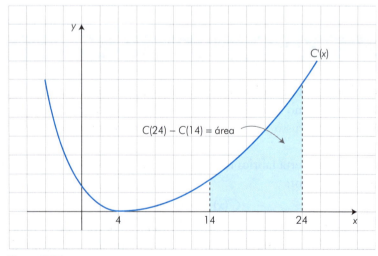

Figura 5.14.

Mas para você compreender o problema, deve interpretar a solução com o gráfico de C(x), como mostra a Figura 5.15:

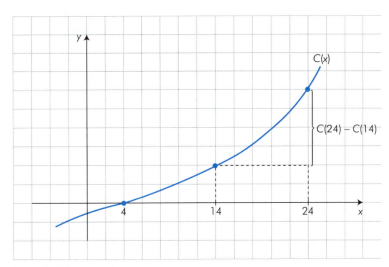

Figura 5.15.

EXERCÍCIO RESOLVIDO

ER14 Um operário entra no trabalho às 7h. Suponha que, x horas após ter começado o trabalho, ele seja capaz de montar $p(x) = -3x^2 + 48x$ caixas de papelão por hora. Quantas caixas o operário monta até o meio-dia, quando pausa para almoçar? Represente a resposta mediante uma integral definida e um gráfico de $p(x)$.

Resolução:

Suponha que $p(1) = -3 + 48 = 45$ representa quantas caixas ele montou das 7 às 8 horas. Assim, $p(2) = -3 \cdot (4) + 48 \cdot (2) = 84$ representa quantas caixas ele montou das 8 às 9 horas. Então, das 7 às 9 horas ele montou um total de $45 + 84 = 129$ caixas de papelão. Para saber o total de caixas que ele montou das 7 ao meio-dia, temos de calcular esta soma:

$$p(1) + p(2) + p(3) + p(4) + p(5)$$

Podemos expressar esse total como a soma S das áreas de cinco retângulos de base igual a 1:

$$S = p(1) \cdot 1 + p(2) \cdot + p(3) \cdot 1 + p(4) \cdot 1 + p(5) \cdot 1$$

Matemática para Economia e Administração

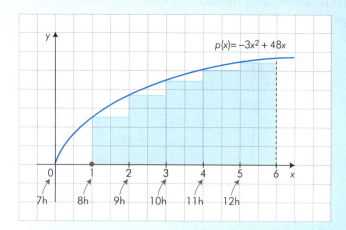

Observando o gráfico, podemos fazer o inverso do que fizemos até agora, aproximar a soma das áreas dos retângulos por meio da integral:

$$\int_1^6 (-3x^2 + 48x)dx = [-x^3 + 24x^2]_1^6 = 648 - 23 = 625 \text{ caixas de papelão}$$

Note que o limite superior da integral definido é 6, pois a altura do quinto retângulo é $p(5)$ e a sua base vai do $x = 5$ ao $x = 6$.

Assim, em termos práticos, o resultado obtido, 625 caixas, é diferente da soma dos valores da função:

$$p(1) + p(2) + p(3) + p(4) + p(5) = 555 \text{ caixas}$$

pois fizemos poucas observações.

Mas é um bom exemplo para a compreensão de conceitos matemáticos.

ATIVIDADE

43. O departamento de Marketing da federação baiana de futebol fez um estudo sobre a quantidade de torcedores $N(x)$, aproximadamente, que estarão presentes nos próximos Bahia × Vitória. O estudo mostrou que os torcedores entrarão no estádio mediante a derivada $N'(x) = 100(x + 1)^3 - 75(x + 1)^2$ torcedores por hora, sendo que: $N'(0)$ expressa quantos torcedores entrarão das 11 horas ao meio-dia, $N'(1)$ quantos entrarão do meio-dia às 13 horas e assim por diante. Os portões abrem às 11 horas e fecham às 16 horas. Faça uma estimativa da quantidade de público em cada jogo.

Valor médio de uma função contínua

Suponha que um pesquisador mediu a temperatura em certa cidade, todos os dias da semana, sempre às 7h da manhã, e encontrou estes resultados:

Segunda-feira	18,5 °C
Terça-feira	20,0 °C
Quarta-feira	21,4 °C
Quinta-feira	21,5 °C
Sexta-feira	20,9 °C
Sábado	19,5 °C
Domingo	15,4 °C

A temperatura média na cidade durante essa semana, às 7h, é dada por:

$$T_{\text{média}} = \frac{18,5 + 20 + 21,4 + 21,5 + 20,9 + 19,5 + 15,4}{7} = 19,6; \; 19,6 \text{ °C}$$

O mesmo pesquisador fez uma estimativa de que, x horas após a meia-noite, em um período de 24 horas, durante o inverno, a temperatura em outra cidade próxima pode ser expressa pela função:

$$T(x) = 24 - \frac{1}{14}(x-14)^2 \text{ °C, com } 0 \leqslant x \leqslant 24$$

É possível determinar a temperatura média na cidade durante esse dia?

A dificuldade é que a temperatura é uma grandeza contínua e a cada segundo teríamos de medi-la.

Podemos pensar assim: dividimos o intervalo $a \leqslant x \leqslant b$, no nosso exemplo, $0 \leqslant x \leqslant 24$, em n intervalos iguais e determinamos a média dos valores da função:

$$M_n = \frac{f(x_1) + f(x_2) + f(x_3) + \ldots + f(x_n)}{n}$$

$$= \left[\frac{b-a}{b-a}\right] \cdot \frac{f(x_1) + f(x_2) + f(x_3) + \ldots + f(x_n)}{n}$$

$$= \frac{1}{b-a} \cdot [f(x_1) + f(x_2) + f(x_3) + \ldots + f(x_n)] \cdot \frac{b-a}{n}$$

Intuitivamente, você pode pensar que, se aumentarmos indefinidamente o número de intervalos iguais, a média M_n se aproximará do valor médio de $f(x)$ no intervalo $a \leqslant x \leqslant b$, ou seja, o valor médio de uma função contínua $f(x)$ no intervalo $a \leqslant x \leqslant b$ é dado por:

$$V_{\text{médio}} = \lim_{n \to \infty} M_n = \frac{1}{b-a} \int_a^b f(x)dx$$

EXERCÍCIO RESOLVIDO

ER15 No exemplo anterior, qual é a temperatura média da cidade no dia em questão?

Resolução:

A temperatura da cidade no dia em questão é dada por:

$$T_{\text{média}} = \frac{1}{24-0} \int_0^{24} \left[24 - \frac{1}{14}(x-14)^2 \right] dx$$

$$= \frac{1}{24} \left[24x - \frac{1}{14} \cdot \frac{(x-14)^3}{3} \right]_0^{24}$$

$$= \frac{1}{24} \left[\left(576 - \frac{10^3}{42} \right) - \left(0 + \frac{196}{3} \right) \right] \cong 20,29$$

A temperatura média na cidade nesse dia é 20,29 °C.

ATIVIDADES

44. Uma pesquisa mostra que, em 2013, o preço de um quilo de tomate em determinada região podia ser expresso mensalmente pela função $p(x) = 0,09x^2 - 0,6x + 3$ reais. Qual foi o preço médio de um quilo de tomate nesse ano?

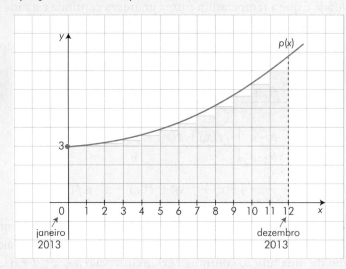

45. Em uma campanha política, um candidato a prefeito observou que, após o início da campanha, as contribuições estavam aumentando segundo a função $R(t) = (190 + 5t)$ centenas de reais por mês, em que $t \geqslant 0$ e $t = 0$ representa a contribuição obtida no primeiro mês de campanha, com t em meses.

> Contudo, as despesas estavam aumentando mediante esta outra função: $C(t) = (40 + t^2)$ centenas de reais por mês.
> a) Durante quantos meses as contribuições foram maiores que as despesas?
> b) Quanto o candidato arrecadou a mais nesse período?
> c) Qual foi a quantia média arrecadada a mais nesse período?

Outras aplicações de integrais

Em geral, aproximamos a área sob uma curva por meio de uma soma de áreas de retângulos. No entanto, às vezes, como você observou, usamos uma integral definida para estimar uma soma de áreas de retângulos.

Suponha que um poço de petróleo que produz 750 barris por mês se esgote em 5 anos.

Devido a uma grave ação internacional, uma estimativa sugere que daqui a t meses, a partir de 1.º de janeiro de 2013, o preço do petróleo bruto variará mensalmente mediante a função:

$P(t) = 75 + 0{,}2e^{0{,}1t}$ dólares por barril;
$0 \leqslant t \leqslant 59$
$\downarrow$

janeiro de 2013 → 3

fevereiro de 2013 → 3

⋮

Como calcular a receita bruta obtida pelo poço até ele se esgotar?
Para encontrar a resposta, teríamos de encontrar a soma:

$Receita = P(0) \cdot 750 + P(1) \cdot 750 + P(2) \cdot 750 + ... + P(59) \cdot 750$
$= [P(0) + P(1) + P(2) + ... + P(59)]\, 750$

No entanto, podemos expressar a soma dentro dos parênteses por meio de uma soma de áreas de retângulos de bases iguais a 1:

$A_{total} = P(0) \cdot 1 + P(1) \cdot 1 + P(2) \cdot 1 + ... + P(59) \cdot 1$

Também podemos estimar a soma das áreas dos retângulos da Figura 5.16 por meio de uma integral definida.

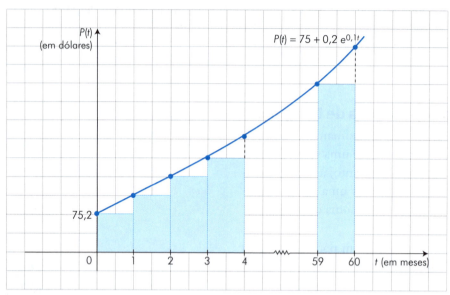

Figura 5.16.

EXERCÍCIOS RESOLVIDOS

ER16 Qual será a receita bruta obtida pelo poço de petróleo do exemplo acima até ele se esgotar?

Resolução:
Observe como calculamos:

$$P(0) \cdot 1 + P(1) \cdot 1 + P(2) \cdot 1 + \ldots + P(59) \cdot 1 \cong \int_0^{60} P(t)dt$$

$$\int_0^{60} P(t)dt = \left[75t + 0{,}2\frac{e^{0,1t}}{0{,}1}\right]_0^{60} = (75 \cdot 60 + 2e^6) - (0 + 2e^0) = 5.304{,}86$$

$$\downarrow$$

6 g e^x → 403,43

A receita bruta obtida pelo poço até se esgotar será de:
US$ [5.304,86 · 750] = US$ 3.978.645

ER17 Faça uma estimativa do preço médio do barril de petróleo durante esse período.

Resolução:

O preço médio do barril de petróleo durante esse período pode ser estimado

$$\frac{1}{60-0} \cdot \int_0^{60} P(t)dt = \frac{5.304,86}{60} = 88,41$$

O preço médio do barril de petróleo bruto será US$ 88,41.

Excedentes do consumidor e do produtor

Um dos trabalhos mais importantes de um economista é estudar o comportamento dos consumidores.

Um grupo de jovens de um bairro fundou um time de futebol de várzea. Para o jogo de estreia, decidiram comprar três bolas: uma nova e duas usadas, no caso de acontecer algo com a primeira. Suponha que estejam dispostos a pagar R$ 35,00 pela bola nova e R$ 32,00 e R$ 27,00 pelas bolas usadas.

Em geral, o preço que um consumidor ou um grupo de consumidores está disposto a pagar por uma unidade a mais de um produto depende do número de unidades do produto que já possui.

EXERCÍCIO RESOLVIDO

ER18 Suponha que a função demanda dos jovens jogadores do bairro seja expressa por:

$$\underbrace{p = f(x)}_{\text{preço de uma bola}} = 36 - x^2$$

Até quanto eles estão dispostos a pagar para comprar três bolas?

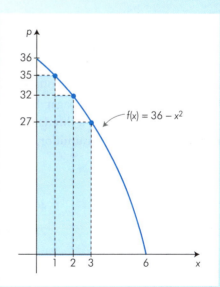

Resolução:

A quantia que eles estão dispostos a pagar pelas três bolas é dada pela soma:

$$35 + 32 + 27 = 94$$

Podemos expressar essa soma mediante o gráfico da função demanda e da soma das áreas dos três retângulos:

$$f(1) \cdot 1 + f(2) \cdot 1 + f(3) \cdot 1$$

que podemos aproximar mediante uma integral definida:

$$\int_0^3 f(x)dx$$

Definimos a integral definida:

$$\int_0^3 (36 - x^2)dx$$

como a quantia total que os jovens do bairro estão dispostos a gastar para comprar três bolas de futebol.

$$\int_0^3 (36 - x^2)dx = \left[36x - \frac{x^3}{3}\right]_0^3$$

$$= (108 - 9) - 0$$

$$= 99$$

Não se preocupe com a diferença entre os resultados, R$ 94,00 e R$ 99,00. À medida que trabalhamos com limites de integração maiores, as diferenças vão se aproximando de 0.

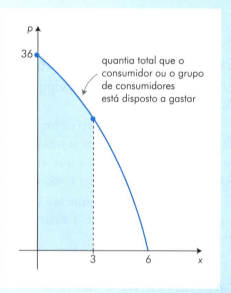

quantia total que o consumidor ou o grupo de consumidores está disposto a gastar

Em uma economia competitiva, em geral um consumidor ou grupo de consumidores consegue um preço menor do que estava disposto a pagar por certo produto.

Suponha que os jovens conseguiram um preço de mercado de R$ 27,00 cada bola. Como estavam dispostos a pagar R$ 99,00 pelas três bolas, e gastaram no total apenas 3 · R$ 27,00 = R$ 81,00, a diferença R$ 99,00 − R$ 81,00 = R$ 18,00, chama-se **excedente** ou **poupança do consumidor**.

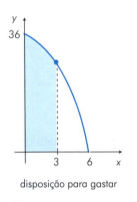

disposição para gastar

−

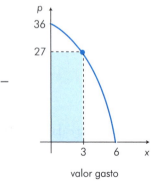

valor gasto

=

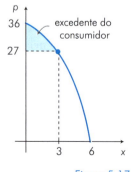

Figura 5.17.

Em termos matemáticos, o **excedente do consumidor** é a diferença

$$\int_0^3 (36 - x^2)dx - (3 \cdot 27) = 18$$

em que $p = 27$ é o preço de mercado e $x = 3$ a quantidade demandada pelo consumidor ou grupo de consumidores. Note que a diferença obtida é uma estimativa, uma aproximação de uma situação real.

EXERCÍCIO RESOLVIDO

ER19 Suponha que a função demanda na compra de x unidades de um produto, cujo preço unitário é y reais, seja dada por:

$$y = 50 - 4x - x^2$$

Se o preço de mercado é $y = $ R\$ 18,00, qual seria o excedente do consumidor?

Resolução:

Para calcular o excedente do consumidor, temos de calcular a quantidade demandada:

$$18 = 50 - 4x - x^2$$
$$x^2 + 4x - 32 = 0 \Rightarrow x = 4 \text{ unidades}$$

O excedente do consumidor é igual a:

$$\int_0^4 (50 - 4x - x^2)dx - (4 \cdot 18) = \left[50x - 2x^2 - \frac{x^3}{3}\right]_0^4 - 72 = 74{,}67$$

O excedente do consumidor seria R\$ 74,67.

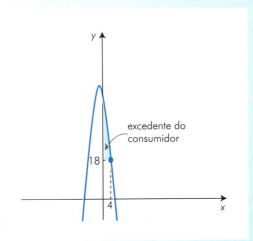

ATIVIDADES

46. Uma função demanda representa as quantidades de um produto que pode ser comprado a vários preços. Se a função demanda é expressa por:

$$p = D(q) = 4(81 - q^2) \text{ reais}$$

(p é o preço de cada produto e q, o número de unidades demandadas), determine o excedente do consumidor que pretende comprar 6 unidades.

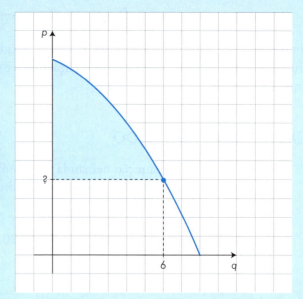

47. Se a função demanda de um certo produto é $y = \sqrt{400 - x}$, y é o preço unitário em reais, x é a quantidade demandada e o preço de mercado atualmente é R$ 16,00, calcule o excedente do consumidor para esse preço.

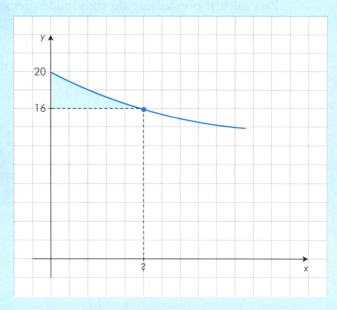

48. Um fabricante observou que, quando x unidades de uma calculadora científica são produzidas, o preço p para o qual todas as unidades são vendidas é $p = f(x) = 90e^{-0,05x}$.

  a) Determine o excedente do consumidor que corresponde a uma quantidade de mercado de 40 unidades.
  b) Represente graficamente o excedente do consumidor. Descubra, antes, se a curva f(x) tem a concavidade para cima ou para baixo.

Excedente do produtor

A função oferta expressa o número de unidades de um produto que os fabricantes estão propensos a disponibilizar dependendo do preço que conseguem no mercado. O equivalente ao excedente do consumidor é o *excedente do produtor*.

EXERCÍCIO RESOLVIDO

ER20 Suponha que um número de bolas de futebol x de determinada marca será oferecido aos atacadistas quando o preço de cada uma for estimado pela função:

$$p = f(x) = 36 + e^{0,01x} \text{ reais}$$

Cada bola dessa marca está sendo vendida no mercado por R$ 45,00. Os produtores que estavam dispostos a aceitar um preço menor que esse lucraram pelo fato de que o preço é maior do que esperavam.

$$45 = 36 + e^{0,01x} \Rightarrow 9 = e^{0,01x} \Rightarrow \ln 9 = 0,01x \cdot \underbrace{\ln e}_{1} \Rightarrow$$

$$\Rightarrow x = \frac{\ln 9}{0,01} \cong 220$$

Os produtores que estavam dispostos a aceitar um preço menor que R$ 45,00 e maior que R$ 37,00 têm a poupança indicada no gráfico ao lado.

Qual é o excedente do produtor?

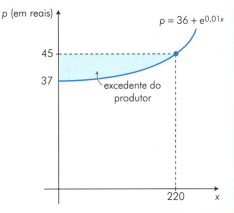

Resolução:

O excedente do produtor é dado por:

$$45 \cdot 220 - \int_0^{220} (36 + e^{0,01x}) dx = 9.900 - \left[36x + \frac{e^{0,01x}}{0,01} \right]_0^{220}$$

$$= 9.900 - \left[8.822,5 - \left(0 + \frac{1}{0,01} \right) \right]$$

$$= 1.177,5$$

O excedente do produto é de R$ 1.177,50.

Matemática para Economia e Administração

ATIVIDADE

49. Suponha que x unidades de um minidicionário sejam vendidas mensalmente quando o preço por unidade y, em reais, é expresso pela função:

$$y = 150 - x^2$$

e que as mesmas x unidades são fornecidas pelo editor quando o preço por unidade y, em reais, é expresso por:

$$y = \frac{1}{5}x^2 + 2x + 10$$

a) Qual é o preço por unidade e o nível de equilíbrio de mercado?
b) Represente graficamente e em seguida calcule o excedente do consumidor e o excedente do produtor quando o mercado atinge o equilíbrio.

Equações diferenciais

Até agora, você tem resolvido muitas **equações diferenciais**, que é o nome dado a qualquer equação que contenha uma derivada em um de seus membros. Por exemplo, quando é conhecido o custo marginal da produção de x unidades:

$$C'(x) = 3x^2 - 360x + 480$$

e encontramos uma expressão para o custo total.

$$C(x) = \int C'(x)dx = x^3 - 180x^2 + 480x + k$$

Em geral, é mais comum se usar a notação $\frac{dy}{dx}$, que significa "derivada de y com relação a x", do que a notação $f'(x)$. Você verá que existem algumas razões para isso.

Quando resolvemos uma equação diferencial qualquer, por exemplo:

$$\frac{dy}{dx} = 6x^2$$

$$y = \int 6x^2 dx$$

$$y = 2x^3 + C$$

dizemos que encontramos a *solução geral* da equação, pois determinamos uma lista de todas as soluções possíveis, atribuindo os valores que quisermos à constante de integração C.

Uma solução que satisfaça uma condição especificada, por exemplo, $y = 17$ para $x = 2$, recebe o nome de solução particular:

$$17 = 2 \cdot 2^3 + C \Rightarrow C = 1$$
$$y = 2x^3 + 1$$

EXERCÍCIO RESOLVIDO

ER21 Determine a solução geral das equações diferenciais:

a) $\dfrac{dy}{dx} = 3x^2 - 4x + 1$ b) $\dfrac{dy}{dx} = e^{2x+1}$

Resolução:

a) $y = \displaystyle\int (3x^2 - 4x + 1)\,dx$

$y = x^3 - 2x^2 + x + C$

b) $y = \displaystyle\int e^{2x+1}\,dx$

$y = \dfrac{1}{2} e^{2x+1} + C$

ATIVIDADES

50. Determine a solução geral das equações diferenciais:

a) $\dfrac{dy}{dx} = 4\sqrt{x} - e^{-x}$ b) $\dfrac{dy}{dx} = \dfrac{-2}{x}$

51. Determine a solução particular de cada equação diferencial que satisfaça à condição dada:

a) $\dfrac{dy}{dx} = \dfrac{1}{e^{4x}}$; sendo $y = 2$ para $x = 0$

b) $\dfrac{dy}{dx} = 4e^{2x-1}$; sendo $y = 4$ para $x = 0{,}5$

52. Estima-se que daqui a x meses a população $P(x)$ de certa cidade aumentará conforme a taxa de variação $\dfrac{dP}{dx} = 45 + 3\sqrt{x}$ habitantes por mês. Atualmente, $x = 0$, ela tem cerca de 32.000 habitantes. Estime a população da cidade daqui a 16 meses.

53. Pedro comprou e plantou uma árvore e estima que daqui a x meses ela crescerá de acordo com a derivada $\dfrac{dh}{dx} = 0{,}02x + \dfrac{0{,}5}{(2+x)^2}$.

Quando Pedro comprou a árvore, $x = 0$, ela tinha 0,45 m de altura. Estime a sua altura $h(x)$ daqui a 1 ano.

54. Um fabricante estima a receita marginal em $R'(x) = \dfrac{400}{\sqrt{x}}$ reais para a produção de x unidades de um artigo. O custo marginal é expresso por: $C'(x) = 2x$ reais por unidade.

O lucro do fabricante $L(x)$ é igual a R$ 2.800,00 para um nível de produção de 9 unidades.

Qual é o lucro para um nível de produção de 25 unidades?

Equações diferenciais separáveis

Frequentemente, quando calculam a derivada de uma função como $y = \sqrt{2x^2 + x}$, os matemáticos, como sempre, procuram simplificar a expressão que obtêm:

$$\frac{dy}{dx} = \frac{1}{2}(2x^2 + x)^{\frac{1}{2} - 1}(4x + 1)$$

$$\frac{dy}{dx} = \frac{4x + 1}{2\sqrt{2x^2 + x}}$$

No entanto, a "simplificação" pode trazer algumas complicações que não se imaginava se ainda se substitui a expressão em destaque por y.

$$\frac{dy}{dx} = \frac{4x + 1}{2y}$$

Como resolver uma equação diferencial se ela aparece nessa forma, com expressões em x e em y?

Para resolver uma equação diferencial como $\dfrac{dy}{dx} = \dfrac{x}{3y^2}$, use a notação $\dfrac{dy}{dx}$ como quociente e separe as variáveis, deixando em um membro, com o fator dx, todas as expressões que contêm x, e no outro membro, com o fator dy, as expressões que contêm y:

$$3y^2 dy = x dx$$

Integrando ambos os membros da equação, temos:

$$y^3 + C_1 = \frac{x^2}{2} + C_2$$

$$y^3 = \frac{x^2}{2} + C_2 - C_1$$

Podemos substituir $C_2 - C_1$ por uma constante C:

$$y^3 = \frac{x^2}{2} + C$$

sendo que não há necessidade de isolar y.

Capítulo 5 – Cálculo com Integrais

EXERCÍCIO RESOLVIDO

ER22 Determine a solução geral das equações diferenciais.

a) $\dfrac{dy}{dx} = e^{2x+y}$
b) $\dfrac{dy}{dx} = \dfrac{-2y^3}{\sqrt{x}}$

Resolução:

Observe como separamos as variáveis e determinamos a solução geral dessas equações:

a) $\dfrac{dy}{dx} = e^{2x} \cdot e^y \Rightarrow e^{-y} dy = e^{2x} dx$

$\displaystyle\int e^{-y} dy = \int e^{2x} dx$

$\dfrac{e^{-y}}{-1} = \dfrac{e^{2x}}{2} + C \Rightarrow -e^{-y} = \dfrac{e^{2x}}{2} + C$

b) $\displaystyle\int \dfrac{dy}{-2y^3} = \int x^{\frac{-1}{2}} dx$

$\dfrac{y^{-2}}{4} = 2\sqrt{x} + C$

$\dfrac{1}{4y^2} = 2\sqrt{x} + C$

ATIVIDADES

55. Determine a solução geral das equações diferenciais.

a) $\dfrac{dy}{dx} = \sqrt{4xy}$
b) $\dfrac{dy}{dx} = 2y$

56. Determine a solução particular da equação diferencial que satisfaça a condição especificada.

a) $\dfrac{dy}{dx} = e^{-y}$; sendo $y = 0$ para $x = 4$

b) $\dfrac{dy}{dx} = \sqrt{y}$; sendo $y = 1$ para $x = -1$

c) $\dfrac{dy}{dx} = 5x^4 \cdot y^2$; sendo $y = 1$ para $x = -1$

d) $\dfrac{dy}{dx} = \dfrac{y}{x}$; sendo $y = 1$ para $x = 1$

Matemática para Economia e Administração

57. Use a fórmula de integração $\int f(x) \cdot g(x) dx = f(x) \cdot G(x) - \int f'(x) \cdot G(x) dx;\ G'(x) = g(x)$ para determinar a solução particular da equação $\dfrac{dy}{dx} = 2x \cdot e^{x-y}$ dada a condição $y = 0$ para $x = 0$.

58. As funções demanda e oferta para determinado modelo de chuteira de futebol *society* são:

demanda: $y = 145 - \dfrac{x}{2}$ oferta: $y = x + 10$

em que y representa o preço por unidade e x a quantidade demandada e ofertada.

Em geral, a taxa de variação do preço com o tempo é proporcional à diferença entre a demanda D e a oferta F, ou seja, $\dfrac{dy}{dt} = k(D - F)$.

a) Expresse x em termos do preço nas equações de demanda e oferta e resolva a equação diferencial $\dfrac{dy}{dt} = k(D - F)$.

b) Sabe-se que o preço da chuteira era R$ 120,00, $t = 0$, e três meses depois custava R$ 105,00. Calcule os valores de k e da constante de integração do item a.

c) Estime o valor da chuteira para daqui a um ano e compare com o preço de equilíbrio de mercado.

BANCO DE QUESTÕES

35. Uma loja de automóveis novos estima que daqui a x meses venda determinada quantidade de carros de certo modelo com o preço variando segundo a função $P(x) = 32.000 + 1.000\sqrt{x+1}$ reais por carro.

Que receita total vai receber nos primeiros 9 meses do ano, de janeiro a setembro, se em janeiro o preço do carro é $P(0) = 32.000 + 1.000 \cdot 1 = R\$\ 33.000,00$ e a loja estima que conseguirá vender 10 carros mensalmente nesse período?

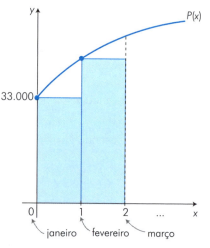

36. Uma estimativa mostra que a demanda por álcool para abastecer carros em uma cidade está aumentando exponencialmente mediante a função $D(x) = 10^5 \cdot e^{0,01x}$, com x em meses.

A demanda em janeiro é de 100.000 litros de álcool ($x = 0$). Qual deverá ser o consumo de álcool de janeiro a dezembro?

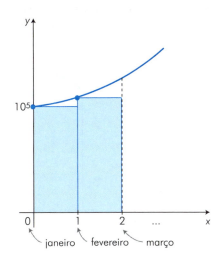

37. Determine o valor médio de cada função no intervalo especificado:

a) $f(t) = e^{-t}$; $0 \leqslant t \leqslant 1$

b) $f(x) = \dfrac{2}{x}$; $1 \leqslant x \leqslant e^4$

38. Calcule a área da região limitada pelas duas curvas, no primeiro quadrante.

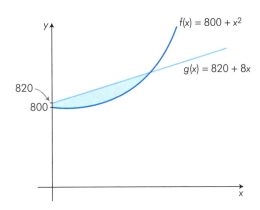

39. Em uma fábrica, o custo marginal quando o nível de produção é de x unidades é estimado pela função $C'(x) = 60(x - 10)^2$ reais.

Como varia o custo de produção se o nível de produção aumenta de 15 para 20 unidades?

40. O custo marginal para produzir x unidades de um produto é dado por $C'(x) = 20e^{0,05x}$ reais.

Atualmente são produzidas 100 unidades por mês. Como varia o custo total se há redução de 20% no nível de produção?

41. Um poço de petróleo que produz 500 barris por mês se esgotará em 5 anos e 4 meses. Uma estimativa sugere que daqui a x meses o preço do petróleo bruto será dado pela função $P(x) = 96 + 0,6\sqrt{x}$ dólares por barril, sendo que hoje o preço é dado por $P(0) = 96$ dólares.

a) Qual será a receita obtida pelo poço nesse período?
b) Estime o preço médio do barril de petróleo nesse período.

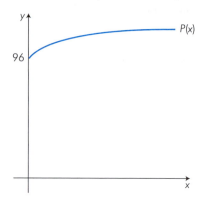

42. Suponha que q unidades de um produto sejam vendidas quando o preço de cada uma é $p = D(q)$ reais, e o que o mesmo número de unidades seja fornecido pelo fabricante quando o preço de cada uma é $p = F(q)$ reais. As funções demanda e oferta são:

$$\text{demanda: } p = \frac{36}{q+1} - 2 \qquad \text{oferta: } p = \frac{q+3}{2}$$

Calcule e represente o excedente do consumidor e o excedente do produtor quando o mercado atinge o equilíbrio.

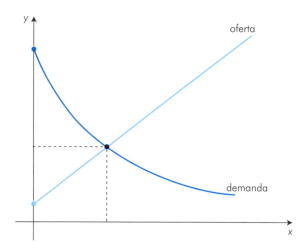

43. No monopólio, a quantidade vendida e o preço correspondente são determinados pela função demanda e pelo custo total, de modo a se obter o lucro máximo:

demanda: $y = 110 - x$ \qquad custo total: $y = x^3 - 25x^2 + 2x + 500$

em que y representa o preço e x a quantidade.

Determine e represente o excedente do consumidor correspondente.

CÁLCULO, HOJE

O barril do Brent, o petróleo do Mar do Norte que serve de referência à Europa, foi fixado em junho de 2013 em U$ 103,70 por barril. Suponha que uma estimativa sugere que em 1 ano o preço do barril será dado mensalmente pela função:

$$P(t) = (103{,}70 e^{-0{,}01t} - 0{,}18t) \text{ dólares por barril}$$

sendo que $t = 0$ expressa o preço do barril em junho, $t = 1$ o preço do barril em julho e assim sucessivamente.

Qual será o preço médio do barril nos próximos 12 meses?

O petróleo bruto, extraído no Mar do Norte, sem ser refinado, é conhecido como petróleo Brent.

SUPORTE MATEMÁTICO

1. Os termos mais comumente utilizados neste capítulo foram:
   - » integral
   - » integrando
   - » teorema Fundamental do Cálculo
   - » integral definida
   - » extremos de integração
   - » excedente do consumidor
   - » excedente do produtor
   - » equações diferenciais

2. Integral

$$\int f(x)dx = F(x) + C \text{ em que } F'(x) = f(x)$$

3. Regras de integração

   » $\int x^n dx = \begin{cases} \dfrac{1}{n+1} \cdot x^{n+1} + C, \text{ para } n \neq -1 \\ \ln|x| + C, \text{ para } n = -1 \end{cases}$

   » $\int e^x dx = e^x + C$

   » $\int e^{k \cdot x} dx = \dfrac{1}{k} \cdot e^{k \cdot x} + C$

4. Propriedades de integração

   » $\int k \cdot f(x) dx = k \int f(x) dx$

   » $\int [f(x) + g(x)] dx = \int f(x) dx + \int g(x) dx$

5. Fórmula de integração
   » Se $G'(x) = g(x)$

$$\int f(x) \cdot g(x) dx = f(x) \cdot G(x) - \int f'(x) \cdot G(x) \cdot dx$$

6. Integral definida

$$\int_a^b f(x) dx = \lim_{n \to +\infty} [f(x_1) + f(x_2) + f(x_3) + \ldots + f(x_n)] \Delta x$$

7. Teorema Fundamental do Cálculo

$$\int_a^b f(x) dx = F(b) - F(a) \text{ em que } F'(x) = f(x)$$

8. Área sob uma curva até o eixo x

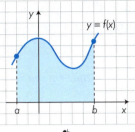
$$A = \int_a^b f(x)dx$$

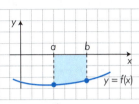
$$A = -\int_a^b f(x)dx$$

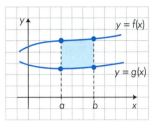
$$A = \int_a^b [f(x) - g(x)]dx$$

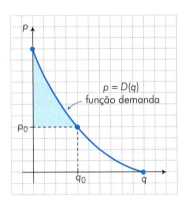

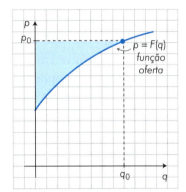

9. Excedente do consumidor:
$$\int_0^{q_0} D(q)dq - [p_0 \cdot q_0]$$

10. Excedente do produtor:
$$p_0 \cdot q_0 - \int_0^{q_0} F(q)dq$$

11. Valor médio:
$$\frac{1}{b-a} \cdot \int_a^b f(x)dx$$

CONTA-ME COMO PASSOU

Quando entrou na Abadia de Westminster em um dia sombrio de 1727, François Marie Arouet Voltaire nunca teria imaginado o espetáculo que assistiu, e escreveria mais tarde:

> *Eu vi um professor de Matemática, somente porque era grande em sua vocação, ser enterrado como um rei que tivesse feito bem a seus súditos.*

Eram os funerais de Isaac Newton (1642-1727).

Newton e Gottfried Wilhelm von Leibniz (1646-1716) são considerados efetivamente os inventores do Cálculo mais do que quaisquer outros matemáticos, porque cada um, independentemente do outro, estabeleceu uma conexão entre os dois ramos do Cálculo: o Cálculo Diferencial, que se originou do problema da tangente a uma curva, e o Cálculo Integral, que surgiu do problema de cálculos de áreas.

Ambos desenvolveram conceitos gerais e criaram notações e algoritmos que permitiam utilizar com simplicidade e coerência esses conceitos. Os dois entenderam profundamente e aplicaram a ideia de relação inversa para tais conceitos. Usaram as derivadas e as integrais na solução de muitos problemas até então insolúveis.

O que nenhum deles conseguiu foi estabelecer seus métodos com o rigor que exige a Matemática, porque ambos trabalharam com as antigas quantidades infinitesimais em vez de limites de funções.

No entanto, apesar da triste briga entre seus seguidores pela prioridade da descoberta, a comunidade científica em todo o planeta atribui hoje, sem discussões, a invenção do Cálculo aos dois geniais matemáticos.

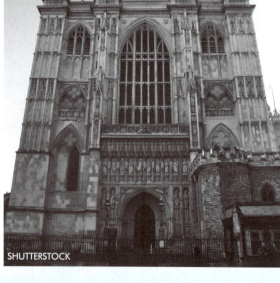

A Abadia de Westminster, situada em Londres, tem estilo gótico e foi construída no século X.

CAPÍTULO 6
Funções de várias Variáveis

Até agora, ao trabalhar com funções matemáticas, você lidou apenas com funções de uma variável, isto é, expressou uma variável $y = f(x)$ como função de uma única variável, x.

$$f(x) = 2x + 1 \quad y = \log x \quad f(x) = 2e^{2x+1} \quad y = \operatorname{sen} x$$

No entanto, em nosso cotidiano nos deparamos frequentemente com grandezas que dependem de mais de uma variável. Por exemplo, o nível de produção de determinado produto pode depender de seu preço, do preço dos concorrentes, da quantia investida em propaganda e, às vezes, até da época do ano. Assim, vamos ter necessidade de expressar uma variável como função de duas ou mais variáveis.

Aqui, vamos introduzir novamente as ideias mais importantes do Cálculo, principalmente a derivação. Você provavelmente deve estar se perguntando: "Não será muito complicado calcular derivadas de funções de 1, 2, 3... variáveis?" Realmente seria difícil, se não fosse por uma ideia simples e brilhante de matemáticos do século XVIII. Na realidade, um autêntico "ovo de Colombo", que você vai aprender neste capítulo.

Joseph-Louis Lagrange (1736-1813) contribuiu muito para o desenvolvimento do Cálculo, provando diversos teoremas.

FERRAMENTAS

» A função derivada expressa a inclinação da reta tangente à curva $y = f(x)$ em qualquer ponto $(x, f(x))$.

Se $f(x)$ é derivável no ponto em que $x = b$, ou seja, $f'(b)$ existe, a declividade da reta tangente à curva $y = f(x)$ nesse ponto é dada por:

$$m_{\text{tangente}} = f'(b) = \frac{dy}{dx}$$

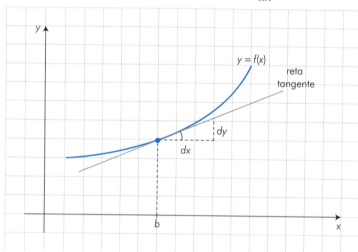

Figura 6.1.

» Para funções deriváveis, são válidas as fórmulas de derivação:

- Regra da constante: $\dfrac{d}{dx}(C) = 0$

- Regra da potência: $\begin{cases} \dfrac{d}{dx}(x^n) = n \cdot x^{n-1} \\ \dfrac{d}{dx}[f(x)]^n = n[f(x)]^{n-1} \cdot f'(x) \end{cases}$

- Regra do logaritmo neperiano: $\begin{cases} \dfrac{d}{dx}(\ln x) = \dfrac{1}{x} \\ \dfrac{d}{dx}[\ln(f(x))] = \dfrac{1}{f(x)} \cdot f'(x) \end{cases}$

- Regra da função exponencial: $\begin{cases} \dfrac{d}{dx}(e^x) = e^x \\ \dfrac{d}{dx}[e^{f(x)}] = e^{f(x)} \cdot f'(x) \end{cases}$

» São válidas as propriedades algébricas para funções deriváveis:

- Regra do produto por uma constante: $\dfrac{d}{dx}[C \cdot f(x)] = C \cdot f'(x)$

- Regra da soma: $\dfrac{d}{dx}[f(x) + g(x)] = f'(x) + g'(x)$

- Regra do produto: $\dfrac{d}{dx}[f(x) \cdot g(x)] = f(x) \cdot g'(x) + f'(x) \cdot g(x)$

  simplificadamente: $[f \cdot g]' = f \cdot g' + f' \cdot g$

- Regra do quociente: $\dfrac{d}{dx}\left[\dfrac{f(x)}{g(x)}\right] = \dfrac{f'(x) \cdot g(x) - f(x) \cdot g'(x)}{[g(x)]^2}$

  simplificadamente: $\left[\dfrac{f}{g}\right]' = \dfrac{f' \cdot g - f \cdot g'}{g^2}$

» Se $f'(b) = 0$ e se
  - $f''(b) > 0 \rightarrow f(x)$ possui um mínimo relativo em $x = b$
  - $f''(b) < 0 \rightarrow f(x)$ possui um máximo relativo em $x = b$

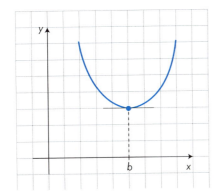
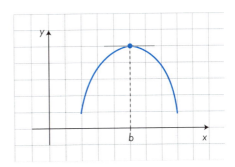

Figura 6.2.

Se $f''(b) = 0$ ou $f''(b)$ não existe, $f(x)$ pode ter um máximo relativo, um mínimo relativo ou um ponto de inflexão em $x = b$.

EXERCÍCIOS RESOLVIDOS

ER1 Calcule a derivada de cada função a seguir.

a) $f(x) = e^{-0,01x}$

b) $f(x) = -8 \cdot \ln 4x$

Resolução:

a) $f'(x) = e^{-0,01x}(-0,01) = \dfrac{-e^{-0,01x}}{100}$

b) $f'(x) = -8 \cdot \dfrac{1}{4x} \cdot 4 = \dfrac{-8}{x}$

ER2 Qual é a inclinação da curva $y = (x - 4)\ln 4x$ em $x = 0,25$?

Resolução:

A inclinação da curva $y = (x - 4) \cdot \ln 4x$ em $x = 0,25$, isto é, a inclinação ou declividade da reta tangente à curva em $x = 0,25$, é dada por:

$$y' = 1 \cdot \ln 4x + (x - 4) \cdot \dfrac{1}{4x} \cdot 4 = \ln 4x + \dfrac{x-4}{x}$$

$$y' = \ln 1 + \dfrac{0,25 - 4}{0,25} = -15$$

ATIVIDADES

1. Calcule a derivada de cada função abaixo.

   a) $f(x) = e^{-x} \cdot \dfrac{x^2}{2}$

   b) $f(x) = \dfrac{\ln 2x}{e^{2x}}$

   c) $f(x) = \ln\left(\dfrac{x}{x+1}\right)$

   d) $f(x) = (x + 2)e^{2x}$

2. Determine a equação da reta tangente à curva $f(x) = 2x - \ln 2x$ em $x = 0,5$.

3. Quando um certo carro tem t anos de uso, estima-se que poderá ser vendido por $v(t) = 37.500e^{-0,2t}$ reais, sendo que $t = 0$ expressa o valor do carro hoje.

   a) Qual será o seu valor daqui a 10 anos?

   b) Calcule $v'(5)$ e interprete o resultado.

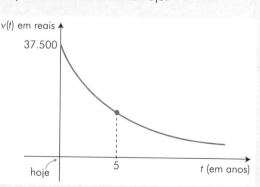

4. A receita, em reais, originária da venda de q unidades de um produto é dada por R(q) = −2q² + 100q − 162.
   a) Para que nível de vendas temos a maior receita possível?
   b) Para que nível de vendas temos a maior receita média possível?
   c) Faça um esboço dos gráficos da receita média e da receita marginal.
   d) Para que nível de vendas a receita média é igual à receita marginal?

5. A função demanda de uma certa mercadoria é dada por p(q) = 72 − q, em que p(q) é o preço pelo qual q unidades podem ser vendidas. O custo total para produzir as q unidades é $C(q) = \frac{1}{4}q^2 + 2q + 120$.
   a) No mesmo plano cartesiano, faça um esboço das funções lucro L(q), receita marginal R'(q) e custo marginal C'(q).
   b) Determine o nível de produção para o qual o lucro é máximo.

6.1 O Significado de Funções de mais de uma Variável

Quando uma loja de artigos esportivos vende dois tipos de tênis para futsal, a demanda para cada tênis não depende somente de seu preço, mas também do preço do tênis concorrente.

Os matemáticos buscam traduzir situações semelhantes a essa mediante funções, porém, de mais de uma variável.

Assim, usando conceitos matemáticos, é possível expressar a receita da loja com a venda dos dois tipos de tênis mediante uma função cujas variáveis são, por exemplo, os preços x e y de cada tênis.

Suponha que a loja venda certo modelo de tênis para futsal por R$ 45,00. Se x representa o número desses tênis à venda, a receita a ser obtida na venda dos x tênis pode ser expressa pela função:

$$f(x) = 45x$$

(receita em reais) (quantidade de tênis)

No entanto, se na loja houver y unidades de um outro modelo de tênis para futsal, pelo preço de R$ 70,00 cada um, a receita que a loja obterá na venda de x unidades do modelo mais barato e y unidades do mais caro é expressa por uma função de duas variáveis:

$$f(x, y) = 45x + 70y$$

Se em determinado mês forem vendidos 20 tênis do modelo mais barato e 8 do mais caro, a receita obtida pela loja nesse mês, na venda dos dois modelos de tênis, será igual a:

$$f(20, 8) = 45 \cdot 20 + 70 \cdot 8 = 1.460 \Rightarrow f(20, 8) = R\$ \ 1.460,00$$

EXERCÍCIO RESOLVIDO

ER3 Tomando por base os dados do exemplo anterior, se em certo mês, devido a uma promoção que diminuiu 20% do valor do modelo mais caro, foi vendido o dobro de tênis desse modelo em relação ao modelo mais barato, e a receita obtida foi R$ 1.884,00, quantos tênis no total, dos dois modelos, foram vendidos?

Resolução:

$$f(x, y) = 45x + (70 - 20\% \cdot 70)\underbrace{2x}_{y} = 1.884$$

$$157x = 1.884 \Rightarrow x = 12 \text{ tênis}$$

Como $y = 2x$, temos $y = 24$ tênis.

Foram vendidos 12 tênis do modelo mais barato e 24 tênis do modelo mais caro.

ATIVIDADES

6. Em uma pequena cidade do litoral norte do Estado de São Paulo, uma loja vende dois tipos de prancha de surfe, de fabricantes concorrentes. Uma pesquisa feita por profissionais mostrou que a procura por cada prancha depende não somente de seu preço, mas também do preço da concorrente. Assim, se a prancha A for vendida por x reais e a prancha B por y reais, serão vendidas anualmente $6 - 3(x - y)$ pranchas A e $2 + 5x - 3y$ pranchas B.

   a) Expresse a receita anual da loja em termos dos preços de cada prancha x e y.
   b) Se a prancha A custa R$ 250,00 e a B, R$ 350,00, estime quantas pranchas são vendidas por ano no total.

7. Um fabricante produz dois tipos de calculadoras financeiras a um custo de produção de:

   calculadora A: R$ 48,00 a unidade
   calculadora B: R$ 63,00 a unidade

   a) Atualmente, são produzidas 360 calculadoras A e 240 calculadoras B por mês. Qual é o custo mensal?
   b) O fabricante pretende produzir 40 calculadoras A a mais por mês, de modo que o custo mensal não varie. Expresse, em porcentagem, a variação na produção mensal de calculadoras B.

Você deve ter notado que uma função de duas variáveis $f(x, y)$ associa a cada par ordenado (x, y) um único número real, representado pelo símbolo $f(x, y)$ ou z. Nesse caso, cada elemento da função é um trio ordenado (x, y, z).

Em geral, quando não é dado explicitamente um domínio para uma função, convenciona-se que o domínio é o conjunto de todos os pares ordenados para os quais a expressão $f(x, y)$ tem significado.

Suponha que a produção de certo bem exija a utilização de, pelo menos, dois fatores de produção, dentre, por exemplo, mão de obra, capital, matérias-primas e máquinas. Se a quantidade z desse bem for produzida usando-se as quantidades x e y de dois fatores de produção, então a função de produção será

$$z = f(x, y)$$

que expressa a quantidade do produto final z quando são utilizados dois insumos em quantidades x e y.

Se a função de produção é $z = 50 - 3(x - 4)^2 - 6(y - 3)^2$ unidades e utilizamos $x = 6$ m² e $y = 5$ m² de madeira, são produzidos $z = 50 - 3 \cdot 2^2 - 6 \cdot 2^2 = 14$ modelos de uma caixa retangular.

EXERCÍCIO RESOLVIDO

ER4 Dada a função $f(x, y) = x^3 + 3x \cdot y^2 + 5y^3$, determine o domínio de f e o valor de $f(2, -1)$.

Resolução:

Para determinar o domínio da função, é preciso saber com quais pares ordenados (x, y) podemos trabalhar.

O domínio é o conjunto de todos os pares ordenados (x, y) em que x e y são dois números reais, porque podemos substituir qualquer par ordenado na função e encontrar o seu valor. Por exemplo:

$$f(2, -1) = 2^3 + 3 \cdot 2(-1)^2 + 5(-1)^3 = 9$$

↓ valor da função

ATIVIDADES

8. Considere a função $f(x, y) = \dfrac{e^{-x}}{\ln y}$.

   a) Determine o seu domínio.
   b) Qual é o valor da soma $f(0, e) + f(-1, e^6)$?

9. A produção de certa fábrica é dada pela função $f(x, y) = 0{,}1 \, x^{\frac{3}{4}} \cdot y^{\frac{1}{4}}$, em que x expressa o capital imobilizado em reais e y a quantidade de mão de obra.

   a) Determine o número de unidades produzidas para um capital de R$ 160.000,00 e 256 trabalhadores.
   b) Como varia, em porcentagem, o número de unidades produzidas se diminuirmos o capital em 50% e aumentarmos a mão de obra em 50%?

10. Muitas vezes, se um consumidor está pensando em comprar certo número de unidades de dois produtos, é associada uma *função utilidade* $U(x, y)$, que mede a satisfação do consumidor ao adquirir x unidades do primeiro produto e y unidades do segundo produto.

    Carlos Alberto tem uma coleção de garrafas de vinho. Se estimamos que a função utilidade é $U(x, y) = x^2 \cdot y$, sendo x o número de garrafas de vinho tinto e y o número de garrafas de vinho branco da coleção, pede-se:

    a) Qual é o nível de utilidade se ele comprar 10 garrafas de vinho tinto e 4 de vinho branco?
    b) Se ele comprar 5 garrafas de vinho tinto, quantas de vinho branco deve comprar, de modo que o nível de utilidade seja o mesmo do item (a)?

11. Quando x máquinas e y trabalhadores são utilizados, uma fábrica de telefones celulares produz $P(x, y) = 20x \cdot y$ unidades por dia. Atualmente, a produção mensal é de 40.000 celulares.

    a) Estabeleça a relação que existe entre os insumos x e y.
    b) Se for comprada mais uma máquina, qual será o aumento na produção diária de celulares, se atualmente a força de trabalho é de 50 trabalhadores?

12. Considere a função $f(x, y, z) = \dfrac{x}{y} + \dfrac{y}{z}$.

    a) Qual é o valor de $f\left(0, 4, \dfrac{-1}{2}\right)$?
    b) O domínio da função $f(x, y, z)$ é o conjunto de todos os trios ordenados (x, y, z) que podemos substituir na expressão algébrica da função e encontrar um resultado. Qual é o domínio da função $f(x, y, z)$?
    c) É possível calcular $f(4, 0, 0)$? Por quê?
    d) Determine os valores de y tais que $f(1, y, 1) = 2,5$.

13. O trio ordenado $(0, e^2, -2e^2)$ pertence ao domínio da função $f(x, y, z) = \dfrac{\ln(x-y)}{x + 2y + z}$? Por quê?

14. Considere a função $f(x, y, z) = \dfrac{-8}{\ln(x + y + z)}$.

    a) Qual é o domínio de $f(x, y, z)$?
    b) Se $f(e, 8, b) = -8$, qual é o valor de b?

15. Expresse o volume de uma piscina retangular mediante uma função de três variáveis. Estime a variação, em porcentagem, do volume da piscina se aumentarmos 10% de uma dimensão, 20% da outra e diminuirmos 50% da terceira.

Capítulo 6 – Funções de várias Variáveis

16. Com x operários especializados, y operários não especializados e z máquinas, uma fábrica é capaz de produzir p(x, y, z) = 10x² · y · z unidades de um produto mensalmente. Atualmente, a fábrica opera com 10 operários especializados, 6 operários não especializados e 5 máquinas.

    a) Quantas unidades estão sendo produzidas por mês?
    b) Qual será a variação da produção mensal se a fábrica passar a contar com mais um operário especializado, mais um operário não especializado e uma máquina a menos?

BANCO DE QUESTÕES

1. Considere a função $f(x, y) = \dfrac{2x \cdot e^y}{\ln x}$.

    a) Qual é o domínio de f(x, y)?   b) Calcule f(e², ln 5).

2. Se $g(x, y, z) = (y - 2z)e^{x-y}$, calcule g(2, 2, −1).

3. Dada a função $g(x, y) = \sqrt{y^2 - x^2}$, calcule o valor de b se g(b, 5) = 3.

4. Considere a função $F(x, y, z) = \dfrac{\ln(x-y)}{x+y-z}$. Calcule a soma: F(2, 1, 4) + F(e, 0, −e).

5. Com x trabalhadores especializados e y trabalhadores não especializados, uma fábrica produz $p(x, y) = 36x^{0,75} \cdot y^{0,25}$ unidades de um produto por dia. Atualmente são empregados 16 operários especializados e 81 operários não especializados. Quantas unidades estão sendo produzidas diariamente?

6. Uma lata de refrigerante tem a forma de um cilindro cujo volume é dado por $V(h, r) = \pi \cdot r^2 \cdot h$, com h e r em centímetros. Calcule V(12, 3) e interprete o resultado.

7. Represente no plano cartesiano o domínio da função
$$f(x, y) = \sqrt{y - x^2}$$

8. Que figura representa, no plano cartesiano, o domínio da função $g(x, y) = \sqrt{1 - x^2 - y^2}$?
    a) uma circunferência   b) um círculo   c) uma parábola

9. Considere uma função de produção $P(x, y) = 15x^{0,4} \cdot y^{0,6}$. Mostre que, para qualquer constante positiva C, P(16C, 36C) = C · P(16, 36).

10. Encontre uma fórmula A(x, y, z) que expresse a área da caixa fechada em forma de paralelepípedo retangular que aparece na figura ao lado.

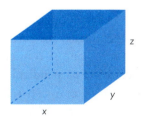

299

Matemática para Economia e Administração

11. Uma fábrica produz dois tipos de lapiseiras. O lucro, em reais, da fábrica é dado por $L(x, y) = 120x + 80y - x^2 - 0,8y^2$, em que x é o número de lapiseiras vendidas de um tipo e y é o número de lapiseiras de outro tipo.
Calcule $L(100, 50)$ e interprete o resultado.

12. A produção de certa fábrica é dada pela função $P(k, t) = 90k^{\frac{1}{3}} \cdot t^{\frac{2}{3}}$ unidades, em que k expressa o capital utilizado em milhares de reais e t o número de horas de trabalho.
Calcule a produção da fábrica para um capital de R$ 64.000,00 e 729 horas de trabalho.

6.2 Gráficos de Funções de duas Variáveis

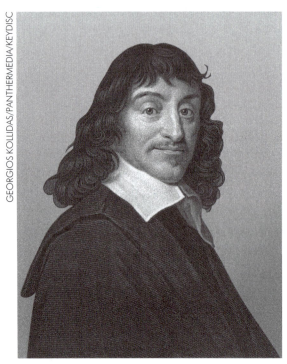

Descartes foi um importante filósofo, matemático e físico francês do século XVII.

Muitos matemáticos devem ter ficado surpresos quando souberam pela primeira vez da ideia do jovem filósofo e matemático francês, René Descartes (1596-1650), de representar um par de números por um ponto no plano. Que ideia tão simples e brilhante!

Mas não foi apenas pensando na Matemática que Descartes teve essa ideia. Descartes viveu em uma época agitada pela colonização do Novo Mundo e alguns dos novos mapas que deve ter visto provavelmente lhe sugeriram o método de construir gráficos.

Para descrever a posição aparente de uma estrela, usamos um par de números. Se queremos indicar a distância de um ponto a uma estrela, necessitamos de um terceiro número. Para registrar a distância de um ponto a um satélite, precisamos de um quarto número que indique a hora em que ele passa por certo ponto.

Para localizar pontos em três dimensões são necessários três eixos (x, y e z). Cada eixo é perpendicular aos outros dois no mesmo ponto. Lembre-se de que uma reta é perpendicular a um plano se o intercepta e se toda reta contida no plano e que passa pelo ponto de interseção é perpendicular à reta dada. Assim, o eixo x é perpendicular ao plano que contém os eixos y e z; o eixo y é perpendicular ao plano que contém os eixos x e z; e o eixo z é perpendicular ao plano que contém os eixos x e y.

Capítulo 6 – Funções de várias Variáveis

Quando um ponto é determinado por três coordenadas, escrevemos $P(x, y, z)$. Observe a Figura 6.3.

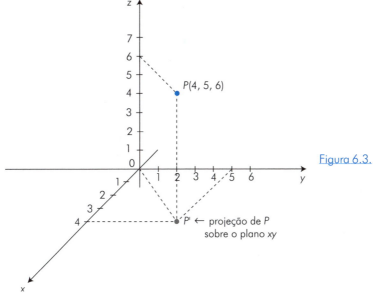

Figura 6.3.

O gráfico de uma função de duas variáveis, $z = f(x, y)$, é o conjunto de todos os trios ordenados (x, y, z) tais que o par ordenado (x, y) pertence ao domínio de $f(x, y)$, e o resultado é uma superfície no plano tridimensional, como mostra a Figura 6.4.

Atualmente, nos problemas práticos em Economia ou Administração, não temos necessidade de traçar gráficos de funções de duas variáveis. Além disso, existem programas de computador que constroem esses gráficos com grande precisão. No entanto, podemos utilizar novamente o plano cartesiano como uma ponte para visualizar representações gráficas de funções de duas variáveis.

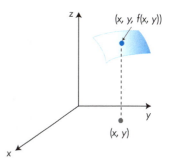

Figura 6.4.

Considere, por exemplo, a função $z = f(x, y)$, tal que:

$$z = x^2 + y^2$$

Quando atribuímos valores positivos ou 0 a z, por exemplo, $z = 9$, obtemos uma equação cuja representação no plano cartesiano é uma circunferência de centro $(0, 0)$ e raio $\sqrt{9} = 3$. Observe a Figura 6.5.

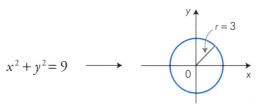

Figura 6.5.

301

No plano tridimensional, essa circunferência, ou melhor, as ternas ordenadas (x, y, z), tal que $z = 9$ e $z = x^2 + y^2$, ficaria como representado na Figura 6.6.

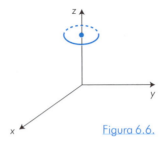

Figura 6.6.

Se você imaginar todas essas curvas juntas no plano tridimensional:

$$x^2 + y^2 = 0,\ x^2 + y^2 = 0{,}25,\ x^2 + y^2 = 1,\ x^2 + y^2 = 100...$$

a superfície resultante teria a forma de uma tigela, como mostra a Figura 6.7.

O conjunto de pontos (x, y) no plano cartesiano que satisfaz a equação $f(x, y) = C$ é chamado de **curva de nível**.

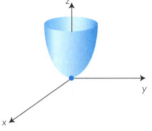

Figura 6.7.

valores de C →

Quando observamos uma montanha, podemos imaginar curvas de nível cortando-a em planos paralelos à sua base, em que os valores de C representam a elevação correspondente de cada curva de nível. Essa representação é útil para a construção de mapas topográficos.

Capítulo 6 – Funções de várias Variáveis

Também é comum em Economia expressar uma função utilidade $U(x, y)$, que mede a satisfação do consumidor ao adquirir x unidades de um produto e y unidades de outro, mediante curvas que descrevem aproximadamente um ramo de uma hipérbole. Observe a Figura 6.8.

Figura 6.8.

EXERCÍCIOS RESOLVIDOS

ER5 A figura ao lado representa a função $z = \sqrt{x^2 + y^2}$. Trace no plano cartesiano os gráficos das curvas de nível em que:

a) $z = 0$
b) $z = 1$
c) $(3, -4)$ é um ponto de curva de nível
d) $(1, 1)$ é um ponto de curva de nível

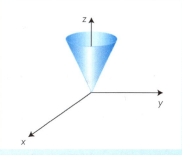

Resolução:

a) $x^2 + y^2 = 0$
   A curva de nível é a origem $(0, 0)$.

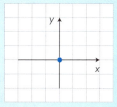

b) $x^2 + y^2 = 1$
   A curva de nível é a circunferência de centro na origem e raio 1.

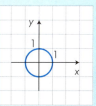

303

c) Temos de encontrar primeiro o valor de z para $x = 3$ e $y = -4$.

$$z = f(3, -4)$$
$$z = \sqrt{3^2 + (-4)^2}$$
$$z = 5$$
$$x^2 + y^2 = 25$$

O gráfico é a circunferência de centro na origem e raio 5.

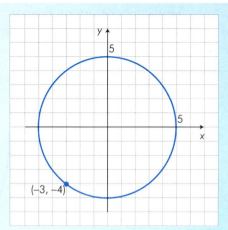

d) $f(1, 1) = \sqrt{1^2 + 1^2} = \sqrt{2}$
$$x^2 + y^2 = 2$$

O gráfico é a circunferência de centro $(0, 0)$ e raio $\sqrt{2}$.

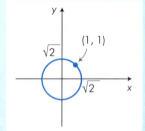

ER6 Observe o gráfico da função $f(x, y) = \sqrt{9 - 9x^2 - 3y^2}$.

a) Qual é o maior valor da função?
b) Quais são as coordenadas desse ponto?
c) Quais são as coordenadas dos pontos A e B?

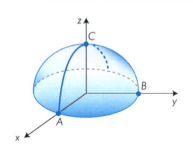

Resolução:

a) O maior valor da função ocorre no ponto C do eixo z e é dado por:
$$f(0, 0) = \sqrt{9} = 3$$

b) As coordenadas de C são $(0, 0, 3)$.

c) Para encontrar as coordenadas do ponto A, com $x > 0$, substituímos $y = 0$ e $z = 0$ na expressão algébrica de $f(x, y)$:

$$0 = \sqrt{9 - 9x^2 - 0} \Rightarrow x = 1$$
$$C(1, 0, 0)$$

Capítulo 6 – Funções de várias Variáveis

Para encontrar as coordenadas de B, com $y > 0$, substituímos $x = 0$ e $z = 0$:

$$0 = \sqrt{9 - 0 - 3y^2} \Rightarrow y = \sqrt{3}$$

$$B(0, \sqrt{3}, 0)$$

ATIVIDADES

17. Considere a função $f(x, y) = \ln(x^2 + y^2)$. Plote a curva de nível $f(x, y) = 0$.

18. As figuras a seguir representam algumas curvas de nível de uma função de duas variáveis. Encontre uma expressão algébrica para cada função.

a)
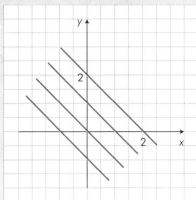

b)
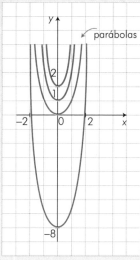

19. A função utilidade de um consumidor para adquirir x unidades de um produto e y unidades de outro é expressa por $U(x, y) = x^{\frac{1}{2}} \cdot y$.

   a) O consumidor tem 36 unidades do primeiro produto e 20 unidades do segundo. Calcule o nível de utilidade e faça um esboço da curva de nível correspondente.
   b) Se o consumidor adquirir 49 unidades do primeiro produto e 15 unidades do segundo, qual é a variação, expressa em porcentagem, em relação ao item a, do nível de utilidade?

20. A satisfação de um consumidor ao adquirir x unidades de um produto e y unidades de outro é dada pela função $U(x, y) = (x + 2)(y + 4)$.

   a) Qual é a satisfação do consumidor ao adquirir $x = 38$ unidades do primeiro produto e $y = 16$ unidades do outro?
   b) Faça um esboço da curva de nível com o valor obtido no item a.
   c) Uma curva de nível de uma função utilidade, chamada comumente de curva de indiferença, fornece todas as combinações possíveis (x, y) que resultam no mesmo grau de satisfação do consumidor. Se o consumidor decidiu adquirir 36 unidades do segundo produto, quantas unidades deve adquirir do primeiro produto para obter o mesmo nível de utilidade do item (a)?

BANCO DE QUESTÕES

13. Faça um esboço de cada curva de nível da função $f(x, y)$ para os valores de x e y especificados.

a) $f(x, y) = 4x + 2y$; para $x = 2$ e $y = 0$

b) $f(x, y) = x^2 - y$; para $x = 0$ e $y = 2$

c) $f(x, y) = 2x^2 - 3x - y$; para $x = 0$ e $y = 2$

d) $f(x, y) = xy$; para $x = \dfrac{1}{2}$ e $y = 4$ ($x > 0$ e $y > 0$)

e) $f(x, y) = \ln(-x^2 + y)$; para $x = 1$ e $y = 2$

14. Uma fábrica produz $Q(x, y) = 2x^2y$ computadores quando são utilizadas x máquinas e y trabalhadores. Atualmente, a fábrica utiliza 4 máquinas e 4 trabalhadores.

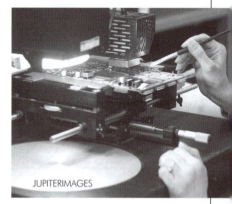
JUPITERIMAGES

a) Trace o gráfico da curva de nível correspondente a essa quantidade de máquinas e trabalhadores.

b) Expresse, em porcentagem, a variação do nível de produção, em relação ao item a, se aumentar uma máquina e diminuir um trabalhador.

15. A figura abaixo representa uma curva de nível da função de produção $Q(x, y) = 60x^{\frac{1}{4}}y^{\frac{3}{4}}$. Calcule a e b.

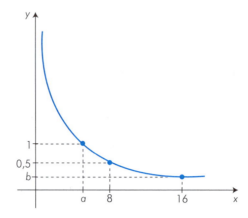

16. Considere que, durante certo tempo, o número de unidades de um artigo, produzidas quando são utilizadas x unidades de mão de obra e y unidades de capital, é dado pela função $P(x, y) = 72x^{\frac{2}{3}} \cdot y^{\frac{1}{3}}$.

a) Faça um esboço da curva de nível correspondente ao valor $P(x, y) = 144$. Observe que x e y são positivos.

b) Se utilizarmos 8 unidades de mão de obra, quantas unidades de capital deverão ser utilizadas para um nível de produção de 144 unidades?

17. Faça um esboço da curva de nível da função $f(x, y) = x - 2y + 1$, que contém o ponto (3, 2).

18. Esboce a curva de nível da função $F(x, y) = x\sqrt{y}$, que contém o ponto (1, 4).

19. Determine uma expressão algébrica de uma função $f(x, y)$ que tem a reta $y = 2x + 1$ como uma curva de nível.

20. Determine uma função $g(x, y)$ que tem o gráfico da figura ao lado como uma curva de nível.

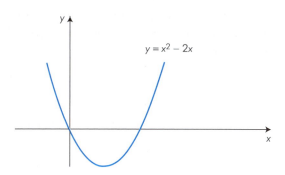

6.3 Derivadas Parciais

Você já parou para pensar em como calcular a derivada de uma função de mais de uma variável?

A derivada de uma função, por exemplo, $f(x) = \ln x$, com $x > 0$, expressa a inclinação da curva, ou seja, a declividade da reta tangente em um ponto de coordenada x. Observe a Figura 6.9.

$f'(x) = \dfrac{1}{x}$

$f'(1) = 1 = \operatorname{tg} \alpha = m$

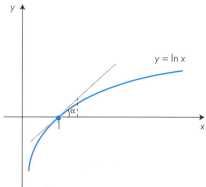

Figura 6.9.

Provavelmente, precisaríamos de novas regras de derivadas para calcular derivadas de funções de muitas variáveis, se não fosse uma ideia originária de um método que normalmente os matemáticos utilizam: diante de um problema desconhecido, procure interpretá-lo como um problema já conhecido.

Para calcular a "derivada" de uma função como

$$f(x, y) = x^2 + y^3 - 1$$

derivamos a função em relação a uma variável, considerando a outra como constante. Assim, se tratamos y como uma constante, podemos considerar $z = f(x, y)$ como uma função de uma única variável:

$$z = x^2 + k^3 - 1$$

e calcular a derivada como fazemos normalmente.

A derivada resultante é chamada **derivada parcial** de $f(x, y)$ em relação a x e é representada por:

$$f_x(x, y) = 2x + 0 - 0 = 2x$$

Podemos calcular, por exemplo, a derivada parcial de $f(x, y) = x^2 + y^3 - 1$ em relação a x e representar graficamente a tangente no ponto em que $x = 2$, considerando y constante e, por exemplo, igual a 1. Observe a Figura 6.10.

$$z = x^2 + 1^3 - 1 \Rightarrow z = x^2$$
$$f_x(x, y) = 2x$$
$$f_x(2, 1) = 2 \cdot 2 = 4$$

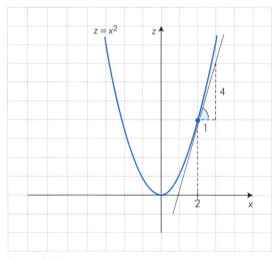

Figura 6.10.

A derivada parcial de $f(x, y) = x^2 + y^3 - 1$ em relação a y é calculada considerando x uma constante: $z = k^2 + y^3 - 1$, e é representada por:

$$f_y(x, y) = 0 + 3y^2 - 0 = 3y^2$$

Vamos representar a tangente no ponto em que $y = 1$, considerando x como uma constante e, por exemplo, igual a 2. Observe a Figura 6.11.

$$z = 2^2 + y^3 - 1 \Rightarrow z = y^3 + 3$$
$$f_y(x, y) = 3y^2$$
$$f_y(2, 1) = 3 \cdot 1^2 = 3$$

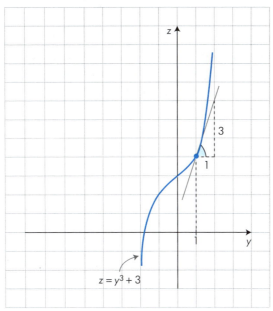

Figura 6.11.

Esta foi a ideia simples e brilhante: considerar qualquer função de diversas variáveis como uma função de uma única variável, tratando todas as demais como constantes e, assim, usando todos os processos de derivação que já conhecemos.

Note que não há necessidade de substituir as variáveis x ou y por outras letras, por exemplo k, como fizemos, basta imaginá-las até o final como constantes.

Assim, dada a função de três variáveis

$$f(x, y, z) = xyz$$

calculamos as derivadas parciais f_x, f_y e f_z naturalmente:

$$f_x(x, y, z) = yz \cdot 1 = yz$$
$$f_y(x, y, z) = xz \cdot 1 = xz$$
$$f_z(x, y, z) = xy \cdot 1 = xy$$

No cálculo da derivada parcial z_x da função $z = (2x+y)(3x-y)$, podemos usar a regra do produto da derivação:

$$(u \cdot v)' = u' \cdot v + u \cdot v'$$
$$z_x = (2 \cdot 1 + 0)(3x - y) + (2x + y)(3 \cdot 1 - 0)$$
$$z_x = 12x + y$$

EXERCÍCIO RESOLVIDO

ER7 Calcule as derivadas parciais f_x e f_y da função
$$f(x, y) = 4x^3y - 8xy^3$$

Resolução:
$$f_x = 12x^2y - 8y^3 \cdot 1 = 12x^2y - 8y^3$$
$$f_y = 4x^3 \cdot 1 - 8x \cdot 3y^2 = 4x^3 - 24xy^2$$

É comum simplificarmos, às vezes, as notações $f_x(x, y)$ e f_y, apenas para não trabalharmos com tantas letras. Mas não se esqueça de que as derivadas parciais f_x e f_y também são funções de duas variáveis.

ATIVIDADES

21. Calcule as derivadas parciais f_x e f_y:

    a) $f(x, y) = (2x - y)^4$

    Recorde que: $\dfrac{d}{dx}[f(x)]^n = n[f(x)]^{n-1} \cdot f'(x)$

    b) $f(x, y) = \dfrac{4x + y}{y - 2x}$

    Recorde que: $\dfrac{d}{dx}\left[\dfrac{u(x)}{v(x)}\right] = \dfrac{u'(x) \cdot v(x) - u(x) \cdot v'(x)}{[v(x)]^2}$; $v(x) \neq 0$

22. Calcule a derivada parcial z_y da função $z = \dfrac{e^{x-2y}}{2}$ no ponto $\left(1, \dfrac{1}{2}\right)$. Recorde que $\dfrac{d}{dx}[e^{u(x)}] = e^{u(x)} \cdot u'(x)$.

23. Determine a derivada parcial F_x da função $F(x, y) = 2 \ln(x^2 - y)$ no ponto $(2, 3)$. Recorde que $\dfrac{d}{dx}[\ln u(x)] = \dfrac{1}{u(x)} \cdot u'(x)$.

24. Calcule os valores das derivadas parciais f_x e f_y no ponto especificado.

    a) $f(x, y) = x^2 - 2x + y^2$; $(0, 1)$

    b) $f(x, y) = (x - y)(2y + x)$; $(0, 1)$

    c) $f(x, y) = (x - 2y)^2 + (2x + y)^2$; $(2, 0)$

    d) $f(x, y) = \ln \dfrac{x}{y}$; $(1, 1)$

> **25.** Use a regra do produto: $(u \cdot v)' = u' \cdot v + u \cdot v'$ para calcular as derivadas parciais g_x e g_y da função $g(x, y) = (x - 20)(10 - 2x + 3y) + (y - 60)(12 + 6x - 4y)$.
>
> **26.** Considere a função de três variáveis $C(x, y, z) = 4xy + 6xz + 8yz$. Calcule a soma
> $$C_x(1, 2, 3) + C_y(1, 2, 3) + C_z(1, 2, 3)$$

Notações para as derivadas parciais

Podemos representar as derivadas parciais mediante duas notações. Considere a função $z = f(x, y)$. A derivada parcial de z em relação a x:

$$f_x \quad \text{ou} \quad \frac{\partial z}{\partial x}$$

é a função que se obtém quando derivamos z em relação a x, considerando y como uma constante. A derivada parcial de z em relação a y:

$$f_y \quad \text{ou} \quad \frac{\partial z}{\partial y}$$

é a função que se obtém quando derivamos z em relação a y, considerando x como uma constante.

O símbolo ∂, que significa "espelho 6", denota "parcial" e foi provavelmente sugerido pelo matemático francês Joseph Louis Lagrange (1736-1813), por volta de 1788. Podemos usar essa notação para funções de mais de duas variáveis.

Durante algum tempo, foi comum indicar a variável ou variáveis que são mantidas como constantes junto com a notação. Por exemplo, se $f(x, y, z) = x^2 + 2yz + xz^2$,

$$\left(\frac{\partial f}{\partial x}\right)_{y, z} = 2x + 0 + z^2 \cdot 1 = 2x + z^2$$

↓
constantes

$$\left(\frac{\partial f}{\partial y}\right)_{x, z} = 0 + 2z \cdot 1 + 0 = 2z$$

$$\left(\frac{\partial f}{\partial z}\right)_{x, y} = 0 + 2y \cdot 1 + x(2z) = 2(y + xz)$$

Com o auxílio de programas de computador, não é difícil representar funções de apenas duas variáveis $z = f(x, y)$ como superfícies em um sistema tridimensional, e é possível representar também as derivadas parciais.

Se y é considerado como uma constante k, os pontos correspondentes $(x, k, f(x, k))$ formam uma curva plana no espaço tridimensional e, em cada ponto dessa curva, $\frac{\partial z}{\partial x}$ expressa a inclinação da reta do plano $y = k$, tangente à curva no ponto considerado.

Do mesmo modo, se x é considerado como uma constante k, os pontos $(k, y, f(k, y))$ formam uma uma curva plana, e $\frac{\partial z}{\partial y}$ expressa a inclinação da reta do plano $x = k$, tangente à curva no ponto considerado, como mostra a Figura 6.12.

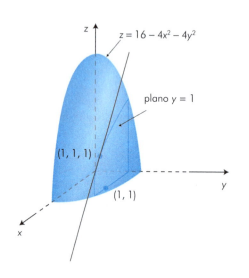
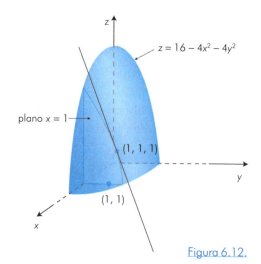

Figura 6.12.

EXERCÍCIO RESOLVIDO

ER8 Calcule as derivadas parciais $\frac{\partial z}{\partial x}$ e $\frac{\partial z}{\partial y}$ da função $z = 4x^2 + 2xy + \frac{6y^2}{x}$.

Resolução:

$$\frac{\partial z}{\partial x} = 8x + 2y \cdot 1 + 6y^2(-1)x^{-1-1} = 8x + 2y - \frac{6y^2}{x^2}$$

$$\frac{\partial z}{\partial y} = 0 + 2x \cdot 1 + \frac{1}{x}(12y) = 2x + \frac{12y}{x}$$

ATIVIDADES

27. Calcule as derivadas parciais $\frac{\partial z}{\partial x}$ e $\frac{\partial z}{\partial y}$.

a) $z = \left(\dfrac{x^2}{2} + 2xy + y^2\right)^7$

b) $z = y \cdot e^{2x+1}$

Capítulo 6 – Funções de várias Variáveis

28. Calcule as derivadas parciais $\frac{\partial w}{\partial x}, \frac{\partial w}{\partial y}, \frac{\partial w}{\partial z}$ da função $w = 2x + 4y + 6z$.

29. Determine os valores das derivadas parciais da função $z = 60x^{\frac{3}{4}} \cdot y^{\frac{1}{4}}$ em $(16, 81)$.

30. Se $z = \frac{\ln(x+4y)}{x}$, calcule $\frac{\partial z}{\partial y}$ no ponto $(1, 0)$.

BANCO DE QUESTÕES

21. Calcule as derivadas parciais de cada função a seguir.

   a) $f(x, y) = 8xy$

   b) $f(x, y) = 4x^2 + 2xy + y^2$

   c) $f(x, y) = 2x + e^{xy}$

   d) $f(x, y) = \frac{x^2}{2y}$

   e) $f(x, y) = \frac{2y}{1 - e^x}$

   f) $f(x, y) = 100$

22. Se $f(x, y, z) = \frac{x+y}{z}$, calcule $\frac{\partial f}{\partial y}(2, 4, 1)$.

23. Considere a função $f(x, y, z) = 4xy^2z + 10x$. Calcule $\frac{\partial f}{\partial z}(-1, 1, 10)$.

24. Seja a função de duas variáveis expressa por $f(x, y) = \frac{\sqrt{6x^2 + 30y}}{15}$. Calcule os valores das derivadas $f_x(10, 10)$ e $f_y(10, 10)$.

25. Considere a função $g(x, y) = x \cdot e^{xy}$. Calcule os valores das derivadas parciais em $(1, -1)$.

26. Se $f(x, y) = \frac{x+y}{x-y}$, calcule a soma $f_x(1, -1) + f_y(1, -1)$.

27. Considere a função $F(x, y) = (y + \ln x)e^{xy}$. Calcule o valor das derivadas parciais $F_x(1, 1)$ e $F_y(1, 1)$.

28. Seja $F(x, y, z) = (2x + z)y$. Determine o valor da derivada parcial $\frac{\partial F}{\partial y}$ em $(10, 0, -18)$.

29. Calcule as derivadas parciais da função $f(x, y) = \ln(x^2 + y^2)$ no ponto $(0, 1)$.

30. Dada a função $F(x, y) = \frac{x}{y}\ln(xy)$, calcule o valor de $\frac{\partial F}{\partial x}(0,5; 2)$.

313

6.4 O Significado das Derivadas Parciais

Você se recorda da ideia de custo marginal, não? Suponha que o custo de fabricação diário da produção de x unidades de um produto seja expresso, em reais, pelo gráfico representado na Figura 6.13:

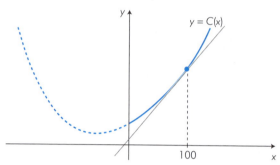

Figura 6.13.

Considere que o nível atual de produção é $x = 100$ unidades por dia e para esse valor o custo é

$$C(100) = 2 \cdot 100^2 + 100 + 9.600 = 29.700 \text{ reais}$$

A derivada da função custo:

$$C'(x) = 2(2x) + 1 + 0 = 4x + 1$$

comumente nomeada custo marginal, indica a declividade (ou inclinação) da reta tangente ao gráfico $y = C(x)$ no ponto de abscissa x, como mostra a Figura 6.14.

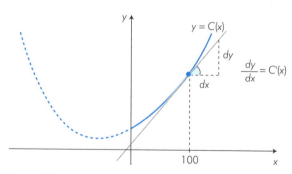

Figura 6.14.

Podemos usar o custo marginal para fazer uma estimativa do custo total se o nível de produção passar de 100 para 101 unidades por dia, como representado na Figura 6.15.

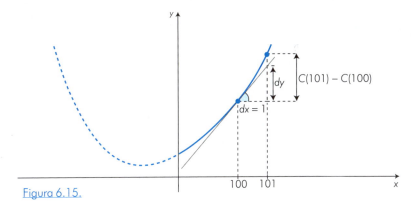

Figura 6.15.

Do gráfico, temos:

$$C(101) - C(101) = 2 \cdot 101^2 + 101 + 9.600 - \underbrace{29.700}_{C(100)} = 403,00$$

$$C'(100) = \frac{dy}{dx} = \frac{dy}{1} = dy$$

$$C'(100) = 4 \cdot 100 + 1 = 401,00 \cong C(101) - C(100)$$

Para funções de mais de uma variável, trabalhamos seguindo essa mesma ideia.

Suponha que a função custo total de uma fábrica, para produzir x e y unidades de dois tipos de máquinas para serviço pesado, seja expressa por:

$$C(x, y) = (36 + 4x^2 + 2xy + 6y^2) \text{ centenas de reais}$$

Atualmente, o nível de produção anual é de $x = 5$ e $y = 8$ máquinas.

Como aumentará o custo total se y for mantido em 8 unidades e for produzida uma unidade adicional de x?

O custo marginal com relação a x é:

$$\frac{\partial C}{\partial x} = 0 + 8x + 2y + 0 = 8x + 2y$$

$$\frac{\partial C}{\partial x}(5, 8) = 8 \cdot 5 + 2 \cdot 8 = 56 \text{ centenas de reais}$$

Assim, se y for mantido em 8 unidades, a produção de uma unidade adicional de x provocará um aumento de R$ 5.600,00 no custo total.

Observe que, como com as funções de uma variável, podemos escrever que:

$$\frac{\partial C}{\partial x}(5, 8) \simeq C(6, 8) - C(5, 8)$$

Matemática para Economia e Administração

EXERCÍCIOS RESOLVIDOS

ER9 Como aumenta o custo total na situação anterior se x for mantido em 5 unidades e for produzida uma unidade adicional de y?

Resolução:

$$\frac{\partial C}{\partial y} = 0 + 0 + 2x + 12y = 2x + 12y$$

$$\frac{\partial C}{\partial y}(5, 8) = 2 \cdot 5 + 12 \cdot 8 = 106 \text{ centenas de reais}$$

O custo total aumenta cerca de R$ 10.600,00.

ER10 Uma lata de refrigerante tem a forma de um cilindro de altura h e raio r, com 14 cm de altura e 4 cm de raio. Estime a variação no volume se a altura for aumentada em 1 cm e o raio permanecer constante.

Resolução:

$$V = \pi \cdot r^2 \cdot h$$

$$\frac{\partial V}{\partial h} = \pi r^2$$

$$\frac{\partial V}{\partial h}(4, 14) = 3,14 \cdot 4^2 = 50,24$$

O volume aumenta cerca de 50,24 mL.

ATIVIDADES

31. A área da superfície da lata do ER10 é dada por $S = 2\pi r^2 + 2\pi rh$. Estime a variação da área de sua superfície se a altura permanecer constante e o raio aumentar 1 cm.

32. Suponha que a demanda diária por café, em quilos, de uma cidade do Estado de Santa Catarina possa ser expressa por uma função $f(x, y)$, em que x é o preço do café por quilo e y é o preço do café em pó solúvel por quilo.

    a) Determine e justifique com suas palavras se são positivas ou negativas as derivadas parciais $\frac{\partial f}{\partial x}$ e $\frac{\partial f}{\partial y}$.

    b) Considere que essa função possa ser aproximada por $f(x, y) = 16x^{-1} \cdot y$ e que, atualmente, o preço do café nessa cidade é R$ 8,00 por quilo e do café em pó solúvel é R$ 20,00 o quilo. Calcule e interprete:

    b-1) $f(8, 20)$ b-2) $f_x(8, 20)$ b-3) $f_y(8, 20)$

33. Em uma cidade, os dois principais meios de transporte diário são ônibus e metrô. A escolha de qual dos dois utilizar depende, em geral, do preço de cada um. A função de duas variáveis f(x, y) representa o número de pessoas que irão tomar o ônibus, sendo x o preço da passagem de ônibus e y o preço da passagem de metrô. Atualmente, o preço da passagem de ônibus, nessa cidade, é R$ 2,30, e o de metrô, R$ 2,50.

 a) Explique com palavras o significado de f(2,30; 2,50) = 10.000.
 b) Descubra e justifique os sinais das derivadas f_x e f_y.

34. Um grupo de trabalho, contratado por uma fábrica que produz certo modelo de calculadora financeira, chegou à conclusão de que o número de calculadoras vendidas mensalmente é uma função de duas variáveis f(x, y), em que x é o preço de uma calculadora e y a quantia gasta mensalmente em propaganda (x e y em reais).

 Suponha que $f(x, y) = \dfrac{-x^2}{125} + 6y - 0{,}02xy$.

 a) Calcule f(250, 5.000) e interprete o resultado.
 b) Calcule as derivadas parciais f_x e f_y para x = 250 e y = 5.000 e interprete os resultados.

35. O lucro diário de um varejista, em centavos, com a venda de duas marcas de cerveja é dado por L(x, y) = (x − 60)(72 − 6x + 2y) + (y − 50)(90 + 8x − 6y) + 20.000, em que x é o preço em centavos da primeira marca e y, o preço em centavos da segunda marca.

 Atualmente, os preços são x = R$ 1,00 e y = R$ 1,20. Estime a variação no lucro diário do varejista se aumentar um centavo o preço da segunda marca e mantiver inalterado o preço da primeira.

Diferencial de uma função

Provavelmente, você deve estar se perguntando como variaria o custo total da atividade 35 se aumentássemos simultaneamente o preço das duas marcas, ou se aumentássemos o de uma e diminuíssemos o de outra.

Você ainda se lembra do conceito de diferencial de uma função?

Considere uma função de uma variável, $y = f(x)$, cuja derivada é $f'(x)$ para determinado valor de x.

Se a função $y = f(x)$ é derivável, dy é a diferencial de y, podendo ser expressa por $dy = f'(x)dx$, e o incremento dx é chamado geralmente de diferencial de x. Observe a Figura 6.16.

$dy = f'(x)dx$

$dx = \Delta x$

$dy \cong \Delta y$

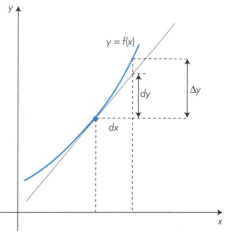

Figura 6.16.

Matemática para Economia e Administração

A diferencial de uma função de várias variáveis, por exemplo, $f(x, y)$, é definida por:

$$\underbrace{df}_{\text{diferencial de } f} = \frac{\partial f}{\partial x} dx + \frac{\partial f}{\partial y} dy$$

EXERCÍCIO RESOLVIDO

ER11 Agora, de acordo com o lucro do varejista da atividade 35, você pode usar a definição da diferencial de uma função de várias variáveis, para calcular:

a) a variação do lucro diário do varejista se aumentar em um centavo o preço de cada marca;

b) a variação do lucro diário do varejista se diminuir em dois centavos o preço da primeira marca e aumentar em três centavos o preço da segunda marca.

Resolução:

$L(x, y) = (x - 60)(72 - 6x + 2y) + (y - 50)(90 + 8x - 6y) + 20.000$

$dL = \frac{\partial L}{\partial x} dx + \frac{\partial L}{\partial y} dy$

$\frac{\partial L}{\partial x} = 1(72 - 6x + 2y) + (x - 60)(-6) + (y - 50)8 + 0 = -12x + 10y + 32$

$\frac{\partial L}{\partial y} = (x - 60)2 + 1(90 + 8x - 6y) + (y - 50)(-6) + 0 = 10x - 12y + 270$

Lembrando que $x = 100$ centavos e $y = 120$ centavos.

a) $dL = (-1.200 + 1.200 + 32)1 + (1.000 - 1.440 + 270)1$
$dL = -R\$ 1,38$

O lucro diário diminui cerca de R$ 1,38.

b) $dL = (-1.200 + 1.200 + 32)(-2) + (1.000 - 1.440 + 270)3$
$dL = -R\$ 5,74$

O lucro diário diminui cerca de R$ 5,74.

ATIVIDADES

36. Suponha que a utilidade de um consumidor, proveniente de x unidades de um produto e y unidades de outro, seja dada pela função $f(x, y) = x(y + 4)$. Ele atualmente consome $x = 10$ e $y = 5$ unidades de cada produto. Use a ideia de diferencial para estimar a variação no grau de satisfação do consumidor se houver um aumento de 2% em x e uma redução de 0,5% em y.

37. Uma editora estima que, se forem gastos na produção de um livro x mil reais em investimentos e y mil reais em propaganda, cerca de $f(x, y) = 10x^{1,5} \cdot y^{0,5}$ exemplares serão vendidos por ano.

Atualmente, são gastos R$ 64.000,00 em investimentos e R$ 16.000,00 em propaganda por ano.

Suponha que, devido a uma mudança na política da editora, sejam gastos mais R$ 600,00 em investimentos e haja uma redução de R$ 400,00 no gasto em propaganda anualmente.

Estime a variação da quantidade de exemplares vendidos por ano.

Fórmula de derivação

É possível encontrar uma relação simples entre a derivada $\dfrac{dy}{dx}$ e as derivadas parciais. Se $y = 2x^2 - 6x + 1$, por exemplo, é fácil encontrar a sua derivada:

$$\frac{dy}{dx} = 4x - 6$$

No entanto, se a função $y = f(x)$ não expressa y diretamente em termos de x, por exemplo, $\sqrt{y} + x^2 - 2x = 10$, podemos obter y' derivando a equação termo a termo:

$$y^{\frac{1}{2}} + x^2 - 2x - 10 = 0$$

e considerando y como uma função de x:

$$\frac{1}{2} y^{-\frac{1}{2}} \cdot y' + 2x - 2 - 0 = 0$$

$$\frac{1}{2} y^{-\frac{1}{2}} \cdot y' = 2 - 2x$$

$$y' = \frac{dy}{dx} = \frac{2 - 2x}{\frac{1}{2} y^{-\frac{1}{2}}}$$

EXERCÍCIO RESOLVIDO

ER12 Vamos considerar a função $f(x, y) = y^{\frac{1}{2}} + x^2 - 2x - 10$. Determine as derivadas parciais f_x e f_y e mostre que:

$$\frac{dy}{dx} = \frac{-f_x}{f_y}$$

Resolução:

Observe que se trabalhamos com a equação em que um de seus membros é igual a 0 ou a uma constante $y^{\frac{1}{2}} + x^2 - 2x - 10 = 0$, podemos considerar a expressão algébrica do primeiro membro como uma função de duas variáveis e calcular as derivadas parciais: $f(x, y) = y^{0,5} + x^2 - 2x - 10$

$$f_x = 0 + 2x - 2 - 0 = 2x - 2$$
$$f_y = 0,5y^{-0,5}$$

Compare as derivadas parciais com o resultado que obtivemos:

$$y' = \frac{dy}{dx} = \frac{2 - 2x}{0,5y^{-0,5}} \Rightarrow y' = \frac{dy}{dx} = \frac{-f_x}{f_y}$$

ATIVIDADES

38. Considere y como uma função de x e calcule $\frac{dy}{dx}$ em cada caso.
a) $x^3 + y^3 - 3x \cdot y = 10$
b) $x^2 + 4x \cdot y - y^2 = k$
c) $y = \ln(2x + 3y)$

39. Determine a inclinação da curva $y = f(x)$ no ponto especificado.
a) $x \cdot e^x - e^y + 1 = 0$; para $x = 0$, $y = 0$.
b) $x^2 + 4xy - 2y^2 = 10$; para $(2, 1)$.

BANCO DE QUESTÕES

31. O custo total de uma fábrica na produção de x quilos de certo tipo de tecido é expresso por $C(q) = 0,01q^3 - 0,1q^2 + 5q + 5$ reais.

Supondo que o nível atual de produção seja 5 quilos, estime a variação do custo total se o nível de produção passar para:
a) 6 quilos
b) 5,1 quilos
c) 4,75 quilos

32. O dono de uma loja de bebidas vende dois tipos de vinho e seu lucro mensal é expresso pela função $L(x, y) = (x - 15)(48 - 4x + 2y) + (y - 24)(50 + 4x - 5y)$, em que x é o preço de uma marca de vinho e y é o preço de outra marca de vinho.

Atualmente, os vinhos estão sendo vendidos a:
$$x = R\$ 28,00 \qquad y = R\$ 45,00$$

a) Estime a variação no lucro do proprietário da loja se o primeiro vinho passar de R$ 28,00 a R$ 29,00 e o segundo permanecer em R$ 45,00.

b) Se o segundo vinho passar a custar R$ 46,00, qual deve ser o novo preço do primeiro vinho para que o lucro permaneça o mesmo?

33. Um empresário estima que a produção mensal de sua fábrica é dada pela função $f(x, y) = 36x^{0,6} \cdot y^{0,4}$, em que x representa o investimento mensal em milhares de reais, y o número de trabalhadores utilizados e $f(x, y)$ o número de unidades produzidas mensalmente.

    Atualmente, o investimento mensal é de R$ 12.000,00 e estão empregados 3.000 trabalhadores. O fabricante pretende reduzir o número de trabalhadores aumentando em 2,5% o investimento mensal. Use o conceito de diferencial para expressar, em porcentagem, a redução na força de trabalho de modo que a quantidade produzida mensalmente não se altere.

34. Uma fábrica produz $Q(x, y) = 24x^{\frac{1}{4}} \cdot y^{\frac{3}{4}}$ unidades de um produto por dia, empregando x = 4 operários especializados e y = 64 operários não especializados. Estime a variação do nível de produção diário se forem contratados mais dois operários especializados e dois operários não especializados.

35. O conceito de diferencial de uma função de uma ou mais variáveis é útil para fazermos estimativas com razoável precisão. Uma lata de refrigerante tem 3 cm de raio e 12 cm de altura. A sua área total é dada por $A = 2\pi \cdot r^2 + 2\pi \cdot r \cdot h$. Utilize o conceito de diferencial para determinar como variará a sua área se aumentarmos 0,75% do raio e diminuirmos 1% da sua altura.

36. Estime a porcentagem segundo a qual o volume de uma caixa retangular de base quadrada aumentará se os lados das bases aumentarem 1% e a sua altura aumentar 3%.

37. A utilidade de um consumidor, originária do consumo de x unidades de um produto e y unidades de outro, é dada pela função $U(x, y) = x^4 \cdot y$.

    Atualmente, ele consome x = 2 unidades de um produto e y = 10 unidades de outro. Estime, em porcentagem, como variará o seu grau de satisfação se passar a consumir x = 3 unidades do primeiro e y = 9 unidades do segundo.

6.5 Máximos e Mínimos Relativos

Suponha que uma editora vai organizar um grande evento para o lançamento do *Novo e Conciso Dicionário de Inglês*, e uma pesquisa mostrou que a demanda de um grupo de consumidores que queriam comprar o dicionário nesse mesmo dia podia ser descrita pela função:

$$p = -0,2x + 70$$

x: quantidade demandada   p: preço de um dicionário

A que preço deveria ser vendido cada dicionário para maximizar a receita da editora nesse evento?

Você já deve ter lembrado que a receita da editora pode ser expressa pela função:

$$\underbrace{f(x)}_{\text{receita}} = p \cdot x = (-0,2x + 70)x = -0,2x^2 + 70x$$

Observe que a função receita é derivável em todos os pontos do domínio, e o seu gráfico descreve aproximadamente a curva representada na Figura 6.17:

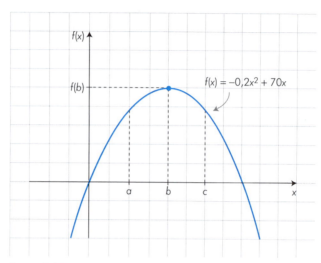

Figura 6.17.

A função $f(x)$ possui um máximo relativo no ponto $x = b$, pois $f(x) \leqslant f(b)$ para todos os valores de x em um intervalo $a < x < c$ que contém o ponto b.

A reta tangente à curva no ponto $(b, f(b))$ é horizontal, e, portanto, $f'(x) = 0$, se $x = b$:

$$f'(x) = -0,4x + 70$$
$$f'(x) = 0 \Rightarrow x = 175 = b$$
$$f''(x) = -0,4$$

O preço que maximiza a receita é:

$$p = -0,2(175) + 70 \Rightarrow p = R\$\ 35,00$$

No entanto, considere que a editora decidiu lançar, no evento, o dicionário em duas versões: capa dura e brochura.

Uma nova pesquisa mostrou que os consumidores que queriam comprar o dicionário no dia do lançamento escolheriam a versão em brochura ou em capa dura dependendo do preço, e as quantidades demandadas x e y foram estimadas em função dos preços p e q, assim:

$$\text{brochura: } x = 348 - 2(p + q)$$
$$\text{capa dura: } y = 448 - 2p - 3q$$

x: quantidade demandada da versão em brochura
p: preço da versão em brochura

y: quantidade demandada da versão em capa dura
q: preço da versão em capa dura

A receita da editora pode ser expressa por uma função de duas variáveis:

$$\text{receita} = p \cdot x + q \cdot y$$
$$f(p, q) = p(348 - 2p - 2q) + q(448 - 2p - 3q)$$

Como encontramos os preços p e q que maximizam a receita no dia do lançamento? Podemos pensar de modo semelhante a quando usamos a derivada $f'(x)$ para determinar os valores máximos e mínimos de uma função. Observe:

» Uma função $f(x, y)$ possui um máximo relativo em (a, b) se $f(a, b)$ é maior ou igual a $f(x, y)$ para todos os valores de x e y em um intervalo $m \leqslant x \leqslant n$ e $p \leqslant y \leqslant q$ que contenha o ponto (a, b).

A função $f(x, y)$ tem um máximo relativo em (a, b). Observe a Figura 6.18.

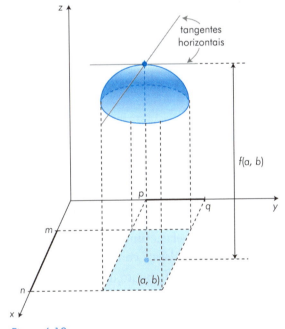

Figura 6.18.

Então, a curva formada pela interseção da superfície $f(x, y)$ com o plano $y = b$ possui uma tangente horizontal no ponto em que $x = a$ e, portanto:

$$f_x(a, b) = 0$$

Do mesmo modo, a curva formada pela interseção da superfície $f(x, y)$ com o plano $x = a$ possui uma tangente horizontal no ponto em que $y = b$ e, portanto:

$$f_y(a, b) = 0$$

» Uma função $f(x, y)$ possui um mínimo relativo em (a, b) se $f(a, b)$ é menor ou igual a $f(x, y)$ para todos os valores de x e y em um intervalo $m \leqslant x \leqslant n$ e $p \leqslant y \leqslant q$ que contenha o ponto (a, b), como mostra a Figura 6.18.

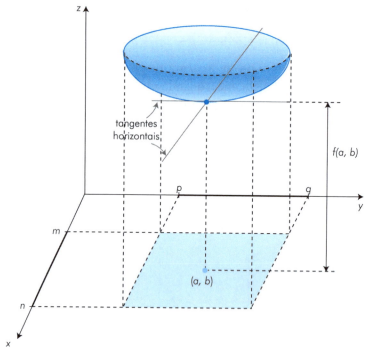

Figura 6.18.

Usando um raciocínio semelhante ao que utilizamos com o máximo relativo, se a função $f(x, y)$ tem um mínimo relativo em (a, b), temos:

$$f_x(a, b) = 0 \quad \text{e} \quad f_y(a, b) = 0$$

» A Figura 6.19 mostra um ponto de sela: a função $f(x, y)$ tem um máximo relativo com relação a uma váriavel e um mínimo relativo com relação a outra variável.

Sob certos aspectos, ele lembra algo do ponto de inflexão que você aprendeu com funções de uma variável.

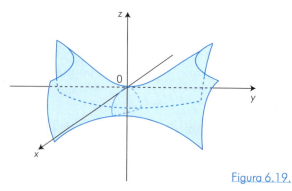

Figura 6.19.

Mas como descobrimos se temos um máximo relativo, um mínimo relativo ou um ponto de sela? Podemos utilizar uma extensão do teste da derivada segunda para funções de uma variável baseado nas derivadas parciais segundas.

Considere a função $z = f(x, y)$ e suas derivadas parciais f_x e f_y.

» A derivada parcial de f_x em relação a x é:

$$(f_x)_x = f_{xx} \text{ ou } \frac{\partial}{\partial x}\left(\frac{\partial z}{\partial x}\right) = \frac{\partial^2 z}{\partial x^2}$$

» A derivada parcial de f_y em relação a y é:

$$(f_y)_y = f_{yy} \text{ ou } \frac{\partial}{\partial y}\left(\frac{\partial z}{\partial y}\right) = \frac{\partial^2 z}{\partial y^2}$$

» A derivada parcial de f_x em relação a y é:

$$(f_x)_y = f_{xy} \text{ ou } \frac{\partial}{\partial y}\left(\frac{\partial z}{\partial x}\right) = \frac{\partial^2 z}{\partial y \partial x}$$

» A derivada parcial de f_y em relação a x é:

$$(f_y)_x = f_{yx} \text{ ou } \frac{\partial}{\partial x}\left(\frac{\partial z}{\partial y}\right) = \frac{\partial^2 z}{\partial x \partial y}$$

Na maioria dos casos, temos:

$$f_{xy} = f_{yx}$$

Assim, não importa se encontramos primeiro f_x e depois f_{xy} ou se calculamos primeiro f_y e depois f_{yx}.

Dada a função $f(x, y) = x^3 + y^3 - x^2 + 2y^2 - 3x \cdot y + 1$, temos:

» $f_x = 3x^2 - 2x - 3y$
» $f_{xx} = 6x - 2$
» $f_y = 3y^2 + 4y - 3x$
» $f_{yy} = 6y + 4$
» $f_{xy} = (3x^2 - 2x - 3y)_y = 0 - 0 - 3 \cdot 1 = -3$
» $f_{yx} = (3y^2 + 4y - 3x)_x = 0 + 0 - 3 \cdot 1 = -3$

A demonstração do teste das derivadas parciais segundas é bem mais complexa que para a derivada segunda de funções de uma variável, e pode ser encontrada em livros mais teóricos e mais úteis para os cursos de formação em Matemática Pura e Aplicada. Neste livro, daremos somente um resumo que você deve usar em todos os exercícios.

Matemática para Economia e Administração

Considere uma função $f(x, y)$ e suponha que f_x e f_y existem e que:

$$f_x(a, b) = 0 \quad \text{e} \quad f_y(a, b) = 0$$

A diferença:

$$D = f_{xx}(a, b) \cdot f_{yy}(a, b) - [f_{xy}(a, b)]^2$$

e o Quadro 6.1 indicam o caminho para se classificar um ponto em máximo relativo, mínimo relativo ou ponto de sela:

Quadro 6.1.

Sinal de D	Sinal de f_{xx} (ou f_{yy})	(a, b)
+	+	Mínimo relativo
+	−	Máximo relativo
−		Ponto de sela

Do mesmo modo que para as funções de uma variável, para identificar máximos e mínimos absolutos é necessário comparar os valores dos máximos e mínimos relativos e determinar os valores da função nos limites de seu domínio, quando limitado.

Agora, podemos voltar ao problema da editora, em que a receita de acordo com as duas versões do dicionário era dada por:

$$f(p, q) = p(348 - 2p - 2q) + q(448 - 2p - 3q)$$

Para obter a resposta, determine (p, q) tal que $f_p = 0$ e $f_q = 0$.

$$f_p = [1(348 - 2p - 2q) + p(-2)] + q(-2) \Rightarrow f_p = -4p - 4q + 348$$

$$f_q = p(-2) + [1(448 - 2p - 3q) + q(-3)] \Rightarrow f_q = -4p - 6q + 448$$

$$f_p = 0 \text{ e } f_q = 0 \Rightarrow \begin{cases} -4p - 4q + 348 = 0 & \text{①} \\ -4p - 6q + 448 = 0 \end{cases}$$

Pelo método da adição, temos:

$$+\begin{array}{r} 4p + 4q - 348 = 0 \\ -4p - 6q + 448 = 0 \\ \hline -2q + 100 = 0 \end{array}$$

$$q = 50 \Rightarrow q = \text{R\$ } 50{,}00 \quad \text{②}$$

De ① e ②, temos:

$$4p + 4q = 348 \Rightarrow p + q = 87 \Rightarrow p + 50 = 87 \Rightarrow p = \text{R\$ } 37{,}00$$

Tão importante quanto encontrar o ponto (p, q), ou seja, (37, 50), é descobrir se temos um máximo relativo, um mínimo relativo ou um ponto de sela.

Veja:

$$f_{pp} = -4; f_{qq} = -6; f_{pq} = f_{qp} = -4$$
$$D = (-4)(-6) - (-4)^2 = 8 > 0$$

Para maximizar a receita, a versão em brochura deve ser vendida por R$ 37,00 e a em capa dura por R$ 50,00.

Em muitas situações práticas de Administração e Negócios, o problema consiste em maximizar ou minimizar uma função. Por exemplo, se um fabricante produz duas mercadorias, ele poderá minimizar o custo-conjunto (custo total), ou uma empresa poderá maximizar a sua receita utilizando dois meios de propaganda, como jornal e televisão.

EXERCÍCIO RESOLVIDO

ER13 Determine os máximos relativos, mínimos relativos e pontos de sela, se houver, da função $f(x, y) = 4x^2 + 2x \cdot y + y^2 - 6x + 10$. Classifique cada ponto mediante o teste das derivadas parciais segundas e determine o valor $f(x, y)$ da função para esses pontos.

Resolução:

Calculamos as derivadas parciais e resolvemos o sistema de equações $f_x = 0$ e $f_y = 0$:

$$f_x = 8x + 2y - 6$$
$$f_y = 2x + 2y$$

$$f_x = 0 \text{ e } f_y = 0 \Rightarrow \begin{cases} 4x + y = 3 \\ x + y = 0 \end{cases} \Rightarrow x = 1 \text{ e } y = -1$$

Classificamos o ponto $(1, -1)$:

$$f_{xx} = 8; f_{yy} = 2; f_{xy} = 2 = f_{yx}$$
$$D = 8 \cdot 2 - 2^2 = 12$$

A função $f(x, y)$ tem um mínimo relativo, pois $D > 0$ em $(1, -1)$ e o sinal de f_{xx} (ou f_{yy}) é positivo. Portanto, o valor da função para $(1, -1)$ é

$$f(1, -1) = 4 - 2 + 1 - 6 + 10 = 7$$

ATIVIDADES

40. Determine os máximos relativos, mínimos relativos e pontos de sela, se houver, de cada função. Classifique cada ponto mediante o teste das derivadas parciais segundas e determine o valor f(x, y) da função para esses pontos.

a) $f(x, y) = 8x \cdot y + \dfrac{4}{x} + \dfrac{2}{y}$

b) $f(x, y) = \dfrac{y}{2(x^2 + y^2 + 1)}$

41. Considere a função de duas variáveis expressa por $f(x, y) = 2 + (y - 3) \cdot \ln(x \cdot y)$. Determine as derivadas parciais f_x, f_y, f_{xx}, f_{yy}, f_{xy} e f_{yx} no ponto em que $x = \dfrac{1}{3}$ e $y = 3$.

42. Determine os máximos relativos, mínimos relativos e pontos de sela, se houver, da função $f(x, y) = 2 + (y - 3) \ln(x \cdot y)$ e demonstre o tipo de ponto mediante o procedimento $D = f_{xx}(a, b) \cdot f_{yy}(a, b) - [f_{xy}(a, b)]^2$.

43. Uma companhia fabrica dois itens que são vendidos em mercados separados. As quantidades x e y pedidas pelos consumidores e os preços p e q, em reais, de cada item são relacionados por $p = 601 - 0,3x$, para o primeiro item, e $q = 501,5 - 0,2y$, para o segundo. Assim, se o preço de qualquer um dos dois itens aumenta, a demanda por ele decresce.

    O custo total da empresa na produção dos dois itens é dado por:
    $$C(x, y) = 16 + x + 1,5y + 0,2x \cdot y \text{ reais}$$
    A quanto a companhia deve vender cada produto para maximizar o seu lucro?

44. Um artesão produz e vende, nos finais de semana e feriados, dois tipos de colares em quantidades x e y, cujas funções demanda são dadas por:
    $$\text{colar A: } p = 39 - 3x \text{ reais}$$
    $$\text{colar B: } q = 45 - 5y \text{ reais}$$
    O custo na produção dos colares é dado por:
    $$C(x, y) = \left(x - \frac{5}{2}\right)^2 + 2(x - 1)(y - 1) + 3\left(y - \frac{11}{6}\right)^2 \text{ reais}$$
    Determine os preços p e q de cada colar que maximizam o lucro do artesão.

45. Suponha que uma mesma empresa produza dois tipos de computadores. As funções demanda, em determinado estado brasileiro, são dadas por:
    $$x = (810 - 1,5p + q) \text{ modelos A} \quad \text{e} \quad y = (720 + p - 1,5q) \text{ modelos B}$$
    em que p e q representam os preços dos computadores A e B, respectivamente.

    Considere que o custo de cada computador para a empresa, ou seja, o custo médio, é dado por:
    $$A \to R\$ \ 436,00 \qquad B \to R\$ \ 264,00$$
    Se a empresa vender todos os computadores, qual é o maior lucro que pode obter?

Reta dos mínimos quadrados

Muitas vezes, temos necessidade de compreender a tendência de um conjunto de pares ordenados que expressam determinada situação concreta. Assim, por exemplo, se um empresário tem a receita anual de sua empresa nos primeiros quatro anos de funcionamento como sendo:

Ano	2010	2011	2012	2013
Receita (em milhões)	0,6	1	1,5	2

pode ser importante para as decisões que vai tomar prever a sua receita anual, por exemplo, nos próximos dois anos. Observe a Figura 6.20.

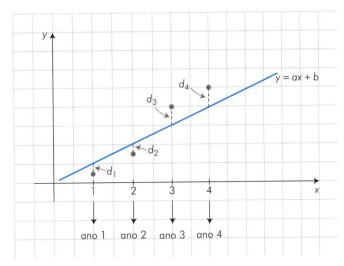

Figura 6.20.

Para isso, um dos métodos mais usados é buscar a equação da reta que mais se aproxima desses quatro pontos, ou seja, a reta que melhor se ajusta a esses pontos.

Poderíamos pensar em procurar a reta cuja soma das distâncias a ela fosse a menor possível. Mas o cálculo da distância à reta é muito trabalhoso, por isso é preferível utilizar as distâncias verticais d_1, d_2, d_3 e d_4.

Em um primeiro momento, parece que a reta que melhor se ajusta aos pontos é aquela cuja soma das distâncias verticais é mínima. Mas esse não é um bom método, porque teríamos de usar módulos: como não sabemos se o ponto está acima ou abaixo da reta, poderíamos, sem querer, trabalhar com distâncias positivas e negativas, o que inviabilizaria o ajuste dos pontos.

O método mais comum é calcular a soma S dos quadrados das distâncias verticais d_1, d_2, d_3 e d_4 entre os pontos e a reta $y = ax + b$.

Como a soma S é uma função de duas variáveis a e b, a reta que melhor se ajusta aos pontos é aquela cujos valores a e b minimizam a função $S(a, b)$. Veja:

$S(a, b) = d_1^2 + d_2^2 + d_3^2 + d_4^2$
$S(a, b) = (a + b - 0{,}6)^2 + (2a + b - 1)^2 + (3a + b - 1{,}5)^2 + (4a + b - 2)^2$

$S_a = 2(a + b - 0{,}6)1 + 2(2a + b - 1)2 + 2(3a + b - 1{,}5)3 + 2(4a + b - 2)4$
$S_b = 2(a + b - 0{,}6) + 2(2a + b - 1) + 2(3a + b - 1{,}5) + 2(4a + b - 2)$

Simplificando as duas expressões, temos:

$$\begin{cases} S_a = 60a + 20b - 30{,}2 \\ S_b = 20a + 8b - 10{,}2 \end{cases}$$

$S_a = 0$ e $S_b = 0 \Rightarrow a = 0{,}47$ e $b = 0{,}1$

Como:

$$S_{aa} = 60 \qquad S_{bb} = 8 \qquad S_{ab} = S_{ba} = 20$$

$$D = 60 \cdot 8 - 20^2 = 80$$

temos $D > 0$ e $S_{aa} > 0$ e, portanto, a função tem um mínimo relativo em $(0,47; 0,1)$.

A equação da reta que melhor se ajusta aos pontos é:

$$y = 0,47x + 0,1$$

EXERCÍCIO RESOLVIDO

ER14 No exemplo acima, estime a receita anual do empresário nos próximos dois anos.

Resolução:

Primeiro ano: $y = 0,47 \cdot 5 + 0,1 = 2,45$
Segundo ano: $y = 0,47 \cdot 6 + 0,1 = 2,92$

Nos próximos dois anos a receita anual do empresário será de 2,45 milhões de reais em 2013 e 2,92 milhões de reais em 2014.

O exemplo que resolvemos no ER14 pode indicar o caminho para encontrar a equação da reta $y = ax + b$ que mais se ajusta a um conjunto de pontos $(x_1, y_1), (x_2, y_2), ..., (x_n, y_n)$, conhecido como método de mínimos quadrados. Basta determinar os valores a e b que minimizam a função:

$$S(a, b) = d_1^2 + d_2^2 + ... + d_n^2$$
$$S(a, b) = (ax_1 + b - y_1)^2 + (ax_2 + b - y_2)^2 + ... + (ax_n + b - y_n)^2$$

Generalizando o método, é possível demonstrar que os valores a e b para os quais a função $S(a, b)$ assume o seu menor valor são dados pelas fórmulas:

$$a = \frac{\Sigma xy - \frac{(\Sigma x)(\Sigma y)}{n}}{\Sigma x^2 - \frac{(\Sigma x)^2}{n}} \quad \text{e} \quad b = \frac{\Sigma y}{n} - a\frac{\Sigma x}{n}$$

em que:

$\Sigma x = x_1 + x_2 + ... + x_n \qquad \Sigma xy = x_1 \cdot y_1 + x_2 \cdot y_2 + ... + x_n \cdot y_n$

$\Sigma y = y_1 + y_2 + ... + y_n \qquad \Sigma x^2 = x_1^2 + x_2^2 + ... + x_n^2$

n = número de pontos dados

Observação: omitimos os índices dos somatórios somente para simplificar a notação.

EXERCÍCIO RESOLVIDO

ER15 Determine a reta que melhor se ajusta aos pontos da tabela abaixo.

x	1	2	3	4
y	6	5,5	3	0,5

Resolução:

Para determinar a reta que melhor se ajusta aos pontos, construímos esta outra tabela:

					Σ
x	1	2	3	4	10
y	6	5,5	3	0,5	15
x·y	6	11	9	2	28
x^2	1	4	9	16	30

Portanto: $\sum x = 10$ $\sum xy = 28$
$\sum y = 15$ $\sum x^2 = 30$
$n = 4$

Usando as fórmulas:

$$a = \frac{28 - \frac{10 \cdot 15}{4}}{30 - \frac{10^2}{4}} = -1,9$$

$$b = \frac{15}{4} - (-1,9) \cdot \frac{10}{4} = 8,5$$

A reta que melhor se ajusta aos pontos da tabela é:

$$y = -1,9x + 8,5$$

Atualmente, as modernas calculadoras financeiras calculam diretamente os valores *a* e *b* da reta dos mínimos quadrados, e não há necessidade, realmente, de utilizar essas fórmulas. Para calcular os valores de *a* e *b* elas apresentam algumas diferenças que você pode observar com o próprio manual.

Matemática para Economia e Administração

Assim, se utilizamos, por exemplo, a calculadora financeira HP 12C, ou a simulamos no computador, colocamos todos os pares ordenados, primeiro y e depois x, seguindo estes passos:

$$6 \quad \boxed{ENTER} \quad\quad 1 \quad \boxed{\Sigma+}$$
$$5{,}5 \quad \boxed{ENTER} \quad\quad 2 \quad \boxed{\Sigma+}$$
$$3 \quad \boxed{ENTER} \quad\quad 3 \quad \boxed{\Sigma+}$$
$$0{,}5 \quad \boxed{ENTER} \quad\quad 4 \quad \boxed{\Sigma+}$$

À medida que os dados são teclados, a calculadora vai formando a equação $y = ax + b$.

Quando colocamos todos os dados, teclamos:

$$0 \quad \boxed{\hat{y}} \quad \rightarrow 8{,}5$$

Isso significa que atribuímos o valor 0 a x para obter o valor de b:

$$y = ax + b$$
$$a \cdot 0 + b = 8{,}5$$

Podemos agora atribuir qualquer outro valor e encontrar a:

$$1 \quad \boxed{\hat{y}} \quad \rightarrow 6{,}6$$
$$y = ax + b$$
$$a \cdot 1 + 8{,}5 = 6{,}6 \Rightarrow a = 6{,}6 - 8{,}5 = -1{,}9$$

Aqui está a equação:

$$y = -1{,}9x + 8{,}5$$

Nas atividades seguintes, é conveniente usar uma calculadora financeira ou simulá-la no computador para determinar a reta dos mínimos quadrados.

ATIVIDADES

46. Nas tabelas abaixo, p é o preço de mercado para o qual todas as x unidades de certo produto serão vendidas e q é o preço de venda para o qual x unidades do mesmo produto serão disponiblizadas no mercado.

Demanda				
x	10	15	20	30
p (em reais)	110	95	80	50

Oferta				
x	50	65	75	90
q (em reais)	140	170	190	220

a) Expresse as funções demanda e oferta na forma $p = ax + b$ e $q = ax + b$.
b) Determine o preço e a quantidade de equilíbrio.

c) Se o custo para produzir x unidades é dado por $C(x) = x^3 - 11x^2 + 3.000$ reais, qual é o preço p que maximiza o lucro?

46. Leia a notícia abaixo e utilize as informações que julgar necessárias para responder ao que se pede.

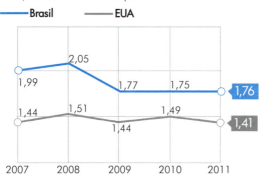

VAREJO MIRA PREVENÇÃO DE PERDAS
Com retomada de inflação, setor ganha importância para manter lucro

Índice de perdas no varejo
Em %, sobre o faturamento líquido do setor
— Brasil   — EUA

2007: 1,99 / 1,44
2008: 2,05 / 1,51
2009: 1,77 / 1,44
2010: 1,75 / 1,49
2011: 1,76 / 1,41

R$ 18,5 milhões
é a perda em valores do varejo brasileiro em 2011

Perdas por segmento	Em %
Supermercado	1,96
Farmácias e drogarias	0,38
Outros*	0,19
Média do varejo	1,76

Causas das perdas
Furto externo	19
Furto interno	16
Erros administrativos	16
Fornecedores	10
Quebra operacional**	32
Outros ajustes	10

Quem participou da pesquisa
Empresas	275
Lojas	4.486
Centros de distribuição	413

(*) O grupo "outros" inclui varejo da construção civil e lojas de conveniência e roupa, mas não na totalidade desses segmentos.
(**) Quebra operacional inclui produtos danificados por clientes, por funcionários, com validade vencida, embalagens vazias com contéudo furtado.
Fonte: Provar (Programa do Varejo) da USP

Adaptado de: ROLLI, C. Varejo investe em prevenção de perdas para recuperar os lucros.
Folha de S.Paulo, São Paulo, 6 jun. 2013.

a) Determine as equações das retas de mínimos quadrados para o índice de perdas no varejo, no Brasil e nos Estados Unidos. Considere $x = 0$ o ano 2007, $x = 1$ o ano 2008, e assim sucessivamente, e y, o índice de perdas, em porcentagem.
b) Em que ano, aproximadamente, os índices de perdas no varejo serão iguais no Brasil e nos Estados Unidos?

48. Suponha que com o salário mínimo em alta, R$ 465,00, e baixa inflação, a cesta básica pode ser adquirida por R$ 206,60.
  a) Estime a evolução do salário mínimo mediante a função $y = ax + b$.
  b) Faça uma estimativa do ano em que um salário mínimo poderá adquirir 3 cestas básicas.

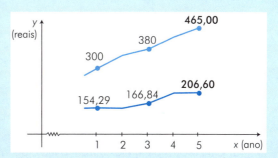

Matemática para Economia e Administração

BANCO DE QUESTÕES

38. Determine os máximos relativos, mínimos relativos e pontos de sela, se houver, de cada função. Use o teste das derivadas parciais segundas para demonstrar se a função tem um máximo relativo, um mínimo relativo ou um ponto de sela.

a) $f(x, y) = 2 + x^2 - y^2$

b) $f(x, y) = \dfrac{x^2}{2} - x \cdot y + y^2 + 2{,}5x - 3y + 1$

c) $g(x, y) = 2x \cdot y + y - x$

d) $F(x, y) = -x^2 + y^2 + 4x - 2y + 10$

39. Considere a função $f(x, y) = 4 + (x - y)^4 + (y - 2)^4$.

a) Calcule os valores de x e y tais que $f_x = 0$ e $f_y = 0$.

b) Calcule os valores de f_{xx}, f_{yy}, f_{xy} e f_{yx} para o par ordenado (a, b) encontrado no item anterior.

c) Mostre que a diferença $D = f_{xx} \cdot f_{yy} - (f_{xy})^2$ é igual a 0 para os valores $x = a$ e $y = b$ encontrados no item a.

d) Se $D = 0$, o teste das derivadas parciais segundas não funciona e, por isso, $f(a, b)$ deve ser examinada mais cuidadosamente nas proximidades do ponto encontrado no item (a) para saber se a função tem um máximo relativo, mínimo relativo ou ponto de sela.
Suponha que m e n sejam dois números positivos ou negativos, arbitrariamente pequenos. Calcule a diferença $f(a + m, b + n) - f(a, b)$ e classifique o ponto (a, b) encontrado no item (a).

40. A figura ao lado representa a função:

$f(x, y) = 3(x^2 + y^2) - 4x \cdot y - 12y + 100$

Qual é o menor valor da função?

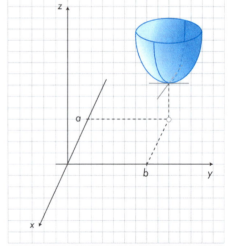

41. Um monopolista produz e vende determinado modelo de tênis em dois estados brasileiros com as seguintes funções demanda mensal:

    Estado A: $x = (180 - p)$ unidades   Estado B: $y = (210 - q)$ unidades

Os valores p e q representam os preços do tênis nos estados A e B, respectivamente. O custo total, em reais, é expresso, dentro de determinada faixa de valores, por $C(x, y) = (x + y)^2$.

a) Que preços p e q maximizam o lucro do fabricante?

b) Qual é o lucro máximo que pode ser obtido se forem vendidos todos esses tênis?

42. Determine as coordenadas dos máximos relativos, mínimos relativos e pontos de sela, se houver, de cada função.

a) $f(x, y) = 1 + (y - 5) \ln (x \cdot y)$
b) $f(x, y) = e^{x^2 + y^2 - 4x}$

43. Ache os preços p e q que maximizam o lucro e o valor do lucro máximo dadas as funções:

demanda $\longrightarrow \begin{matrix} x = -0,5p + q \\ y = 10 + 0,5p - 1,5q \end{matrix}$ custo-conjunto $\longrightarrow C(x, y) = 4x + y$

44. A função $f(x, y) = 20 - x^2 + 8,25x - y^2 + 4,5y$ expressa o número de miniaturas de roupas produzidas quando são usadas x unidades de massa de um tipo de tecido e y unidades de outro tipo. Os preços das matérias-primas utilizadas são:

$x \to$ R$ 2,00 por unidade de massa $y \to$ R$ 4,00 por unidade de massa

Cada miniatura é vendida a R$ 8,00. Quantas miniaturas devem ser fabricadas e vendidas para se obter o maior lucro possível?

45. Quais são as coordenadas (x, y, z) do mínimo relativo da função $f(x, y)$ da figura abaixo?

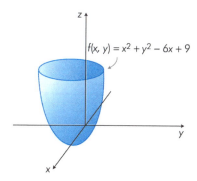

$f(x, y) = x^2 + y^2 - 6x + 9$

46. Uma editora promove em um domingo o lançamento, em duas versões, do livro *Aves do Pantanal*, em uma pequena feira de livros.

As funções demanda são expressas por:

versão normal $\to p = 130 - x$ reais
versão de bolso $\to q = 70 - y$ reais

A função custo-conjunto ou custo total é dada por $C(x, y) = \dfrac{x \cdot y}{2}$.

Que preços das duas versões proporcionam o maior lucro da editora nesse dia?

47. Quais são as coordenadas (x, y, z) do mínimo relativo da função $f(x, y) = x^3 + y^3 - 6x \cdot y$?

JUPITERIMAGES

Matemática para Economia e Administração

Nos exercícios seguintes, é conveniente usar uma calculadora.

48. Uma empresa de turismo construiu a seguinte tabela de dados, relacionando o lucro anual da firma com o gasto anual em propaganda:

Gasto anual em propaganda x (em milhares de reais)	Lucro anual y (em milhares de reais)
12	60
15	80
18	90
20	110
30	120

a) Aproxime os dados da tabela mediante a função $y = ax + b$.
b) Se o orçamento anual de propaganda está limitado a R$ 25.000,00, faça uma estimativa do lucro anual.

49. Faltavam somente quatro provas para terminar o campeonato de Fórmula 1. Mediante as retas dos mínimos quadrados, faça uma projeção para estimar quem venceria o campeonato se essa tendência de pontos fosse mantida.

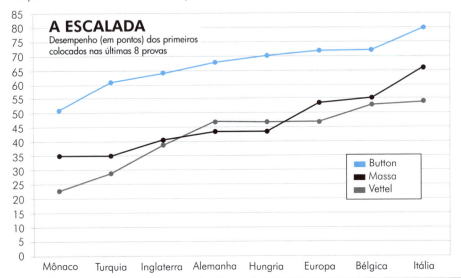

50. Principalmente devido às expansões das áreas de agricultura e pecuária nas regiões do Cerrado brasileiro, um animal em perigo de extinção é o lobo-guará. Suponha que, em determinada região, a população de lobos-guarás esteja decrescendo segundo os dados da tabela ao lado.

Ano (x)	População (y)
2009	117
2010	115
2011	111
2012	109
2013	?

a) Expresse os dados da tabela mediante a função $y = ax \cdot b$, que $x = 0$ representa o ano 2009, $x = 1$ o ano de 2010, $x = 2$ o ano de 2011 e assim por diante e y, a população de lobos-guarás.
b) Estime a população de lobos-guarás em 2013.
c) Em que ano será atingido o ponto em que a extinção é inevitável, considerado pelos biólogos em 100 indivíduos?

6.6 Multiplicadores de Lagrange

Um dos mais notáveis matemáticos do século XVIII, Joseph Louis Lagrange (1736-1813), que nasceu em Turim, Itália, filho de pais franceses, estava sempre à procura de métodos gerais e rigorosos para a solução de certos problemas.

Suponha que uma fábrica produza dois tipos de máquinas em quantidades x e y com a seguinte função custo:

$$f(x, y) = 4x^2 + 6y^2 - 2x \cdot y$$

e que essa fábrica tenha de produzir, por ano, um total de 36 máquinas, independentemente do tipo, ou seja, $x + y = 36$. Para minimizar o custo, quantas máquinas de cada tipo deve produzir?

Você deve estar pensando: podemos expressar uma variável em termos da outra, por exemplo, $y = 36 - x$, substituí-la na expressão $f(x, y) = 4x^2 + 6y^2 - 2x \cdot y$ e minimizar a função resultante que tem uma única variável:

$$f(x) = 4x^2 + 6(36 - x)^2 - 2x(36 - x)$$
$$f'(x) = 8x - 432 + 12x - 72 + 4x = 24x - 504$$
$$f'(x) = 0 \Rightarrow x = 21$$
$$y = 36 - 21 \Rightarrow y = 15 \text{ máquinas}$$
$$f''(x) = 24 \text{ e } f''(21) > 0$$

O método de Lagrange, extremamente útil quando é difícil expressar uma das variáveis em termos da outra, consiste em introduzir uma outra variável, λ, o multiplicador, e construir a função:

$$F(x, y, \lambda) = 4x^2 + 6y^2 - 2x \cdot y - \lambda \underbrace{(x + y - 36)}_{\substack{\text{condição:} \\ x + y - 36 = 0}}$$

O próximo passo é calcular as derivadas parciais F_x, F_y e F_λ e igualar a zero os resultados:

$$\begin{cases} F_x = 8x - 2y - \lambda = 0 \\ F_y = 12y - 2x - \lambda = 0 \\ F_\lambda = -(x + y - 36) = 0 \end{cases}$$

Note que quando resolvemos o sistema de três equações, a condição $x + y - 36 = 0$ fica incorporada ao problema, e os máximos ou mínimos valores possíveis satisfazem a condição. Em geral, é conveniente eliminar a variável λ.

$$+\begin{array}{r} 8x - 2y - \lambda = 0 \\ 2x - 12y + \lambda = 0 \\ \hline 10x - 14y = 0 \Rightarrow x = \dfrac{7y}{5} \end{array}$$

Como $x + y = 36$, temos:

$$\frac{7y}{5} + y = 36 \Rightarrow y = 15 \text{ e } x = 21$$

Devem ser produzidas 21 máquinas de um tipo e 15 máquinas de outro.

Fundamentalmente, essa é a ideia do método de Lagrange: mostrar os máximos ou mínimos valores possíveis, a fim de se obter somente os valores que satisfazem a condição. Neste caso, teríamos de testar os valores (21, 15) como máximos ou mínimos.

O método de Lagrange pode ser estendido a funções de n variáveis, sujeitas a k condições, o que torna o teste das derivadas parciais segundas que usamos para funções de duas variáveis cada vez mais complexo.

Em geral, vamos supor que os máximos ou mínimos que encontramos são os que estávamos procurando, mas é conveniente fazer sempre uma verificação, que, embora não valha como prova, pode ser útil se cometemos algum erro por distração. Assim, calculamos o custo para $x = 21$ e $y = 15$:

$$f(21, 15) = 4 \cdot 21^2 + 6 \cdot 15^2 - 2(21)(15) = 2.484$$

Tomamos outros pares ordenados próximos a esse, mas que satisfaçam a condição, e calculamos novamente o custo. Os valores que vamos encontrar devem ser maiores que 2.484.

Veja:

Se $x = 21,2$ temos $y = 36 - 21,2 = 14,8$, daí $f(21,2; 14,8) = 2.484,48$.
Se $x = 20,9$ temos $y = 36 - 20,9 = 15,1$, daí $f(20,9; 15,1) = 2.484,12$.

EXERCÍCIOS RESOLVIDOS

ER16 Se a quantidade $P(x, y)$ de um produto é fabricada utilizando-se as quantidades x e y de dois fatores de produção (trabalho, capital, máquinas), então a função de produção dá a quantidade de produtos finais $P(x, y)$ quando as quantidades x e y dos insumos são usadas ao mesmo tempo.

A função de produção de uma empresa é dada por $P(x, y) = 180x^{0,4} \cdot y^{0,2}$ unidades. O orçamento total para adquirir os insumos x e y é R$ 18.000,00, podendo a empresa comprá-los aos preços unitários de R$ 80,00 e R$ 12,00, respectivamente. Qual é a combinação de insumos que maximiza a produção, considerando que vamos usar exatamente o orçamento de R$ 18.000,00?

Resolução:

Podemos usar o método de Lagrange para calcular a combinação de insumos que maximiza a produção.

$$F(x, y, \lambda) = 180x^{0,4} \cdot y^{0,2} - \lambda(80x + 12y - 18.000)$$

$$\begin{cases} F_x = 72x^{-0,6} \cdot y^{0,2} - 80\lambda = 0 \\ F_y = 36x^{0,4} \cdot y^{-0,8} - 12\lambda = 0 \\ F_\lambda = -(80x + 12y - 18.000) = 0 \end{cases}$$

$$F_x = F_y = 0 \Rightarrow \frac{72x^{-0,6} \cdot y^{0,2}}{80} = \frac{36x^{0,4} \cdot y^{-0,8}}{12} \Rightarrow \frac{3y^{0,2}}{10x^{0,6}} = \frac{x^{0,4}}{y^{0,8}}$$

$10x = 3y$ e $F_\lambda = 0 \Rightarrow 8 \cdot 10x + 12y = 18.000 \Rightarrow 8 \cdot 3y + 12y = 18.000 \Rightarrow$
$\Rightarrow 36y = 18.000 \Rightarrow y = 500$ unidades e $x = 150$ unidades

Note que $P(150, 500) \cong 4.629$ unidades. Se escolhemos, por exemplo, $x = 140$ e calculamos y na condição:

$$80 \cdot 140 + 12y - 18.000 = 0 \Rightarrow y \cong 567$$

o valor da função $P(140, 567) \cong 4.618$ unidades e é menor que $P(150, 500)$.

ER17 Determine o ponto de mínimo da função a seguir, se $2x + y \geqslant 18$.

$$f(x, y) = 4x^2 + 5y^2 - 6x$$

Resolução:
Em algumas situações podemos modificar o método dos multiplicadores de Lagrange para determinarmos o máximo ou mínimo de uma função de duas variáveis sujeita a uma restrição de desigualdade. Suponha que a restrição de desigualdade seja válida como uma restrição de igualdade.

$$F(x, y, \lambda) = 4x^2 + 5y^2 - 6x - \lambda(2x + y - 18)$$

Calculamos as três derivadas parciais:

$$F_x = 8x - 6 - 2\lambda$$
$$F_y = 10y - \lambda$$
$$F_\lambda = -(2x + y - 18)$$

Resolvemos o sistema de três equações $F_x = 0$, $F_y = 0$ e $F_\lambda = 0$ e obtemos:

$$x = 7,625, \, y = 2,75 \text{ e } \lambda = 27,5$$

Consideramos a função $f(x, y) = 4x^2 + 5y^2 - 6x$ e calculamos

$$f(7,625; \, 2,75) = 316,125$$

Agora consideramos pares ordenados (x, y) que satisfazem a restrição de desigualdade $2x + y \geqslant 18$ e substituímos na função $f(x, y) = 4x^2 + 5y^2 - 6x$. Os valores que vamos obter devem ser maiores que 316,125.

Por exemplo:
$$f(20, 20) = 3.480$$
$$f(10, 40) = 8.340$$

A função sujeita à restrição de desigualdade tem um ponto de mínimo em (7,625; 2,75). Os outros dois pontos que consideramos foi somente para descobrir algum erro que poderíamos ter cometido.

ATIVIDADES

49. Uma ONG precisa decidir como utilizar integralmente a quantia de R$ 2.000,00 destinada a uma comunidade carente. O número de pessoas da comunidade que receberiam x sacos de arroz e y sacos de feijão é dado por $P(x, y) = x + 2y + \dfrac{x^2 \cdot y^2}{2 \cdot 10^4} - 20.000$.

    Se os custos por saco de arroz e feijão são, respectivamente, R$ 5,00 e R$ 10,00, como os dirigentes da ONG deveriam alocar os recursos doados para beneficiar o maior número possível de pessoas da comunidade? Quantas pessoas, no máximo, seriam beneficiadas?

50. Uma empresa constrói barracas de lona para praia, com dois lados quadrados e uma cobertura. Se ela utilizar 37,5 metros quadrados de lona para cada barraca, qual deverá ser o maior espaço interior, ou seja, o volume, que poderá construir?

51. Suponha que uma nova empresa receba um pedido para fabricar 8.000 bolas de tênis. Para isso, ela terá de importar certo número de máquinas, cada uma capaz de produzir 20 bolas automaticamente. O custo de preparar e programar as máquinas para fabricar as bolas é de R$ 80,00 por máquina. Serão necessários dois trabalhadores especializados para supervisionar as máquinas, cada um deles recebendo R$ 10,00 por hora. Quantas máquinas a empresa deve importar para minimizar o custo de produção das bolas?

52. Em seu primeiro ano em uma faculdade de Engenharia, Pablo vai utilizar integralmente os R$ 720,00 que economizou para comprar apostilas e livros. Cada apostila custa em média R$ 40,00 e cada livro, R$ 80,00. Suponha que a função utilidade de Pablo na compra de x apostilas e y livros seja dada por $U(x, y) = 2 \cdot \ln(x + 12) + \ln(y + 3)$. Como deve combinar a compra de apostilas e livros para maximizar a função utilidade? Lembre-se de que a derivada da função $f(x) = \ln x$ é $f'(x) = \dfrac{1}{x}$.

53. Em uma festa popular de uma cidade do interior do Paraná, seriam vendidos somente dois tipos de chope, produzidos pelo mesmo fabricante. Uma pesquisa sugeriu que a procura pelos dois tipos de chope podia ser expressa pela função demanda:

chope claro: $x = (3{,}95 - 0{,}5p)$ centenas de jarras
chope escuro: $y = (6{,}2 - 2q)$ centenas de jarras

em que p é o preço de cada jarra de chope claro e q é o preço por jarra de chope escuro.

O custo total independe do tipo de chope e é dado pela função $C(x, y) = (x + y)^2$.
Lembre-se de que para qualquer função demanda $p = f(x)$, a receita é igual ao produto de x (número de unidades demandadas) por p (preço de cada unidade demandada).

a) A que preço deve ser vendida cada jarra para maximizar o lucro?
b) Se o fabricante decidir que a jarra de chope escuro deverá custar a metade da jarra de chope claro, quanto deverá custar, aproximadamente, a jarra de cada tipo de chope para maximizar o lucro?

54. Suponha que a função utilidade de um grupo de amigos na festa do exercício anterior seja expressa por $U(x, y) = x^3 \cdot y$, em que x é o número de jarras de chope claro e y o número de jarras de chope escuro que pretendem consumir. Eles têm somente R$ 48,00 para gastar em bebidas alcoólicas, e as jarras custam:

chope claro: R$ 6,00
chope escuro: R$ 3,00

Quantas jarras de cada tipo de chope devem comprar para maximizar sua utilidade, considerando que vão gastar exatamente R$ 48,00?

55. No lançamento de um novo livro, a editora resolveu disponibilizá-lo em capa dura e em brochura. Suponha que, no dia do lançamento, a demanda dos consumidores tenha sido:

capa dura: $q_1 = 20{,}25 - 0{,}5p_1$
brochura: $q_2 = 28{,}5 - p_2$

em que p_1 e p_2 são os preços dos livros em capa dura e em brochura, respectivamente, em euros, e q_1 e q_2 as quantidades em capa dura e em brochura, respectivamente, em mil exemplares.

O custo total da editora, independentemente do tipo de capa, é dado por $(q_1 + q_2)^2$.

a) A que preço deve ser vendido cada livro para se obter o maior lucro possível?
b) Suponha que a editora estabeleça que a diferença entre os preços de venda seja de 5 euros. Nesse caso, a que preço deve vender cada livro para maximizar o seu lucro?

56. Uma fábrica produz dois tipos de tratores em quantidades x e y. A função custo-conjunto é dada por $C(x, y) = 2x^2 + y^2 - xy$. Para minimizar o custo quantos tratores de cada tipo devem ser produzidos a fim de que se tenha um total mensal de pelo menos 24 tratores?

57. O lucro na produção e comercialização de dois tipos de cortadores de gramas em quantidades x e y é expresso por:

$$L(x, y) = 12xy - 3x^2 - y^2$$

A capacidade de produção da fábrica é de, no máximo, 32 cortadores por mês. Quantos cortadores devem ser produzidos e comercializados de modo a se obter o maior lucro possível?

Inequações lineares

Quando procuramos o menor valor de uma função, como, por exemplo, $f(x) = |x|$, não podemos usar a função derivada porque ela não existe no ponto $(0, 0)$.

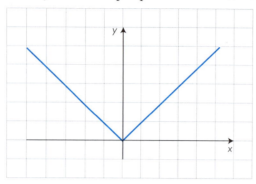

Figura 6.21.

Do mesmo modo, em muitos problemas não podemos usar o método dos multiplicadores de Lagrange porque as derivadas parciais não existem ou não são simultaneamente iguais a zero. Temos de buscar outros caminhos.

Suponha que um grupo de empresários, proprietários de uma rede de bicicletarias, reforme bicicletas usadas em duas oficinas de sua propriedade. A oficina A trabalha no máximo 180 horas por mês e a oficina B, 150. A reforma mais simples de uma bicicleta requer 4 horas na oficina A e 2 horas na oficina B. A reforma completa, com acessórios para deixar a bicicleta mais moderna, exige 6 horas na oficina A e 6 horas na oficina B. Sabendo que o lucro de venda é de R$ 60,00 para uma bicicleta mais simples e R$ 80,00 para uma bicicleta mais elaborada, quantas bicicletas de cada tipo eles devem reformar por mês para obter o maior lucro possível se venderem todas as bicicletas?

Podemos pensar assim:

x = número de bicicletas mais simples

y = número de bicicletas com acessórios

Expressamos algebricamente a função lucro que o grupo de empresários deve maximizar:

$$L(x, y) = 60x + 80y$$

Expressamos o sistema de inequações com seus limites e traçamos o gráfico da interseção das soluções dessas inequações, como mostra a Figura 6.22.

$\begin{cases} x \geq 0 \\ y \geq 0 \\ 4x + 6y \leq 180 \\ 2x + 6y \leq 150 \end{cases}$ — não se pode reformar um número negativo de bicicletas

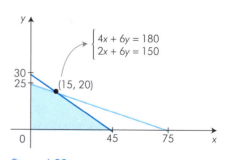

Figura 6.22.

Para qualquer valor de L, por exemplo, $L = 0$, o gráfico da equação do lucro é uma reta. Para um valor maior de L, tal como $L = 8.000$, o gráfico da equação do lucro é uma reta paralela ao gráfico de $L = 0$, já que têm declividades iguais, porém com uma ordenada maior na intersecção com o eixo y. Isso sugere que, se uma expressão linear como $60x + 80y$ é calculada com os pares ordenados de um polígono convexo e seu interior, ela toma o máximo valor em um dos vértices do polígono (e o valor mínimo em outro vértice), como mostra a Figura 6.23.

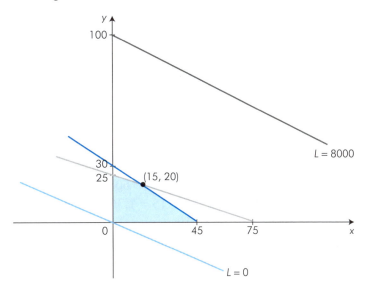

Figura 6.23.

Por substituição, determinamos os valores da função lucro nos vértices:

Vértice	60x + 80y	L(x, y)
(0, 0)	60 · 0 + 80 · 0	0
(45, 0)	60 · 45 + 80 · 0	2.700
(15, 20)	60 · 15 + 80 · 20	2.500
(0, 25)	60 · 0 + 80 · 25	2.000

Para se obter o lucro máximo mensal, devem ser reformadas somente 45 bicicletas do tipo mais simples. O lucro máximo mensal será de R$ 2.700,00.

EXERCÍCIO RESOLVIDO

ER18 Os vértices de um polígono são (0, 0), (0, 20), (12, 15) e (18, 0). Qual é o valor máximo e o valor mínimo que a expressão $45x + 55y$ toma no conjunto de pares ordenados representados pelo polígono e seu interior?

Resolução:

Construímos o gráfico do quadrilátero e substituímos os pares ordenados dos vértices na expressão $45x + 55y$:

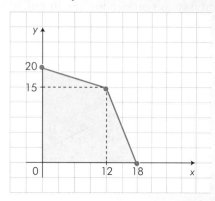

$(0, 0) \rightarrow 45 \cdot 0 + 55 \cdot 0 = 0$ valor mínimo
$(0, 20) \rightarrow 45 \cdot 0 + 55 \cdot 20 = 1.100$
$(12, 15) \rightarrow 45 \cdot 12 + 55 \cdot 15 = 1.365$ valor máximo
$(18, 0) \rightarrow 45 \cdot 18 = 810$

ATIVIDADES

58. Quais são os valores máximo e mínimo que a expressão $2x + y$ toma na região assinalada?

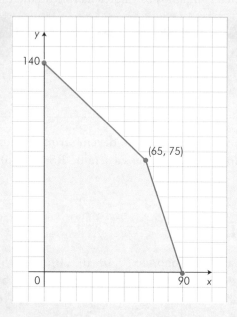

59. Determine os valores máximos e mínimos que a expressão $2x - y$ toma sobre a interseção dos conjuntos soluções de $1 \leqslant x \leqslant 3$; $y \geqslant 2$ e $x + y \leqslant 5$.

60. Qual é o valor máximo que a expressão $125x + 175y$ toma na região assinalada?

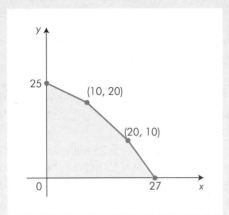

61. Uma empresa agrícola fabrica, no interior do Estado de São Paulo, dois tipos de máquinas para a colheita. Seus três setores de produção trabalham simultaneamente e necessitam, para produzir cada tipo de máquina, de:

	Setor 1: motores	Setor 2: peças	Setor 3: montagem
Máquina A	3 horas	4 horas	5 horas
Máquina B	5 horas	3 horas	1 hora

Cada um desses setores não pode trabalhar mais de 110 horas por mês. O lucro obtido com a venda de uma máquina A é R$ 12.000,00 e de uma máquina B é R$ 8.000,00.
Como deveria ser a produção para se obter o maior lucro possível? Qual é o valor desse lucro?

62. Em uma região com muitas avícolas, um gavião, para sobreviver, necessita de pelo menos 48 unidades de proteínas, 30 de gorduras e 12 de vitaminas por dia. Suas presas são ratos e pombas, que lhe proporcionam as seguintes unidades de proteínas, gorduras e vitaminas:

	Proteínas	Gorduras	Vitaminas
Ratos	3	4	1
Pombas	6	2	1

Para caçar e comer um rato, um gavião gasta 8 unidades de energia, e para uma pomba, 15 unidades. Quantas presas deve caçar por dia para satisfazer suas necessidades com o menor gasto de energia, considerando que consegue caçar, no máximo, 20 presas por dia?

Matemática para Economia e Administração

63. Qual é o maior valor da função $f(x, y) = 20x + 10y$ com as condições:
$$60x + 20y \geqslant 120; \ 40x + 120y \geqslant 240;$$
$$x+y \geqslant 4; \ x \leqslant 7; \ y \leqslant 7; \ x \geqslant 0; \ y \geqslant 0$$

Acesse o site www.wolframalpha.com e coloque as restrições de desigualdade, por exemplo:
$$60x + 20y > = 120$$

Em seguida, substitua os vértices da região poligonal encontrada na função $f(x, y)$ para determinar o maior valor.

64. Uma ONG se propõe a realizar projetos de melhoria da produção agrícola em dois estados do Norte do Brasil. Estes projetos requerem o envio de tratores, colheitadeiras e dinheiro. A organização pode utilizar, no máximo, 22 tratores, 42 colheitadeiras e 250 milhões de reais. Cada projeto requer:

Estado A: 2 tratores, 2 colheitadeiras e 25 milhões de reais por projeto.
Estado B: 1 trator, 3 colheitadeiras e 10 milhões de reais por projeto.

Sabe-se que por projeto realizado no Estado A são beneficiadas 5.000 pessoas, enquanto por projeto no Estado B são beneficiadas 4.000 pessoas.

a) Quantos projetos devem ser realizados em cada estado para que o número de pessoas beneficiadas no total seja o maior possível?
b) Qual é o maior número de pessoas beneficiadas no total?

Considere x e y o número de projetos que serão realizados nos Estados A e B, respectivamente.

65. Considere a função dada por:
$$f(x, y) = 2x^4 + x^2 + 2xy - 76x + y^4 - 260y + 100$$

a) Determine um par ordenado (x, y) no intervalo real $0 \leqslant x \leqslant 5$, tal que $f_x = 0; f_y = 0$, simultaneamente.

b) Comprove se o ponto obtido é máximo, mínimo relativo ou sela mediante o cálculo das derivadas parciais segundas.

BANCO DE QUESTÕES

51. Qual é o maior valor da função $f(x, y) = 36 - x^2 - y^2$ com a condição $y = \dfrac{25-x}{7}$?
Escolha um par ordenado nas proximidades do par que você encontrou para verificar se de fato obteve um máximo relativo.

52. Qual é o menor valor da função $f(x, y) = x + 2 \cdot \ln(y + 4)$ sujeita à condição $15x + 5y = 55$?

53. Qual é o maior valor da função $f(x, y) = x^2 \cdot y$ sujeita às condições $4x + y = 108$, com $x > 0$ e $y > 0$?

54. Qual é o menor valor da função $f(x, y) = 4(35 - x) + 8y$ sujeita às condições $x^2 + 75 = y^2$, com $x > 0$ e $y > 0$?

55. Qual é o menor valor da função $f(x, y) = 2x + 4y$, com $x > 0$ e $y > 0$, sujeita à condição $y = \dfrac{8 - 4x}{4 - x}$?

56. Calcule o maior valor da função $f(r, h) = \pi \cdot r^2 \cdot h$ com as condições $2\pi \cdot r + h = 108$, com r e h diferentes de 0.

57. Qual é o menor valor da função $f(x, y, z) = 2x + 4y + 8z$ com a condição $x \cdot y \cdot z = 64$?

58. Se forem gastos x mil reais e y mil reais com dois meios de propaganda, jornal e rádio, o número de unidades vendidas de um novo produto será dado por $n(x, y) = \dfrac{200x}{4 + x} + \dfrac{100y}{8 + y}$.

    O fabricante tem uma verba total de R$ 8.000,00 para investir nos dois meios de propaganda. Quanto deve investir em cada um para vender o maior número de unidades do produto possível? Quantas unidades do novo produto deve vender?

59. Suponha que a função utilidade do consumidor seja dada por $U(x, y) = x \cdot y^2$ na compra de dois produtos cujos preços unitários são $p =$ R$ 3,00 e $q =$ R$ 6,00, respectivamente, e que a renda do consumidor para o período seja R$ 180,00.

    Que quantidades x e y deve comprar para maximizar a sua utilidade nesse período, usando integralmente a sua renda?

60. Um consumidor pretende comprar com R$ 11,00 dois produtos cujos preços, por unidade, são:

    produto 1 → quantidade x; preço: R$ 2,00
    produto 2 → quantidade y; preço: R$ 3,00

    A sua função utilidade pode ser expressa por $U(x, y) = x^2 \cdot y - 4y$.
    Que quantidades de cada produto maximizam a sua função utilidade?

61. Determine o valor máximo e o valor mínimo da função $f(x, y) = 2x + 3y$ sujeita às restrições $0 \leqslant x \leqslant 6$; $2 \leqslant y \leqslant 7$; $8 \leqslant x + 2y \leqslant 16$.

62. Em uma urbanização, serão construídos dois tipos de casa. A empresa construtora dispõe de um máximo de R$ 6.300.000,00, sendo o custo de construção de cada casa tipo A R$ 90.000,00 e de cada casa tipo B R$ 60.000,00. A prefeitura exige que o número de casas no total não ultrapasse 90. Se o lucro obtido com a venda de uma casa tipo A é R$ 30.000,00 e de tipo B é R$ 20.000,00, quantas casas de cada tipo devem ser construídas para maximizar o lucro da construtora? É necessária a representação gráfica da solução.

6.7 Integrais Duplas

Não é muito comum ou frequente o uso de integrais duplas em problemas de Administração ou Economia, mas compreendê-las pode ser útil para entender melhor a relação que existe entre derivadas e integrais.

Do mesmo modo que integramos uma função de uma variável $f(x)$ mediante a derivação, podemos pensar em integrar uma função de duas variáveis $f(x, y)$, considerando uma das variáveis como uma constante e invertendo o processo de derivação.

Assim, chamamos de integral parcial com relação a x da função $f(x, y) = 2x \cdot y$ no intervalo $1 \leqslant x \leqslant 2$:

$$\int_1^2 2x \cdot y \, dx$$

à função $f(y)$ que obtemos quando calculamos a integral considerando y como uma constante e usando o Teorema Fundamental do Cálculo:

$$\int_1^2 2x \cdot y \, dx = y \int_1^2 2x \, dx = y[x^2]_1^2 = y(2^2 - 1^2) = 3y = f(y)$$

O fator dx expressa que devemos integrar em relação a x tratando y como uma constante. Do mesmo modo, a integral parcial em relação a y no intervalo $0 \leqslant y \leqslant 2$:

$$\int_0^2 2x \cdot y \, dy$$

é a função $f(x)$ que obtemos quando integramos $f(x, y) = 2x \cdot y$ como uma função de uma variável, considerando agora x como uma constante:

$$\int_0^2 2x \cdot y \, dy = 2x \int_0^2 y \, dy = 2x \left[\frac{y^2}{2}\right]_0^2 = 2x(2 - 0) = 4x$$

O fator dy expressa que devemos integrar $f(x, y)$ em relação a y, considerando x uma constante.

EXERCÍCIO RESOLVIDO

ER19 Calcule as integrais parciais da função $f(x, y)$ com relação a x e com relação a y, nos intervalos especificados.

a) $f(x, y) = x \cdot y^2$ para $0 \leqslant x \leqslant 2$ e $-1 \leqslant y \leqslant 1$

b) $f(x, y) = \dfrac{x}{y}$ para $1 \leqslant x \leqslant 2$ e $1 \leqslant y \leqslant e$

c) $f(x, y) = 4x + 2y$ para $0 \leqslant x \leqslant 1$ e $0 \leqslant y \leqslant 1$

d) $f(x, y) = x \cdot e^{1-2y}$ para $0 \leqslant x \leqslant 1$ e $0 \leqslant y \leqslant 0{,}5$

Resolução:
Podemos usar as regras de derivação e integração que já conhecemos para calcular as integrais parciais da função $f(x, y)$. Veja:

a) $\int_0^2 x \cdot y^2 \, dx = y^2 \left[\dfrac{x^2}{2}\right]_0^2 = y^2(2 - 0) = 2y^2$

$\int_{-1}^1 x \cdot y^2 \, dy = x \left[\dfrac{y^3}{3}\right]_{-1}^1 = x\left(\dfrac{1}{3} + \dfrac{1}{3}\right) = \dfrac{2x}{3}$

b) $\int_1^2 \dfrac{x}{y} dx = \dfrac{1}{y}\left[\dfrac{x^2}{2}\right]_1^2 = \dfrac{1}{y}\left(2-\dfrac{1}{2}\right) = \dfrac{3}{2y}$

$\int_1^e \dfrac{x}{y} dy = x[\ln y]_1^e = x(\ln e - \ln 1) = x \cdot 1 = x$

c) $\int_0^1 (4x+2y)dx = \int_0^1 4x\,dx + \int_0^1 2y\,dx = [2x^2]_0^1 + [2x \cdot y]_0^1$
$= (2-0) + (2y-0) = 2 + 2y$

$\int_0^1 (4x+2y)dy = \int_0^1 4x\,dy + \int_0^1 2y\,dy = [4x \cdot y]_0^1 + [y^2]_0^1 = 4x + 1$

d) $\int_0^1 x \cdot e^{1-2y} dx = e^{1-2y}\left[\dfrac{x^2}{2}\right]_0^1 = e^{1-2y} \cdot \left(\dfrac{1}{2}-0\right) = \dfrac{e^{1-2y}}{2}$

$\int_0^{0,5} x \cdot e^{1-2y} dy = x\left[\dfrac{e^{1-2y}}{-2}\right]_0^{0,5} = x\left(\dfrac{e^0}{-2}+\dfrac{e^1}{-2}\right)$

$= x\left(\dfrac{-1}{2}+\dfrac{e}{2}\right) = x\left(\dfrac{e-1}{2}\right)$

Quando calculamos a integral parcial de $f(x, y)$ em relação a x ou a y, obtemos uma função que pode ser integrada como uma função de somente uma variável. Observe este exemplo, considerando a região retangular $1 \leqslant x \leqslant 2$ e $0 \leqslant y \leqslant 1$ e calculando a integral parcial com relação a x da função $f(x, y) = x + 2y$:

$\int_1^2 (x+2y)dx = \int_1^2 x\,dx + \int_1^2 2y\,dx = \left[\dfrac{x^2}{2}\right]_1^2 + 2y\int_1^2 1\,dx = \left[\dfrac{x^2}{2}\right]_1^2 + 2y[x]_1^2$

$= \left(2-\dfrac{1}{2}\right) + 2y(2-1) = \dfrac{3}{2} + 2y = f(y)$

Agora, integramos a função que resultou com relação a y:

$\int_0^1 f(y)\,dy = \int_0^1 \left(\dfrac{3}{2}+2y\right)dy = \left[\dfrac{3}{2}y + y^2\right]_0^1 = \left(\dfrac{3}{2}+1\right) - 0 = 2,5$

Veja o que acontece se calculamos primeiro a integral parcial da mesma função $f(x, y) = x + 2y$ em relação a y e depois em relação a x, considerando os mesmos extremos de integração:

$\int_0^1 (x+2y)dy = \int_0^1 x\,dy + \int_0^1 2y\,dy = x\int_0^1 1\,dy + \int_0^1 2y\,dy = x[y]_0^1 + [y^2]_0^1$

$= x(1-0) + (1-0) = x + 1 = f(x)$

$\int_1^2 (x+1)dx = \left[\dfrac{x^2}{2}+x\right]_1^2 = (2+2) - \left(\dfrac{1}{2}+1\right) = 2,5$

Matemática para Economia e Administração

O número que obtivemos, 2,5, chama-se **integral dupla**.

Considere a região retangular no plano cartesiano expressa por (Figura 6.24):

$$a \leqslant x \leqslant b \quad \text{e} \quad c \leqslant y \leqslant d$$

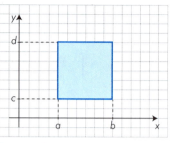

Figura 6.24.

A integral dupla é o número real dado por:

$$\int_c^d \left[\int_a^b f(x, y)\,dx \right] dy \quad \text{ou} \quad \int_a^b \left[\int_c^d f(x, y)\,dy \right] dx$$

Podemos demonstrar que as duas integrais duplas sempre são iguais se mantivermos os extremos de integração: $a \leqslant x \leqslant b$ e $c \leqslant y \leqslant d$.

EXERCÍCIO RESOLVIDO

ER20 Calcule as integrais duplas.

a) $f(x, y) = x - y$; $1 \leqslant x \leqslant 2$ e $3 \leqslant y \leqslant 4$
b) $f(x, y) = e^{x+y}$; $0 \leqslant x \leqslant 1$ e $0 \leqslant y \leqslant 1$
c) $f(x, y) = (x - 2)(y - 1)$; $0 \leqslant x \leqslant 2$ e $0 \leqslant y \leqslant 1$

Resolução:

Você pode calculá-las invertendo a ordem de integração para comprovar que se obtém o mesmo resultado.

a) $\int_1^2 (x - y)\,dx = \left[\dfrac{x^2}{2} - x \cdot y \right]_1^2 = (2 - 2y) - \left(\dfrac{1}{2} - y \right) = \dfrac{3}{2} - y$

$\int_3^4 \left(\dfrac{3}{2} - y \right) dy = \left[\dfrac{3y}{2} - \dfrac{y^2}{2} \right]_3^4 = (6 - 8) - \left(\dfrac{9}{2} - \dfrac{9}{2} \right) = -2$

b) $\int_0^1 e^x \cdot e^y\,dx = e^y [e^x]_0^1 = e^y(e - 1)$

$\int_0^1 (e - 1)e^y\,dy = (e - 1)[e^y]_0^1 = (e - 1)^2$

c) $(y-1)\int_0^2 (x-2)dx = (y-1)\left[\dfrac{x^2}{2} - 2x\right]_0^2 = (y-1)(2-4-0) = -2(y-1)$

$\int_0^1 -2(y-1)dy = -2\left[\dfrac{y^2}{2} - y\right]_0^1 = -2\left(\dfrac{1}{2} - 1 - 0\right) = 1$

Você já sabe que a integral definida de uma função $f(x)$ cujos valores são positivos ou nulos, por exemplo:

$$\int_1^3 (3x^2 - 4x + 2)dx$$

é a área da região sob a curva $f(x)$ até o eixo x e também é limitada pelas retas verticais $x = 1$ e $x = 3$, como representado na Figura 6.25:

$\int_1^3 (3x^2 - 4x + 2)dx = [x^3 - 2x^2 + 2x]_1^3 = 15 - 1 = 14$

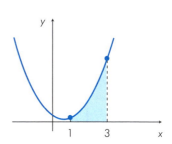

Figura 6.25.

Podemos pensar de modo semelhante para uma função de duas variáveis.

Considere uma região retangular tal que $a \leqslant x \leqslant b$ e $c \leqslant y \leqslant d$. Se $f(x, y) \geqslant 0$ para todos os pontos da região retangular, o volume do sólido sob a superfície de $f(x, y)$ é limitado pela região retangular e tem o volume dado pela integral dupla:

$$V = \int_c^d \left[\int_a^b f(x, y)dx\right]dy \quad \text{ou} \quad V = \int_a^b \left[\int_c^d f(x, y)dy\right]dx$$

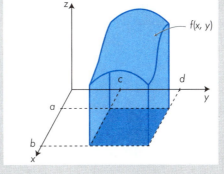

Matemática para Economia e Administração

EXERCÍCIO RESOLVIDO

ER21 Calcule o volume entre a superfície $f(x, y)$ e o plano cartesiano. Depois você pode inverter a ordem de integração para comprovar os resultados.

a) $f(x, y) = 6x \cdot y$; $0 \leqslant x \leqslant 3$ e $0 \leqslant y \leqslant 2$
b) $f(x, y) = e^{x-y}$; $0 \leqslant x \leqslant 1$ e $-1 \leqslant y \leqslant 0$

Resolução:
Veja:

a) $\int_0^3 6x \cdot y \, dx = y[3x^2]_0^3 = 27y$

$\int_0^2 27y \, dy = \left[\dfrac{27y^2}{2}\right]_0^2 = 54$

b) $\int_0^1 e^x \cdot e^{-y} dx = e^{-y}[e^x]_0^1 = e^{-y}(e - 1)$

$\int_{-1}^0 e^{-y}(e-1) dy = (e-1)[-e^{-y}]_{-1}^0 = (e-1)(-1+e) = (e-1)^2$

ATIVIDADES

66. Em geral, a ordem de integração não tem importância. Mas, às vezes, a ordem escolhida pode simplificar os cálculos. Calcule a integral dupla da função $f(x, y) = 2y \cdot e^{x \cdot y}$ na região retangular, tal que $0 \leqslant x \leqslant 1$ e $0 \leqslant y \leqslant 1$.

67. Obtenha o valor da integral dupla $\int_{-1}^{1}\left[\int_0^2 (4x^3 + y) dx\right] dy$.

BANCO DE QUESTÕES

63. Calcule as integrais parciais da função $f(x, y)$ com relação a x e com relação a y:
$$f(x, y) = 4x \cdot y, \text{ com } 0 \leqslant x \leqslant 1 \text{ e } 0 \leqslant y \leqslant 1$$

64. Calcule a integral dupla da função $f(x, y) = 4x \cdot y$, considerando a região retangular da figura ao lado.

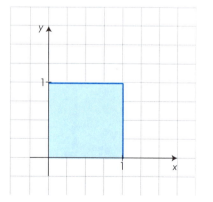

65. Calcule as integrais duplas:

a) $\int_0^1 \left[\int_0^2 (4 - 2x - 4y)dx \right] dy$

b) $\int_0^1 \left[\int_0^1 x \cdot e^{2x \cdot y} dx \right] dy$

66. A figura ao lado representa a função dada por $f(x) = 9 + e^{0,1x}$.

a) Determine a área da região limitada pela curva $f(x)$ e o eixo x para $0 \leqslant x \leqslant 4$.

b) Calcule o volume do sólido sob a superfície $f(x, y) = 9y + e^{0,1x}$ e limitado pela região retangular $0 \leqslant x \leqslant 4$ e $0 \leqslant y \leqslant 4$.

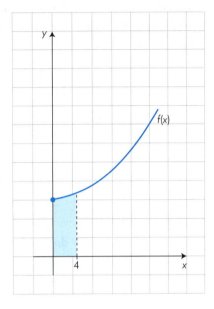

67. Calcule o volume do sólido sob a superfície $f(x, y) = x(8 + e^{x \cdot y})$ e limitado pela região destacada abaixo.

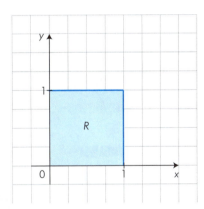

CÁLCULO, HOJE

É comum as companhias aéreas cobrarem preços diferentes para um mesmo percurso, dependendo do horário de cada voo. Suponha que uma companhia de aviação tenha dois voos diários entre duas cidades brasileiras, e as funções demanda para cada horário e classe econômica sejam dadas por:

$$8 \text{ horas: } x = 335 - 1{,}25p + q$$
$$23 \text{ horas: } y = 200 - 1{,}25q + p$$

em que x e y são as quantidades de passagens da classe econômica vendidas e p e q os preços de cada passagem às 8 e 23 horas, respectivamente.

O custo médio (custo por cadeira) é:

$$8 \text{ horas: R\$ } 500{,}00$$
$$23 \text{ horas: R\$ } 400{,}00$$

a) Que preço a companhia deve cobrar em cada voo para maximizar o seu lucro?

b) Suponha que, por decisão do Ministério da Aeronáutica, as companhias fiquem proibidas de cobrar preços diferentes para um mesmo percurso, independentemente do horário do voo. A companhia aérea decidiu, então, cobrar R$ 780,00 pelas passagens nos dois horários. Do ponto de vista econômico, foi correta a decisão? Por quê?

Capítulo 6 – Funções de várias Variáveis

SUPORTE MATEMÁTICO

1. Seja $z = f(x, y)$. Se y é mantido constante, z é uma função somente de x e a derivada parcial de z em relação a x é denotada por:

$$f_x = z_x = \frac{\partial f}{\partial x} = \frac{\partial z}{\partial x}$$

Se x é mantido constante, z é uma função somente de y e a derivada parcial de z em relação a y é denotada por:

$$f_y = z_y = \frac{\partial f}{\partial y} = \frac{\partial z}{\partial y}$$

2. As derivadas parciais segundas de z são:

$$\frac{\partial}{\partial x}\left(\frac{\partial z}{\partial x}\right) = \frac{\partial^2 z}{\partial x^2} = z_{xx} = \frac{\partial^2 f}{\partial x^2} = f_{xx}$$

$$\frac{\partial}{\partial x}\left(\frac{\partial z}{\partial y}\right) = \frac{\partial^2 z}{\partial x \partial y} = z_{xy} = \frac{\partial^2 f}{\partial x \partial y} = f_{xy}$$

$$\frac{\partial}{\partial y}\left(\frac{\partial z}{\partial x}\right) = \frac{\partial^2 z}{\partial y \partial x} = z_{yx} = \frac{\partial^2 f}{\partial y \partial x} = f_{yx}$$

$$\frac{\partial}{\partial y}\left(\frac{\partial z}{\partial y}\right) = \frac{\partial^2 z}{\partial y^2} = z_{yy} = \frac{\partial^2 f}{\partial y^2} = f_{yy}$$

3. A diferencial de uma função $z = f(x, y)$ é $dz = z_x dx + z_y dy$.

4. Teste das derivadas parciais segundas em um ponto (a, b) com f_x e f_y existentes e $f_x(a, b) = 0$ e $f_y(a, b) = 0$.
Seja $D = f_{xx} \cdot f_{yy} - (f_{xy})^2$. ↓ ou f_{yx}

D	f_{xx} (ou f_{yy})	(a, b)
−		Ponto de sela
+	+	Mínimo relativo
+	−	Máximo relativo

Se $D = 0$, o teste não se aplica.

5. Método dos multiplicadores de Lagrange: se $f(x, y)$ deve ser maximizada ou minimizada com a condição $g(x, y) = 0$, construímos a função

$$F(x, y, \lambda) = f(x, y) - \lambda \cdot g(x, y)$$

e resolvemos o sistema de equações:

$$F_x = 0, F_y = 0 \text{ e } F_\lambda = 0$$

CONTA-ME COMO PASSOU

As notações matemáticas não são apenas nomes para os conceitos, mas criam por si só, novos conceitos matemáticos.

Em suas obras *Teoria das Funções Analíticas* e *Lições sobre o Cálculo das Funções*, Joseph Louis Lagrange (1736-1813) usou a notação de Leibniz:

$$\frac{df(x)}{dx}, \frac{d^2f(x)}{dx^2}, \ldots$$

e criou a sua própria notação:

$$f^{(1)}(x), f^{(2)}(x), \ldots$$

que, atualmente, usamos assim:

$$f'(x), f''(x), \ldots$$

Assim como é inegável o desenvolvimento que a tecnologia, – como a máquina a vapor, os transformadores de energia, a informática – trouxe, e traz!, para o desenvolvimento e progresso da Humanidade, da mesma forma as notações contribuem de forma inequívoca para o desenvolvimento da Matemática.

CAPÍTULO 7 — O Tempo e o Dinheiro

Há muito, mas muito tempo, quando necessitavam de comida, roupa e outras coisas, as pessoas não as compravam, mas davam animais e objetos em troca do que precisavam. Se uma família tinha muitas ovelhas e outra muitos bois, as duas chegavam a um acordo e trocavam, por exemplo, seis ovelhas por um boi. Assim, o valor das coisas mudava constantemente, pois dependia do acordo entre as pessoas que faziam a troca.

No entanto, com o passar do tempo, tornou-se complicado fazer trocas.

Para facilitar as trocas entre os países, surgiu o dinheiro, com o qual fazemos operações de compra e venda.

Quando se forma, um país cria sua própria moeda. Hoje, cada país tem sua unidade de moeda ou *unidade monetária*. No Brasil, a unidade monetária é o real.

No mundo moderno, surgiu um tipo diferente de troca: a de dinheiro por... dinheiro!

KTSDESIGN/PANTHERMEDIA/KEYDISC

FERRAMENTA

» Uma das aplicações mais úteis da ideia de proporcionalidade são as *porcentagens*.

É comum expressar a razão entre um número e 100 usando o termo *por cento*, que significa "dividido por 100" ou centésimo. Assim, a razão entre 25 e 100, por exemplo, pode ser escrita da seguinte forma:

$$\frac{25}{100} = 0{,}25 = 25\%$$

EXERCÍCIO RESOLVIDO

ER1 Suponha, por exemplo, que uma concessionária de veículos tenha vendido um automóvel por R$ 15.120,00 e que esse valor represente 126% do preço que foi pago na sua aquisição. Qual o preço que a loja pagou na compra?

Resolução:

Podemos facilmente obter o preço que a loja pagou na compra.

Vamos chamar de C o preço pago. Desse modo, podemos escrever:

$$15.120 = 126\% C \Rightarrow 15.120 = \frac{126}{100} C$$

Logo, $C = \dfrac{(15.120) \cdot 100}{126} = 12.000$.

Portanto, a loja pagou R$ 12.000,00 pelo carro que foi revendido por R$ 15.120,00, obtendo, na operação, o lucro de R$ 3.120,00.

ATIVIDADES

1. Em uma loja, um artigo de R$ 56,00 é vendido com 15% de desconto. Se o lojista pagou R$ 30,00 pelo artigo, quanto ele obteve de lucro?

2. Osmar comprou um automóvel por R$ 15.000,00. Em um ano, seu valor abaixou para R$ 11.400,00. Em que porcentagem o automóvel desvalorizou?

3. Uma calculadora foi vendida por R$ 78,00, valor que representa 25% a menos que o seu preço normal. Qual era o seu preço?

4. Um vendedor recebeu R$ 688,00 correspondentes a 8% de comissão pela venda de um automóvel. Por quanto ele vendeu o automóvel?

5. Pedro pagou R$ 360,00 por um aparelho de som que estava em uma promoção de 25% de desconto para qualquer aparelho. Quanto custava antes da promoção?

6. Em duas papelarias havia as seguintes promoções:

Qual das promoções é mais vantajosa?

7. Se em um mês aumentamos o preço de uma mercadoria em 30% e no mês seguinte diminuímos o preço em 30%, obtemos um preço:

   a) maior que o inicial b) menor que o inicial c) igual ao inicial

8. Se p é igual a 125% de uma quantidade q, então 25% de p é igual a:

   a) 30% de q b) 32% de q c) 31,25% de q

9. Se o preço do quilo de feijão sobe em 2013 cerca de 1% com relação a 2012 e em 2014 sobe cerca de 3% com relação a 2013, então a porcentagem de aumento do preço de 2014 com relação a 2012 é:

   a) 4% b) 4,01% c) 4,03%

10. Se o preço de uma agenda escolar sobe em fevereiro cerca de 4,5% em relação a janeiro e em março diminui cerca de 1% em relação a fevereiro, a porcentagem de aumento do preço de março em relação ao preço de janeiro é:

    a) 4,5% b) 3,5% c) 3,46%

11. Em uma certa região do interior do Estado de São Paulo, a produção de morangos durante 2013 foi 1,4 vez a de 2012. A porcentagem de aumento da produção de morangos em 2013 em relação a 2012 foi de:

    a) 50% b) 40% c) 30%

12. Um teatro sobe o preço do ingresso cerca de 8%. Como consequência, diminui 5% o número de ingressos vendidos. A porcentagem de aumento da receita obtida pelo teatro foi de:

    a) 2,6% b) 2% c) 1,8%

13. Pablo entrou em uma loja para comprar uma calça. Pechinchou e o vendedor lhe ofereceu um desconto de 5%. Insistiu mais e o vendedor lhe concedeu outro desconto de 5% sobre o preço já rebaixado. Que porcentagem de desconto ele conseguiu sobre o preço marcado?

14. O preço inicial de uma calça era R$ 96,00. Ao longo de um mês, sofreu as seguintes variações: subiu 10%, depois aumentou 25% e baixou 40%.

A que porcentagem de desconto corresponde?

a) 5%   b) 10%   c) 17,5%

15. Uma loja anuncia descontos de 25% em todos os artigos. Mas no dia anterior havia remarcado todos os preços com um aumento de 10%. Qual é a porcentagem real de desconto?

16. Marta quer comprar um tecido para forrar uma superfície de 10 m². Quantos metros aproximadamente ela deve comprar de uma peça que tem 1,5 m de largura e ao lavar encolhe cerca de 4% de largura e 8% de comprimento?

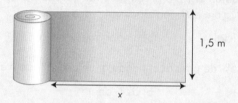

a) 6 m   b) 8 m   c) 10 m

17. Se a produção de trigo de uma região durante 2013 foi uma vez e meia a de 2012, qual foi a porcentagem de aumento da produção de 2013 com relação a 2012?

a) 100%   b) 50%   c) 150%

18. Um copo tem $\frac{3}{4}$ de sua capacidade cheios de suco de laranja. Se 90% do suco é água, a porcentagem do copo que tem água é:

a) 75%   b) 50%   c) 67,5%

19. Um supermercado fez uma oferta para a compra de um iogurte. Observe o anúncio ao lado.

Qual é a porcentagem de desconto para quem comprar 8 iogurtes?

20. Obtém-se um coquetel misturando-se em um copo $\frac{1}{6}$ de vermute, $\frac{1}{6}$ de groselha, algumas gotas de licor de chocolate e, até completar o copo, partes iguais de água com gás e suco de limão. Então, a quantidade de suco de limão na bebida é:

a) menor que a quantidade de vermute e groselha juntos;
b) maior que a quantidade de vermute e groselha juntos;
c) igual à quantidade de vermute e groselha juntos.

7.1 O Aluguel do Dinheiro

A Matemática Aplicada é diferente da Matemática Pura porque, nesta, os símbolos representam conceitos abstratos, enquanto que na Matemática Aplicada a maior parte dos símbolos expressa conceitos observados no mundo real.

A Matemática Financeira trata de conceitos que são essencialmente quantitativos, que envolvem capitais, ou seja, valores expressos em dinheiro.

Pedro é um fazendeiro proprietário de uma plantação de café. Eis a sua história:

Em um ano de excelente safra, Pedro colheu 6 mil sacas de grãos de café e recebeu uma oferta para vender toda a colheita por R$ 138,00 a saca, mas recusou-a, pois havia uma expectativa de alta nos preços do café no mercado internacional.

Necessitando de dinheiro para sobreviver e saldar os compromissos da colheita – sementes, salários dos trabalhadores, defensivos e implementos agrícolas –, Pedro recorreu ao banco da cidade mais próxima da sua propriedade e solicitou um empréstimo de R$ 300.000,00 comprometendo-se a pagar R$ 360.000,00 no prazo de dois meses.

Nessa operação financeira, o excedente de R$ 60.000,00 a ser pago pelo fazendeiro ao banco é a remuneração pelo uso do capital de R$ 300.000,00 pelo prazo de dois meses, o que equivale ao valor (ou custo) do dinheiro nesse intervalo de tempo, denominado **juro**. Portanto:

Juro = R$ 60.000,00 = R$ 360.000,00 − R$ 300.000,00

A razão entre o juro e o empréstimo obtido, comumente chamada de *taxa de juro*, em geral expressa como porcentagem, é a fração do capital inicialmente empregado em uma dada unidade de tempo.

No caso do fazendeiro Pedro, a taxa de juro é assim calculada:

$$\textit{Taxa de juro} = \frac{60.000}{300.000} = 0,20 = 20\% \text{ por bimestre}$$

Sendo assim, o juro J que deve ser pago pelo uso do dinheiro ao longo do tempo é proporcional ao capital (ou valor atual ou valor presente) C e o fator de proporcionalidade é a taxa de juro, i:

$$\frac{J}{C} = i$$

O montante da aplicação (ou valor nominal ou valor futuro) M é o resultante da adição do juro ao capital:

$$M = C + J \quad \text{ou} \quad i = \frac{M - C}{C}$$

Para facilitar o estudo de situações que envolvem o valor do dinheiro no tempo, é usual utilizar-se um diagrama chamado de *fluxo de caixa*: uma linha horizontal onde são marcadas as unidades de tempo e os valores aplicados ou recebidos, nos respectivos prazos, representados por setas verticais orientadas para cima – valores positivos – no caso de *entradas de caixa* (quantias recebidas) ou para baixo – valores negativos – no caso de *saídas de caixa* (quantias pagas ou aplicadas), como mostra a Figura 7.1.

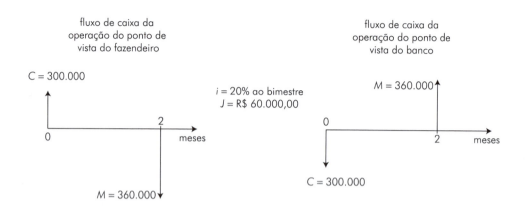

Figura 7.1.

EXERCÍCIO RESOLVIDO

ER2 Veja o caso de dois investidores que aplicam e recebem, um mês depois, o montante definido pelas situações demonstradas nos diagramas de fluxo de caixa indicados abaixo:

a)　　　　　　　　　　　　　　　b)

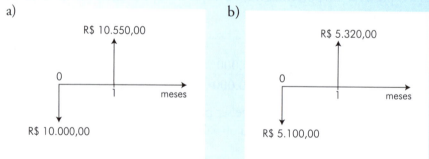

Calcule a taxa de juro de cada uma das aplicações.

Resolução:

a) $i = \dfrac{10.550 - 10.000}{10.000} = \dfrac{550}{10.000} = 0{,}050 = 5{,}50\%$

b) $i = \dfrac{5.320 - 5.100}{5.100} = \dfrac{220}{5.100} = 0{,}0431 = 4{,}31\%$

Capítulo 7 – O Tempo e o Dinheiro

ATIVIDADES

21. Qual é o montante de uma aplicação de R$ 3.470,00 por um ano à taxa de juro de 74% ao ano?

22. Determine o capital que, aplicado à taxa de juro de 33% ao semestre, acumula no final de um semestre o montante de R$ 5.726,98.

Continuando a acompanhar a história do fazendeiro Pedro, as expectativas de aumento de preço no mercado de café foram confirmadas e, quando o preço por saca de café atingiu o índice de 6% de aumento sobre o valor que ele havia anteriormente recusado (R$ 138,00), Pedro vendeu 3 mil sacas, o que correspondia a metade do seu estoque, aplicando o valor da venda à taxa de 9% ao mês, no regime de juro simples.

No regime de juro simples, a parcela de juro de cada período é calculada mediante a aplicação da taxa de juro sobre o capital inicial, isto é, $J_k = C \cdot i$, sendo J_k a parcela de juro correspondente ao período k.

Considerando que o prazo de aplicação seja de n períodos, o total de juros J obtido será

$$J = \underbrace{C \cdot i + C \cdot i + \ldots + C \cdot i}_{n \text{ períodos}} = C \cdot i \cdot n$$

O montante M resultante é dado por $M = C + J$ e pode ser expresso por:

$$M = C + C \cdot i \cdot n = C(1 + i \cdot n)$$

Podemos, então, determinar a quantia que restou a Pedro após saldar a dívida:

a) Preço de venda p por saca: R$ 138,00 + 6% · R$ 138,00

$p = 138 + 0,06 \cdot 138 = 138(1 + 0,06) = 138 \cdot 1,06$

$p = $ R$ 146,28

b) Valor (C) obtido com a venda das 3.000 sacas:

$C = (146,28)(3.000)$

$C = $ R$ 438.840,00

c) Montante (M) na data do pagamento do empréstimo (20 dias após a venda):

$M = C(1 + i \cdot n)$

$M = 438.840 \cdot (1 + i \cdot 20)$

No entanto, observe que a taxa de juro e o período devem ser compatíveis, ou seja, devem ser expressos na mesma unidade de tempo. Então, devemos expressar a taxa de juro i na mesma unidade de tempo, em dias.

Matemática para Economia e Administração

Dizemos que duas taxas de juro são equivalentes se, aplicadas a um mesmo capital, durante um mesmo período, produzem juros iguais.

$$J = C \cdot i \cdot n$$
$$C \cdot 9\% \cdot 1 = C \cdot i \cdot 30$$
$$i = \frac{9\%}{30} = \frac{0,09}{30} = 0,003$$

Portanto:

$$M = (438.840)(1 + 0,003 \cdot 20) = 465.170,40$$
$$M = R\$ \ 465.170,40$$

Observe que, com a operação $\frac{0,09}{30} = 0,003$, obteve-se a taxa de 0,3% ao dia, equivalente a 9% ao mês no regime de juro simples. Para tanto, se considerou que os anos são constituídos por meses de 30 dias. Temos, nesse caso, os *juros comerciais*, implícitos nos exemplos e atividades deste livro, salvo quando houver menção explícita ao contrário.

Juro exato é a denominação que se dá no caso de se considerar o mês com o número real de dias, correspondendo àqueles do ano civil (365 ou 366 dias).

d) Depois de saldar a dívida, restou a Pedro o valor de:

$$R\$ \ 465.170,4 - R\$ \ 360.000 = R\$ \ 105.170,40$$

EXERCÍCIO RESOLVIDO

ER3 Considere o caso de um investidor diversificar suas aplicações no regime de juro simples, em duas instituições *a* e *b*, nas condições abaixo descritas:

	Capital	Taxa de juro	Prazo
a)	R$ 34.000,00	0,8% ao mês	2 anos
b)	R$ 42.500,00	3,5% ao trimestre	3,5 anos

Calcule o juro obtido pelo investidor em cada instituição.

Resolução:

a) $J = 34.000 \cdot 0,8\% \cdot 24 = 6.528 \Rightarrow J = R\$ \ 6.528,00$
b) $J = 42.500 \cdot 3,5\% \cdot 10 = 14.875 \Rightarrow J = R\$ \ 14.875,00$

Estes problemas que você vai resolver agora se referem a um regime de juro simples.

Capítulo 7 – O Tempo e o Dinheiro

ATIVIDADES

23. Qual foi o montante de uma aplicação de R$ 21.380,00 durante 192 dias à taxa de juro de 1% ao mês?

24. Sendo R$ 5.000,00 o montante de um título que rendeu R$ 1.350,00 de juro, à taxa de juro de 13,5% ao ano, qual foi o prazo da operação? Considere 1 ano com 365 dias.

25. Em quanto tempo triplica um capital aplicado à taxa de juro de 20% ao ano?

26. Quando fazemos uma compra qualquer e estamos indecisos entre pagar o produto à vista ou mediante um financiamento, é importante conhecer a taxa de juro cobrada nesse financiamento para tomar a decisão mais apropriada. Por exemplo, uma geladeira é vendida à vista por R$ 1.380,00 ou então a prazo, com 15% de entrada e mais uma parcela de R$ 1.300,00, 75 dias após a compra. Determine a taxa mensal de juro do financiamento. Considere um mês com 30 dias.

27. O valor de tabela de um fogão pode ser pago em uma única parcela, 3 meses após a compra. Para pagamento à vista, a loja oferece 5% de desconto sobre o preço de tabela. Que taxa anual de juro está sendo cobrada nessa operação de crédito?

BANCO DE QUESTÕES

1. Qual é a taxa de juro mensal de cada aplicação nas figuras a seguir?

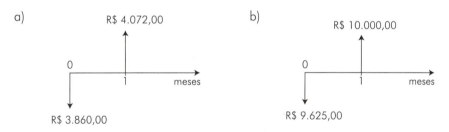

2. Durante quanto tempo um capital deve ser aplicado à taxa de juro simples de 2% ao mês para que duplique?

3. Luís aplicou seu décimo terceiro salário, R$ 1.236,50, à taxa de juro de 2,5% ao mês. Se ele recebeu R$ 556,43 de juro, qual foi o prazo da aplicação?

4. Um carro é vendido à vista por R$ 32.500,00, ou por R$ 13.000,00 de entrada e R$ 21.249,15 após três meses. Qual foi a taxa de juro utilizada?

5. Em quantos meses um capital de R$ 256.000,00 produzirá um montante de R$ 295.424,00, se aplicado a uma taxa de juro de 1,4% ao mês?

6. Ana recebeu determinada quantia pela venda de um terreno e a aplicou durante seis meses à taxa de juro de 12% ao semestre. Terminado o prazo, ela retirou todo o dinheiro e o aplicou durante dez meses a uma taxa de juro de 18% nesse período. O montante final que recebeu foi de R$ 39.648,00. Por quanto ela vendeu o terreno?

Matemática para Economia e Administração

7. A maior taxa de juro que um investidor consegue no período de um ano é 18%. Qual é a melhor opção para esse investidor comprar uma geladeira anunciada por R$ 1.510,00 à vista ou por R$ 1.872,40 daqui a um ano?

8. Qual é a taxa de juro anual equivalente à taxa de juro de 1,25% ao mês?

9. Qual é a taxa de juro mensal equivalente à taxa de juro de 18,5% ao ano?

10. Calcule a taxa de juro mensal equivalente a essas taxas de juro:
    a) 16% ao ano
    b) 0,25% ao dia (considere um mês com 30 dias)
    c) 4,8% ao trimestre

7.2 Valor Futuro ou Valor Nominal; Valor Presente ou Valor Atual

Se temos dois números reais, a e b, tais que:

$$a = 24.000 \text{ e } b = 24.000$$

podemos afirmar com toda a convicção que a e b são iguais e que a soma é

$$a + b = 2 \cdot 24.000 = 48.000$$

No entanto, se temos dois valores, expressos em dinheiro:

$$a = R\$ \ 24.000,00 \quad \text{e} \quad b = R\$ \ 24.000,00$$

nem sempre podemos dizer que essas quantias têm o mesmo significado.

Suponha que uma loja de carros vendeu dois automóveis por R$ 24.000,00 cada um em julho de 2013. Nesse caso, ela recebeu um montante, nessa data, de R$ 48.000,00.

Mas se ela vendeu um automóvel em janeiro de 2013 e o outro em julho de 2013 por esse valor (R$ 24.000,00), não é adequado dizer que, em julho de 2013, o proprietário da loja obteve um montante de R$ 48.000,00.

A razão é simples: os economistas nunca imaginam que alguém guarde o dinheiro em casa, em um cofre ou embaixo da cama, mas supõem que o valor obtido na venda do primeiro automóvel tenha sido investido em alguma aplicação, por exemplo, que rendeu 5% de janeiro a julho, como mostra a Figura 7.2.

$VF = 24.000 + 5\% \cdot 24.000 = 25.200$
$VF = R\$ \ 25.200,00$

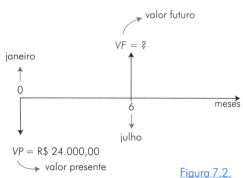

Figura 7.2.

Por isso, o seu montante em julho será melhor descrito por:

$$M = 24.000 + 25.200 = 49.200$$
$$M = R\$ \ 49.200,00$$

Voltando ao caso do fazendeiro Pedro, considere que ele sabe que a quantia que sobrou não é suficiente para fazer frente a todas as despesas necessárias ao plantio da próxima safra. Porém, ainda tem 3.000 sacas de café em estoque e crédito na praça. Pode adquirir a prazo parte do que necessita e esperar o momento certo para vender.

Desse modo, comprou R$ 305.000,00 em defensivos agrícolas em um atacadista. Pagou R$ 105.000,00 à vista e comprometeu-se a quitar o saldo em 130 dias, à taxa de juros simples de 6% ao mês.

Porém, a safra recorde da Colômbia provocou um excesso de oferta, derrubando o preço do café. Depois de 30 dias de queda vertiginosa, Pedro vendeu o estoque restante a R$ 120,00 a saca e procurou o atacadista, querendo saldar a dívida antecipadamente. Qual é a quantia que liquida o débito? Quanto restou a Pedro, aproximadamente?

Para que seja aceita pelo atacadista, a quantia recebida antecipadamente deverá ser equivalente àquela que seria paga na data do vencimento, levando-se em consideração o prazo de antecipação: 130 − 30 = 100 dias.

O valor nominal da dívida é igual a:

$$N = (305.000 - 105.000)\left(1 + \frac{6\%}{30} \cdot 130\right) = 200.000 \cdot 1,26 = 252.000$$
$$N = R\$ \ 252.000,00$$

↓ taxa de juro ao dia

Pedro somente aceitará pagar a dívida se for um valor V tal que, aplicado à taxa de juro de $\frac{6\%}{30} = 0,2\%$ ao dia, pelo período de 100 dias, seja igual ou menor ao valor nominal da dívida: $N = R\$ \ 252.000,00$.

$$V(1 + i \cdot n) = 252.000$$
$$V(1 + 0,2\% \cdot 100) = 252.000$$
$$V = \frac{252.000}{1,20} = 210.000$$

Assim, a quantia que liquida o débito de Pedro é R$ 210.000,00. Como Pedro vendeu 3 mil sacas a R$ 120,00 cada uma, a quantia que restou a Pedro, em reais é, aproximadamente:

$$120 \cdot 3.000 - 210.000 = 150.000$$

EXERCÍCIO RESOLVIDO

ER4 João Luís tem os seguintes compromissos a pagar: R$ 3.500,00 daqui a 5 meses e R$ 8.000,00 daqui a 10 meses. Propõe pagar R$ 2.000,00 em 2 meses e parcelar o saldo em 2 pagamentos iguais, um para 6 meses e o outro para 12 meses.

Calcule o valor x desses pagamentos, considerando uma taxa de juro de 2% ao mês.

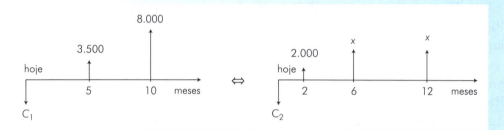

Resolução:

Caso se pretenda saldar títulos de dívida no regime de juro simples, com planos alternativos e equivalentes de pagamento, é preciso garantir que os valores de ambos os planos sejam iguais em determinada data pré-estabelecida.

O valor total da dívida na data de hoje é:

$$C_1 = \frac{3.500}{1 + 2\% \cdot 5} + \frac{8.000}{1 + 2\% \cdot 10} = 9.848,48$$

Para que haja equivalência, o total pago no plano proposto deve ser igual ao original, na mesma data: $C_1 = C_2$.

$$9.848,48 = \frac{2.000}{1 + 2\% \cdot 2} + \frac{x}{1 + 2\% \cdot 6} + \frac{x}{1 + 2\% \cdot 12}$$

$$9.848,48 = 1.923,08 + 0,89x + 0,81x$$

$$7.925,40 = 1,70x$$

$$\therefore x = R\$ \ 4.662,00$$

Portanto, no regime de juro simples, à taxa de 2% ao mês, um pagamento de R$ 2.000,00 em 2 meses e duas parcelas de R$ 4.662,00 em 6 e 12 meses é equivalente a um pagamento de R$ 3.500,00 em 5 meses e outro de R$ 8.000,00 em 10 meses.

ATIVIDADES

28. Uma pessoa deve pagar R$ 20.000,00 daqui a 3 meses e R$ 30.000,00 daqui a 7 meses. Determine o valor de um único pagamento que liquide a dívida, em 5 meses, a partir dos valores presentes, considerando a taxa de juro de 3% ao mês.

29. Alfredo tem um título de dívida de valor nominal igual a R$ 36.000,00, com vencimento para um ano e meio. Como é previdente, fará três depósitos no valor de R$ 10.000,00 cada em um fundo de investimentos que remunera as aplicações à taxa de juro de 2% ao mês, no regime de juros simples: o primeiro hoje, o segundo daqui a 6 meses e o terceiro daqui a um ano e 2 meses.
 Tomando como base os valores presentes dos títulos, responda: quanto restará no fundo de investimentos depois de pagar a dívida de R$ 36.000,00?

BANCO DE QUESTÕES

11. Um título de R$ 36.750,00 vence daqui a 9 meses. Qual é o seu valor atual se a taxa de juro para esse tipo de título for, hoje, de 2,8% ao mês?

12. Célio adquiriu por R$ 120.000,00 um título de uma empresa de valor nominal igual a R$ 185.700,00 e cujo prazo de vencimento é de 15 meses, ou seja, daqui a 15 meses ele vai trocar o título por R$ 185.700,00. Qual é a taxa de juro dessa aplicação?

13. Determine o valor atual de um título cujo valor nominal é R$ 24.850,00, sabendo que a taxa de juro é de 3,6% ao mês e faltam quatro meses para o seu vencimento.

14. "Pague em 4 meses ou à vista com 15% de desconto." Que taxa mensal de juro simples está sendo cobrada nessa operação de crédito?

7.3 Desconto Comercial ou Desconto Simples

Suponha que Pedro, o fazendeiro com receio das oscilações do preço do café no mercado internacional, vendeu parte da produção futura, 2.600 sacas de café, a R$ 150,00 a saca, recebendo antecipadamente 30% do valor total e o restante como valor nominal de uma nota promissória com vencimento para 280 dias.

Duzentos e quarenta e cinco dias após a venda, necessitando de dinheiro, Pedro conseguiu do banco a antecipação do valor do título mediante a taxa de juro simples de 7% ao mês, normalmente chamada de taxa de desconto simples. Quanto Pedro recebeu? Qual é a taxa de juro mensal efetiva da operação?

Quando um título de crédito é resgatado antes do vencimento, esse valor, **valor presente** ou **valor atual**, é menor do que o valor futuro, valor nominal ou valor de face do título. Essa dedução no valor original é denominada **desconto**. Tal antecipação de recebimento nada mais é do que uma operação de empréstimo garantido, na qual o portador do título de crédito – nota promissória, duplicata, letra de câmbio etc. – obtém um empréstimo bancário, pagando uma determinada taxa de juro, na qual o título é dado como uma garantia de pagamento. Observe a Figura 7.3.

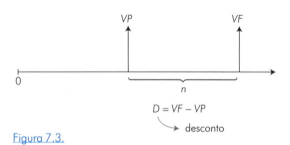

Figura 7.3.

O tipo de desconto mais comum é chamado de **desconto comercial** ou **desconto simples**.

No desconto comercial, os juros da operação são cobrados antecipadamente, isto é, a taxa de juro simples exigida pela instituição financeira é aplicada sobre o valor nominal do título e a parcela de juros ou desconto D é então calculada pelo período de antecipação do resgate.

Nessa modalidade, também chamada de "desconto por fora", convenciona-se denominar a taxa que determina a parcela de juros cobrada antecipadamente por taxa de desconto, indicada por d.

$$D = VF \cdot d \cdot n$$

valor nominal do título   taxa de desconto   período de antecipação

Agora, podemos resolver o problema:

a) O total que Pedro recebeu, em reais, pela venda de 2.600 sacas é:

$$150 \cdot 2.600 = 390.000$$

b) O valor nominal VF da nota promissória é:

$$VF = 70\% \cdot 390.000 = 0{,}7 \cdot 390.000 = 273.000$$
$$VF = R\$\ 273.000{,}00$$

c) A taxa de desconto d exigida pelo banco é de 7% ao mês, ou seja:

$$d = \frac{7\%}{30} \text{ ao dia}$$

d) O período n de antecipação do valor do título é igual a $280 - 245 = 35$ dias. Portanto, o desconto comercial D é igual a:

$$D = (273.000)\left(\frac{0,07}{30} \cdot 35\right) = 22.295$$

$$D = R\$ \ 22.295,00$$

Portanto, a quantia que Pedro recebeu antecipadamente é igual a:

$$VP = VF - D = 273.000 - 22.295 = 250.705$$
$$VP = R\$ \ 250.705,00$$

A taxa de juro efetiva da operação é aquela que, aplicada ao valor atual do título, R\$ 250.705,00, produz em 35 dias um montante que é o valor nominal do título, como mostra a Figura 7.4:

Figura 7.4.

$$250.705(1 + i \cdot 35) = 273.000$$

$$35i = \frac{273.000}{250.705} - 1 = 0,08893$$

$$i = \frac{0,08893}{35} = 0,00254 = 0,25\% \text{ ao dia}$$

Para determinar a taxa de juro efetiva mensal, lembre que duas taxas de juro são equivalentes se, aplicadas a um mesmo capital, durante um mesmo período produzem juros iguais. Assim:

$$C \cdot 0,25\% \cdot 30 = C \cdot i \cdot 1$$
$$i = 7,5\% \text{ ao mês}$$

Como você percebeu, a taxa de desconto, $d = 7\%$ ao mês, cobrada pelo banco é diferente da taxa de juro efetiva, $i = 7,5\%$ ao mês. Isso ocorre porque a taxa de desconto é aplicada sobre o valor nominal VF do título e a taxa de juro efetiva é aplicada sobre o valor atual VP, resgatado antecipadamente.

O conceito de taxa de desconto implica aplicá-la sobre o valor nominal (futuro) do título, que é maior que o valor atual (presente), acarretando maiores encargos ao tomador do empréstimo, diferente, portanto, da utilização do conceito de taxa de juro, incidente sobre o valor atual (presente).

EXERCÍCIO RESOLVIDO

ER5 Suponha que um devedor proponha que dois títulos com valores nominais iguais a R$ 50.000,00 e R$ 100.000,00 e vencimento para 2 e 3 meses, respectivamente, sejam pagos em uma única parcela em 4 meses, à taxa de juro simples de 4% ao mês.

Calcule os valores dos pagamentos utilizando a taxa de desconto e a taxa efetiva.

Resolução:

Caso fosse utilizado o conceito de taxa de desconto, teríamos:

X = valor a ser pago no 4.º mês, correspondente à dívida de R$ 50.000,00:
$$X - X \cdot 4\% \cdot 2 = 50.000 \therefore X = 54.347,83$$

Y = valor a ser pago no 4.º mês, correspondente à dívida de R$ 100.000,00:
$$Y - Y \cdot 4\% \cdot 1 = 100.000 \therefore Y = 104.166,67$$
Valor total = $X + Y$ = R$ 158.514,50

Utilizando-se o conceito de taxa efetiva, teríamos:

Valor da dívida na data zero:

$$V = \frac{50.000}{1 + 4\% \cdot 2} + \frac{100.000}{1 + 4\% \cdot 3} = 46.296,30 + 89.285,71 = 135.582,01$$

Valor do pagamento no quarto mês:
$$N = 135.582,01(1 + 4\% \cdot 4) = R\$ \ 157.275,13$$

ATIVIDADES

30. Em 12 de julho de 2013, um distribuidor adquiriu um lote de defensivos agrícolas no valor de R$ 530.000,00, para pagamento em 9 meses. Pede-se o valor da dívida na data de vencimento, considerando:

    a) taxa de juro efetiva de 2% ao mês;
    b) taxa de desconto comercial de 2% ao mês.

31. Qual é a taxa de desconto mensal cobrada pelo banco, em uma operação de desconto de duplicatas, com 5 meses de antecipação, na qual a taxa de juro efetiva paga é 4% ao mês?

32. Uma empresa vai descontar hoje quatro títulos em um banco à taxa de desconto comercial de 4,8% ao mês. Quanto a empresa vai receber, hoje, no total?

Vencimento (meses)	Valor nominal
1	R$ 36.000,00
2	R$ 60.000,00
3	R$ 25.000,00
4	R$ 100.000,00

Capítulo 7 – O Tempo e o Dinheiro

BANCO DE QUESTÕES

15. O valor nominal de um título é R$ 10.000,00 e a taxa de desconto comercial, 4,5% ao mês. Qual é o valor de resgate do título dois meses antes do vencimento?

16. Um empresário adquiriu um título de valor nominal R$ 96.000,00 à taxa de desconto comercial de 3,8% ao mês. Qual será o valor do desconto se o título for resgatado 5 meses antes do vencimento?

17. Observe, na figura ao lado, o fluxo de caixa de uma operação financeira de desconto, segundo o ponto de vista do banco.

Sendo N o valor nominal do título, D o desconto, d a taxa de desconto e i a taxa efetiva de juro, mostre que $i = \dfrac{d}{1 - d \cdot n}$.

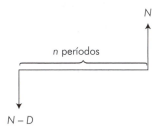

18. A taxa de desconto comercial de uma operação financeira é de 5% para um prazo de antecipação de 6 meses. Qual é a taxa de juro efetiva da operação?

19. Um título de valor nominal de R$ 250.000,00 é descontado em um banco, 6 meses antes do vencimento, à taxa de desconto comercial de 4% ao mês. O banco cobra uma taxa de 1,8% sobre o valor nominal como despesa administrativa.

a) Qual é a quantia recebida pelo portador do título?
b) Qual é a taxa de juro efetiva dessa operação financeira?

7.4 Juros Compostos

O tipo de aplicação mais comum no mercado brasileiro é baseado na ideia de juro composto: o juro produzido em um período é incorporado ao capital inicial e sobre esse valor é aplicada a taxa de juro. Tudo se passa como se o montante de um período fosse sacado e instantaneamente depositado para ser reaplicado. Veja a seguir um exemplo.

GOANCE é uma revendedora de automóveis que vende veículos nacionais e importados de todas as marcas, novos ou usados. O Sr. Carlos, gerente financeiro da *GOANCE* tem por hábito aplicar no último dia de cada mês, em um fundo de investimentos, o lucro mensal apurado. Em 30 de janeiro de 2013 ele depositou parte do lucro obtido, R$ 8.000,00. Os rendimentos mensais foram: 1,8% em fevereiro, 2% em março e 2,2% em abril. Como no período não houve saque algum, o total acumulado, em reais, em 30 de abril de 2013, pode ser calculado do seguinte modo:

fevereiro → 8.000 + 8.000 · 1,8% = 8.000(1 + 1,8%) = 8.144,00
março → 8.144(1 + 2%) = 8.306,88
abril → 8.306,88(1 + 2,2%) = 8.489,63

Esse valor também poderia ser obtido diretamente, assim:

total acumulado = 8.000(1 + 1,8%)(1 + 2%)(1 + 2,2%)
total acumulado = R$ 8.489,63

Suponha agora que a outra parcela do lucro daquele mês, R$ 6.000,00, foi aplicada em títulos com rendimento garantido e prefixado de 1,8% ao mês. O montante, em reais, obtido nesse investimento em 30 de abril de 2013 pode ser calculado como:

fevereiro → 6.000(1 + 1,8%)
março → 6.000(1 + 1,8%)(1 + 1,8%) = 6.000(1 + 1,8%)^2
abril → 6.000(1 + 1,8%)^2(1 + 1,8%) = 6.000(1 + 1,8%)^3 = 6.329,87

O exemplo sugere que, se uma pessoa aplicar um capital ou valor presente *VP* à taxa de juro *i* durante *n* períodos de tempo, o montante ou valor futuro *VF* será expresso por:

$$VF = VP(1 + i)^n$$

As calculadoras financeiras estão programadas para efetuar rapidamente os cálculos de situações financeiras e de investimentos no regime de juro composto que, em geral, são trabalhosos. Saber operá-las representa enorme facilidade na análise de alternativas de compra, venda e aplicações.

Em geral, as calculadoras financeiras apresentam as teclas em inglês:

valor presente (*VP*): PV → *present value*

taxa de juro (*i*): i → *interest*

(A taxa de juro sempre vem expressa em porcentagem.)

períodos de tempo (*n*): n

(O período de tempo deve ser compatível com a taxa de juro.)

valor futuro (*VF*): FV → *future value*

(O valor futuro é o montante da aplicação.)

Assim, nesse último exemplo, com uma calculadora financeira teclamos:

−6.000 PV   1,8 i   3 n

coloca-se 1,8 e não 0,018, pois a taxa de juro vem expressa em porcenagem

Para obter o valor futuro, basta teclar FV e obteremos R$ 6.329,87.

Em geral, as calculadoras financeiras trabalham com a equação $VF = VP(1 + i)^n$, mas expressando-a com um dos membros igual a zero:

$$-VF + VP(1 + i)^n = 0 \quad \text{ou} \quad VF + (-VP)(1 + i)^n = 0$$

Capítulo 7 – O Tempo e o Dinheiro

operando segundo o conceito de fluxo de caixa para expressar receitas e despesas. Observe a Figura 7.5:

Figura 7.5.

As variáveis valor futuro e valor presente são interpretadas com sinais opostos:

$$-VF \text{ e } VP \quad \text{ou} \quad VF \text{ e } -VP$$

Por causa disso, se teclamos:

+1.000 [PV]   12 [n]   3 [i]

na realidade obtemos o oposto do valor futuro, ou seja, $VF = -1.425,75$.

Analogamente, se teclamos o valor presente com sinal negativo, obtemos o valor futuro com sinal positivo. Também, se teclamos:

» [+] [FV] obtemos [−] [PV]

» [−] [FV] obtemos [+] [PV]

No entanto, para encontrarmos a taxa de juro (i), não devemos teclar, por exemplo, $VF = R\$ 121,00$, $VP = R\$ 100,00$ e $n = 2$, pois a calculadora substitui $-VF$ por 121, ou então $-VP$ por 100, e geralmente a equação não tem solução. Se proceder dessa maneira, na tela aparecerá uma mensagem de erro: NO SOLUTION ou ERROR.

$$\underbrace{-VF}_{} + VP(1+i)^n = 0 \qquad VF + \underbrace{(-VP)}_{}(1+i)^n = 0$$

$$121 + 100(1+i)^2 = 0 \qquad 121 + 100(1+i)^2 = 0$$
$$(1+i)^2 = -1,21 \qquad (1+i)^2 = -1,21$$

Assim, existem dois modos de encontrar a taxa de juro e podemos observá-las no exemplo a seguir, representado na Figura 7.6:

Figura 7.6.

Matemática para Economia e Administração

ou

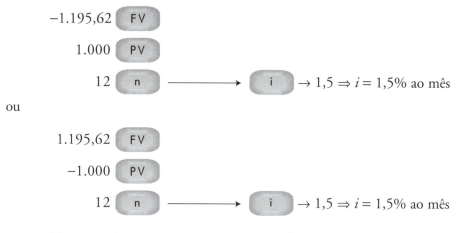

Nos exercícios seguintes, é conveniente utilizar uma calculadora financeira. Observe que os resultados serão, em geral, aproximados. Em todos os exercícios, suponha um sistema de juro composto.

EXERCÍCIO RESOLVIDO

ER6 Suponha que em 30 de abril, o Sr. Cláudio tenha sacado os montantes das duas aplicações e a elas adicionou o lucro obtido no trimestre, R$ 7.500,00, e aplicado o total à taxa de juro composto de 1,5% ao mês. Calcule o montante acumulado no dia 31 de julho de 2013.

Resolução:

Sendo assim, em 31 de julho de 2013, o saldo dessa nova aplicação era de:

$$M = (8.489,63 + 6.329,87 + 7.500,00)(1,015)^3$$
$$M = 22.319,50 \cdot 1,0457$$
$$M = R\$ \ 23.339,02$$

Com uma calculadora financeira:

$$7.500 + 8.489,63 + 7.500 = 22.319,5$$

22.319,5 PV
3 n
1,5 i ⟶ FV → −23.339,02
VF = R$ 23.339,02

ATIVIDADES

33. Se uma pessoa aplica R$ 8.500,00 hoje e R$ 10.000,00 daqui a 3 meses, com um rendimento mensal de 1,25%, quanto terá depois de 6 meses?

34. Para pagar um título que vence em 1.º de julho, no valor de R$ 20.000,00, uma empresa programa realizar depósitos bimestrais em um fundo de investimentos, de acordo com a tabela ao lado. Se a taxa de juro obtida na aplicação é de 3,5% ao bimestre, o montante acumulado será suficiente para que a empresa salde o compromisso?

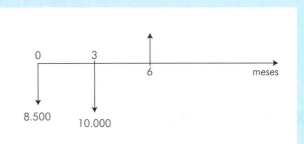

Data	Depósito
01/01	R$ 8.000,00
01/03	R$ 5.800,00
01/05	R$ 7.500,00

35. Observe, ao lado, o anúncio de um banco. Qual é a taxa de juro mensal que o banco está oferecendo?

APLIQUE HOJE
R$ 1.000,00
E APÓS 1 ANO
RECEBA
R$ 1.200,00

36. Durante quantos meses uma pessoa deve deixar aplicado um capital de R$ 980,00, à taxa de juro de 1,2% ao mês, para pagar um curso de inglês que lhe custará R$ 1.066,00?

37. Pedro depositou em um banco R$ 500.000,00 obtidos com a venda de um apartamento e, um ano depois, retirou o juro da aplicação: R$ 67.442,07.
Estime a taxa de juro mensal que o capital efetivamente rendeu.

Em certo aspecto, todo o trabalho com juro composto é baseado na fórmula:

$$VF = VP(1 + i)^n$$

mesmo em problemas aparentemente algébricos como o que segue.

Um capital aplicado durante 4 anos produziu um montante igual ao seu dobro. Observe a Figura 7.7.

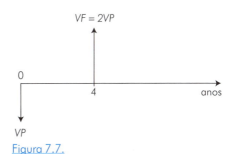

Figura 7.7.

377

A equação que expressa a situação é dada por:

$$2VP = VP(1+i)^4$$
$$2 = 1(1+i)^4 \longrightarrow n = 4$$

$VF = 2 \quad VP = 1$

EXERCÍCIO RESOLVIDO

ER7 Considerando a equação anterior, qual é a taxa de juro anual?

Resolução:

2 [FV]

−1 [PV]

4 [n] ⟶ [i] → 18,92 ⇒ $i = 18{,}92\%$

ATIVIDADES

38. Determinado capital aplicado durante 18 meses rendeu, de juros, a metade do valor aplicado. Qual é a taxa mensal de juro dessa aplicação?

39. Algumas lojas vendem mercadorias pelo preço de etiqueta, cobrando parte desse preço à vista, como entrada, e o restante após algum tempo. Com esse procedimento, o consumidor pensa que está levando vantagem, pois paga o valor anunciado em maior prazo. Na verdade, o que acontece é que o valor exibido na etiqueta não é igual ao preço à vista do produto. Em geral, para calcular o preço da etiqueta, o lojista adiciona ao valor à vista uma porcentagem dele ou uma quantia fixa (normalmente chamada de "despesas administrativas" ou taxa de abertura de crédito), que nada mais é do que o valor do dinheiro ao longo do tempo ou o custo do financiamento.

O Magazine Yolanda, nas vendas a crédito, adota o seguinte critério: inicialmente adiciona 12% ao valor à vista da mercadoria. No financiamento, o cliente paga, como entrada, no ato da compra, 25% do valor da etiqueta e o restante apenas daí a 4 meses, em uma única parcela. Calcule a taxa de juro mensal cobrada por essa loja.

Taxas equivalentes

Quantas vezes você já não teve necessidade de transformar unidades de comprimento, capacidade ou massa em outras que expressem as mesmas medidas? Em Matemática Financeira, é importante saber transformar uma taxa de juro em outra equivalente. Para encontrar, por exemplo, a taxa de juro mensal equivalente a 12,5% ao ano, podemos pensar assim:

$$\underbrace{VP(1+12{,}5\%)^1}_{\text{valor futuro}} = \underbrace{VP(1+i)^{12}}_{\text{valor futuro}}$$

$$1{,}125 = 1(1+i)^{12}$$

Com uma calculadora financeira:

1,125 [FV]

−1 [PV]

12 [n] ⟶ [i] → 0,99 ⇒ i = 0,99% ao mês

Uma pessoa que aplica determinada quantia à taxa mensal de 0,99% terá obtido a remuneração de 12,5% após um ano.

Por outro lado, para obter a taxa de juro anual equivalente a 2% ao mês, podemos pensar assim:

$$VP(1+2\%)^{12} = VP(1+i)^1$$

$$1{,}02 = 1(1+i)^{\frac{1}{12}}$$

Com uma calculadora financeira:

1,02 [FV]

−1 [PV]

$\frac{1}{12}$ → 1 [ENTER] 12 [÷] → [n] ⟶ [i] → 24,00

i = 24% ao mês

A pessoa que aplicou determinada quantia a 2% ao mês obteve a remuneração de 24% em um ano.

EXERCÍCIO RESOLVIDO

ER8 Pablo, um pequeno investidor, aplicou R$ 10.000,00 à taxa de juro anual de 12,5% e, necessitando do dinheiro, retirou todo o montante obtido após 5 meses. Qual o valor do montante obtido?

Resolução:

Considerando a taxa anual:

$$VF = 10.000(1+12{,}5\%)^{\frac{5}{12}} = R\$10.503{,}00$$

Na calculadora financeira:

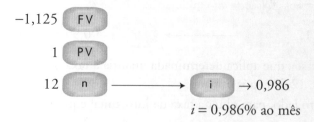

$VF = R\$\ 10.520,83$

Considerando a taxa mensal equivalente:

−1,125 FV

1 PV

12 n ⟶ i → 0,986

$i = 0,986\%$ ao mês

Temos:

−10.000,00 PV

0,986 i

5 n ⟶ FV → 10.502,82

$VF = R\$\ 10.502,82$

O montante obtido foi de R$ 10.502,82.

ATIVIDADES

40. a) Determine a taxa de juro mensal equivalente a 19% ao ano.
    b) Um capital de R$ 5.000,00 é aplicado à taxa de juro de 19% ao ano durante 7 meses. Qual é o montante produzido?

41. Se aplicarmos R$ 10.500,00 em um fundo DI que rende 1,20% ao mês, quanto se obtém de juro após 45 dias?

42. No mês de maio uma aplicação rendeu 1%. Qual foi a taxa diária obtida naquele mês?

BANCO DE QUESTÕES

20. Bento deseja fazer uma aplicação financeira à taxa de juro de 6,22% ao trimestre, de forma que possa retirar R$ 10.000,00 daqui a 6 meses e R$ 20.000,00 daqui a

10 meses. Qual é o menor valor da aplicação que permite a retirada desses valores nos meses indicados?

21. Juvêncio deveria pagar a Alberto R$ 10.000,00 em 10 meses. Percebendo que não seria possível juntar essa quantia no prazo previsto, propõe ao credor refinanciar a dívida em 3 parcelas: R$ 3.500,00 em 6 meses, R$ 4.000,00 em 8 meses e uma parcela final a vencer em 15 meses. Alberto concorda com a proposta, desde que seja aplicada a taxa de juro de 25% ao ano. Qual será o valor da parcela final?

22. Uma empresa contraiu um empréstimo à taxa de 14,48% ao ano para ser liquidado em dois pagamentos: o primeiro pagamento, no valor de R$ 40.000,00, no final do 6.º mês e o segundo, no valor de R$ 80.000,00, no final do 10.º mês. Como opção, o banco oferece a possibilidade de saldar o empréstimo com um único pagamento de R$ 127.462,32. Qual é o prazo de pagamento, sendo mantida a taxa de juro contratada?

23. Vanessa se propõe a vender um terreno por R$ 70.000,00, valor a ser pago depois de um ano. Interessado no imóvel, Frederico oferece R$ 65.000,00, sendo R$ 20.000,00 à vista e R$ 45.000,00 em 8 meses. Sendo 15% ao ano a taxa de juro de mercado, Vanessa deve aceitar a proposta de Frederico? Mantida a entrada, que valor no 8.º mês igualaria as duas propostas?

24. Alberto investiu R$ 23.450,00 à taxa de juro de 1,3% ao mês, recebendo R$ 2.352,00 de juro. Qual é o prazo da operação financeira?

25. Em uma operação de curto prazo, um banco cobra R$ 40.657,30 por um empréstimo de R$ 40.000,00 por 17 dias. Qual é a taxa mensal de juro da operação?

7.5 Qual É a Melhor Alternativa?

Quando uma pessoa vai comprar um produto ou um empresário pretende fazer um investimento, em geral eles são colocados diante de várias alternativas e, logicamente, pretendem escolher a melhor.

Um dos caminhos mais úteis para escolher a melhor forma de pagamento ou o investimento mais conveniente é mediante a ideia de *valor presente*.

A revendedora *GOANCE* está promovendo a venda de um carro popular, "zero quilometro", por R$ 24.950,00 à vista. Marta interessou-se pela compra e tem a quantia necessária que está aplicada por 3 meses em um fundo de renda fixa que rende cerca de 0,8% ao mês. Notando a indecisão da consumidora, para não perder a venda, o Sr. Carlos faz-lhe a seguinte proposta: "leve o automóvel hoje e pague somente daqui a 3 meses, quando seu dinheiro estará liberado, com um pequeno acréscimo de R$1.000,00". Qual será a melhor alternativa para Marta?

Podemos pensar assim: "quanto Marta deveria deixar separado e aplicado no fundo para daqui a 3 meses pagar R$ 24.950,00 + R$ 1.000,00 = R$ 25.950,00?".

Matemática para Economia e Administração

Veja:

$$25.950 = VP(1 + 0,8\%)^3$$

25.950 [FV]

3 [n]

0,8 [i] ⟶ [PV] → −25.337,03

$$VP = R\$\ 25.337,03$$

Como se vê, a melhor alternativa seria Marta pagar à vista o automóvel.

EXERCÍCIO RESOLVIDO

ER9 Considerando a situação anterior, caso Marta aceitasse a proposta do Sr. Cáudio, que taxa de juro mensal estaria sendo paga?

Resolução:

$$VF = VP(1 + i)^n \Rightarrow 24.950 + 1.000 = 24.950(1 + i)^3$$

25.950 [FV]

−24.950 [PV]

3 [n] ⟶ [i] → 1,32

$$i = 1,32\%\ \text{ao mês}$$

A taxa de juro seria de 1,32% ao mês.

ATIVIDADES

43. Um economista cujo dinheiro está aplicado a 1,2% ao mês pretende comprar um carro zero km no valor de R$ 23.990,00. Qual é a melhor alternativa para o economista: pagar à vista com desconto de 5% ou pagar apenas daqui a 3 meses, mas sem desconto algum? Por quê? Qual é a taxa de juro utilizada pela concessionária?

44. Um DVD é vendido à vista por R$ 596,00 ou a prazo em duas prestações mensais e iguais a R$ 304,00, sem entrada. Se a maior taxa mensal de juro que se consegue no mercado é 1,5%, qual é a melhor alternativa para um comprador?

45. Artur vai comprar um MP3 *player*. As opções de pagamento são as seguintes:

a) R$ 600,00 daqui a um mês;
b) R$ 650,00 daqui a dois meses;
c) R$ 575,00 à vista.

Qual é a melhor opção, se Artur aplicar o seu dinheiro a 1,1% ao mês?

Capítulo 7 – O Tempo e o Dinheiro

46. Para comprar um apartamento, Paula comprometeu-se a pagar a parcela de R$ 35.000,00 na entrega das chaves, daqui a um ano. Para ter condições de saldar o compromisso, programou fazer 4 depósitos em um fundo de investimentos, cuja expectativa de remuneração é de 14% ao ano: R$ 5.500,00 daqui a 2 meses, R$ 9.800,00 daqui a 4 meses, R$ 10.350,00 daqui a 7 meses e o último daqui a 10 meses. Qual será o valor desse último depósito?

BANCO DE QUESTÕES

26. Um apartamento é colocado à venda por R$ 115.000,00. Como opção, pode-se pagar 35% de entrada, além de 4 parcelas semestrais: as duas primeiras iguais a R$ 20.000,00 e as duas últimas iguais a R$ 30.000,00. Se a taxa de juro vigente no mercado é de 25% ao ano, qual é a melhor opção de compra?

27. Uma loja promove uma liquidação vendendo todos os seus produtos em 3 prestações mensais, sem juros, nos valores respectivos de 25%, 35% e 40% do preço anunciado, sendo a primeira paga à vista, no ato da compra. Para quem preferir pagar à vista, oferece o desconto de 4% sobre o preço anunciado. Marcello, cujo dinheiro, em valor suficiente para comprar à vista, está aplicado à taxa de 2,5% ao mês, optou por comprar a prazo. Do ponto de vista financeiro, sua escolha foi acertada?

28. Paula vendeu seu carro usado por R$ 18.500,00 com o objetivo de comprar um modelo zero km que custa R$ 28.000,00. Como é avessa a dívidas, juntou o produto da venda com suas economias (R$ 3.700,00) e aplicou o total a 1,22% ao mês. Pretende também depositar nesse fundo de investimentos mais duas parcelas: R$ 1.200,00 daqui a 2 meses e R$ 1.540,00 daqui a 6 meses. Daqui a quanto tempo Paula conseguirá comprar o carro novo?

29. As Casas Maceió vendem um eletrodoméstico por R$ 1.240,00 à vista, mas também oferecem um plano a prazo: R$ 500,00 de entrada mais uma parcela de R$ 890,00 em 15 meses. O sistema financeiro está captando recursos à taxa de 14,5% ao ano. Qual é a melhor alternativa para um consumidor que tem o dinheiro: comprar à vista ou aplicar a quantia à taxa de juro de mercado e saldar a dívida em 15 meses?

7.6 Como Calcular Prestações Mensais e Iguais

Certamente você já viu anúncios como este:

R$ **24.899,00**
À VISTA

0 + 24x R$ 1.279,90
TOTAL: R$ 30.717,60

AR-CONDICIONADO
FREIOS ABS
TRAVAS ELÉTRICAS

Matemática para Economia e Administração

O anúncio diz que o preço à vista é R$ 24.899,00, mas o carro pode ser pago em 24 prestações mensais de R$ 1.279,90 cada uma, sem entrada, como mostra a Figura 7.8.

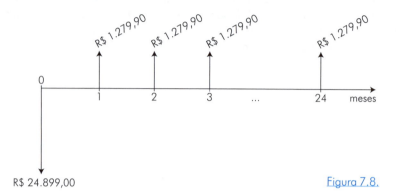

Figura 7.8.

Como descobrimos a taxa de juro mensal que a loja está cobrando?

Se "tirarmos" os juros de todas as prestações, ou seja, calcularmos os valores presentes de cada uma, a soma de todos os valores presentes deve ser igual ao preço à vista, considerando uma determinada taxa de juro i, estabelecida pela loja para calcular as prestações.

$$VF_1 = VP_1(1+i) \Rightarrow VP_1 = \frac{VF_1}{1+i}$$

$$VF_2 = VP_2(1+i)^2 \Rightarrow VP_2 = \frac{VF_2}{(1+i)^2}$$

$$\vdots \qquad\qquad\qquad \vdots$$

$$VF_{24} = VP_{24}(1+i)^{24} \Rightarrow VP_{24} = \frac{VF_{24}}{(1+i)^{24}}$$

Como são 0 + 24 parcelas de R$ 1.297,90, temos:

$$VF_1 = VF_2 = VF_3 = \ldots = VF_{24} = R\$\ 1.297{,}90$$

$$\frac{1.279{,}90}{1+i} + \frac{1.279{,}90}{(1+i)^2} + \frac{1.279{,}90}{(1+i)^3} + \ldots + \frac{1.279{,}90}{(1+i)^{24}} = 24.899{,}00$$

O primeiro membro da equação expressa a soma dos termos de uma progressão geométrica (a_1, a_2, a_3, ..., a_n) de razão r:

$$S_n = \frac{a_1(1-r^n)}{1-r}, \text{ com } r \neq 1$$

No exemplo, $S_{24} = 24.899{,}00$, com $a_1 = \frac{1.279{,}90}{1+i}$ e $r = \frac{1}{1+i}$.

Mediante essa fórmula, as calculadoras nos dão diretamente o valor da taxa de juro i.

As prestações chamam-se pagamentos (*PGTO*), em inglês *payment*, e são representadas pela tecla PMT .

Assim:

Semelhante ao que fizemos com *VP* e *VF*, devemos colocar na calculadora os valores do pagamento e do valor presente com sinais opostos, caso contrário a calculadora dará uma mensagem de erro devido à equação não ter solução. Observe a Figura 7.9.

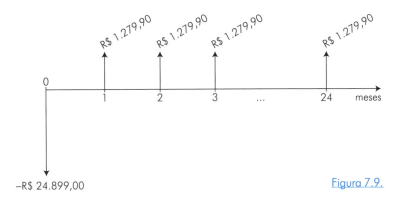

Figura 7.9.

EXERCÍCIO RESOLVIDO

ER10 Suponha que Luísa, uma consumidora, tenha seu dinheiro aplicado a 0,75% ao mês e pretende adquirir o automóvel anunciado pela *GOANCE*. É mais conveniente ela o comprar à vista ou a prazo? Por quê?

Resolução:

Comprar a prazo será mais conveniente se a quantia que Luísa deixar aplicada, à taxa de 0,75% ao mês, para saldar as 24 parcelas de R$1.279,90, for menor que o valor à vista, R$ 24.899,00.

Tal valor é dado por:

$$\frac{1.279,90}{(1+0,75\%)^1} + \frac{1.279,90}{(1+0,75\%)^2} + \frac{1.279,90}{(1+0,75\%)^3} + \ldots + \frac{1.279,90}{(1+0,75\%)^{24}}$$

que pode ser obtido na calculadora financeira.

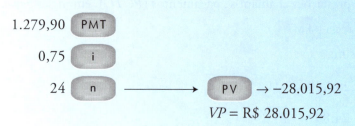

Portanto, para Luísa, será mais conveniente pagar à vista.

Em muitos anúncios comerciais, como o da concessionária *GOANCE*, em vez de 24 parcelas sem entrada (pagamentos postecipados), como mostra a Figura 7.10:

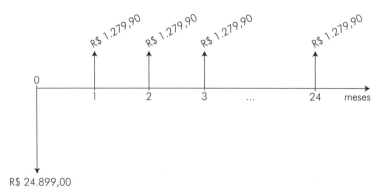

Figura 7.10.

é oferecido um plano de 24 parcelas mensais e iguais, mas sendo a primeira parcela paga no ato da compra, como mostra a Figura 7.11:

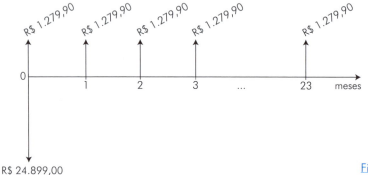

Figura 7.11.

Nesse caso, a equação será expressa por:

$$S_{24} = 1.279{,}90 + \frac{1.279{,}90}{1+i} + \frac{1.279{,}90}{(1+i)^2} + \ldots + \frac{1.279{,}90}{(1+i)^{23}} = 24.899{,}00$$

Para calcular a taxa de juro mensal que a loja está cobrando, podemos usar a calculadora financeira com estes dados.

24.899 − 1.279,90 [PV]

−1.279,90 [PMT]

23 [n] ⟶ [i] → 1,92 ⇒ $i = 1{,}92\%$ ao mês

ou então, se usarmos uma tecla chamada início, em inglês *begin* ([BEG]), podemos resolver a equação original diretamente assim:

[g] [BEG]

24.899 [PV]

−1.279,90 [PMT]

24 [n] ⟶ [i] → 1,92 ⇒ $i = 1{,}92\%$ ao mês

Nesse caso, é comum dizer que os pagamentos são antecipados. Para pagamento postecipados, usamos a tecla chamada fim, em inglês *end* ([END]).

EXERCÍCIO RESOLVIDO

ER11 A revendedora *GOANCE* anuncia a venda de um automóvel importado por R$ 36.800,00 à vista, ou a prazo em 36 prestações mensais e iguais à taxa de juro de 1% ao mês se os pagamentos forem postecipados (a primeira prestação é paga um mês após a compra), ou à taxa de juro de 0,92% ao mês se os pagamentos forem antecipados (a primeira prestação é paga na data da compra). Qual é o valor da prestação mensal de cada plano?

Resolução:
Observe a diferença entre os dois planos de pagamento (com ou sem entrada).
Pagamentos postecipados:

$$\frac{x}{1+1\%} + \frac{x}{(1+1\%)^2} + \ldots + \frac{x}{(1+1\%)^{36}} = 36.800$$

[g] [END]

1 [i]

36 [n]

36.800 [PV] ⟶ [PMT] → −1.222,29

$PGTO = x = R\$\ 1.222{,}29$

Pagamentos antecipados:

$$x + \frac{x}{(1+0,92\%)} + \frac{x}{(1+0,92\%)^2} + \ldots + \frac{x}{(1+0,92\%)^{36}} = 36.800$$

g   BEG

0,92   i

36   n

36.800   PV   ⟶   PMT → −1.194,49

$PGTO = x = R\$\ 1.194,49$

ATIVIDADES

47. Uma loja de carros zero km vende determinado modelo por R$ 42.700,00 à vista ou mediante diversos planos de pagamento, mas sempre considerando uma taxa de juro anual de 26,8%.
    Calcule o valor das prestações de cada plano.
    Plano A: R$ 20.000,00 de entrada mais 36 prestações mensais e iguais
    Plano B: zero de entrada mais 48 prestações mensais e iguais
    Plano C: R$ 15.000 de entrada mais 18 prestações bimestrais e iguais

48. Um carro zero km é vendido em 12 prestações mensais e iguais de R$ 3.500,00 cada uma, sendo a primeira prestação dada como entrada. Se a loja trabalha com uma taxa de juro de 3% ao mês, qual é o valor à vista do carro?

49. Quando um produto é financiado em prestações iguais e de mesma periodicidade, porém sem entrada, isto é, sem que haja pagamento no momento da compra, é comum se dizer que são pagamentos *postecipados*.
    Para comprar um aparelho de televisão que custa R$ 1.950,00, Joana pensa em utilizar o plano de pagamento proposto pela loja: 12 parcelas postecipadas mensais de R$ 180,00 cada uma. A alternativa seria tomar um empréstimo na financeira *Dinheiro Fácil* e saldá-lo mediante um único pagamento de R$ 2.250,00 após um ano. Qual é o melhor plano? Justifique.

50. No momento da liberação de um empréstimo de R$ 100.000,00, foram cobradas as taxas de abertura de crédito, no valor de R$ 1.000,00, e de cadastro, no valor de R$ 1.200,00, além de um seguro, no valor de R$ 500,00.
    Se o empréstimo foi pago em 10 prestações mensais e postecipadas, no valor de R$ 12.000,00 cada uma, qual foi a taxa de juro mensal cobrada?

51. Um banco está propondo a seus clientes um empréstimo pessoal de R$ 1.000,00, que deve ser pago em 12 parcelas mensais de R$ 120,00. Como atrativo promocional, o

banco dispõe-se a não cobrar a última parcela do cliente que pagar em dia cada uma das prestações. Determine a taxa mensal de juro implícita na operação:

a) para o cliente que atrasar o pagamento de pelo menos uma prestação;
b) para o cliente pontual.

Imposto sobre operações de crédito, câmbio e seguros

Você já deve ter ouvido falar em *IOF*. Mas você sabe o que realmente significa?

IOF, sigla para *Imposto sobre Operações Financeiras*, incide sobre operações de crédito, de câmbio e seguros e sobre operações relativas a títulos e valores mobiliários. O *IOF* é um instrumento de controle dos quatro tipos de operações. Por exemplo, no caso de rendimentos obtidos em aplicações financeiras, a alíquota do *IOF* é regressiva, isto é, vai diminuindo a partir do 1.º dia da aplicação até zerar no 30.º dia. Em operações de crédito para pessoa física, inclusive cheque especial e cartão de crédito, atualmente são aplicadas duas alíquotas: uma diária (pelo prazo da operação) e outra fixa, ambas cobradas sobre o montante da operação.

Desse modo, alterando as alíquotas desse imposto, a autoridade financeira pode controlar as operações financeiras, aumentando ou reduzindo a oferta de crédito.

EXERCÍCIO RESOLVIDO

ER12 Observe o que acontece na compra de um carro a prazo. O financiamento de parte ou de todo o valor do automóvel é uma operação de empréstimo, a determinada taxa de juro, sobre a qual incide *IOF*.

Luís foi à *GOANCE* em busca de um SUV seminovo. Pagou R$ 40.000,00 à vista e financiou R$ 10.000,00 à taxa de juro de 25% ao ano, para pagamento em 10 prestações mensais e iguais. O Sr. Carlos informou que, além da taxa de juro, Luís deverá pagar *IOF*, cujas alíquotas à época da compra eram de 0,0082% ao dia, mais 0,38%, ambas cobradas sobre o valor financiado. Quais seriam:

a) o valor da prestação e
b) a taxa efetiva mensal paga pelo cliente?

Resolução:

Alíquota total do *IOF*:

$$(0{,}0082\%)(300 \text{ dias}) + 0{,}38\% = 0{,}0246 + 0{,}0038$$
$$= 0{,}0284 = 2{,}84\%$$

O valor do *IOF* é também pago a prazo, embutido nas prestações mensais. Desse modo, o valor financiado, que engloba o empréstimo mais encargos, é superior ao valor emprestado.

Cálculo do valor financiado (*V*):

$$V - 2,84\%V = 10.000 \Rightarrow V = \frac{10.000}{1-2,84\%} = \frac{10.000}{0,9716}$$

$$V = R\$ \ 10.292,30$$

Cálculo da taxa de juro mensal, equivalente à taxa anual de 25%:

1,25 FV

−1 PV

12 n ⟶ i → 1,88 ⇒ $i = 1,88\%$ ao mês

a) Valor da prestação (incluindo *IOF*):

−10.292,30 PV

10 n

1,88 i ⟶ PMT → 1.138,62

$PGTO = R\$ \ 1.138,62$

b) Na percepção de Luís, o empréstimo de R$10.000,00 será pago em 10 parcelas de R$1.138,62, à taxa aparente de 25% ao ano. Porém, o *IOF* embutido nas prestações aumentou o valor da sua dívida, elevando a taxa de juro. A taxa efetiva de juro da operação de empréstimo pode ser assim calculada:

−10.000,00 PV

1.138,62 PMT

10 n ⟶ i → 2,43

$i = 2,43\%$ ao mês ou 33,39% ao ano

Você aprendeu que para saber o valor total de uma dívida, os encargos ou impostos incidentes devem ser considerados. Geralmente tais informações são omitidas nas peças publicitárias. Fique de olho e negocie com o vendedor as melhores condições possíveis. Veja o ER13.

EXERCÍCIOS RESOLVIDOS

ER13 Eliane tem duas possibilidades para adquirir um automóvel de R$42.000,00: comprar à vista ou utilizar o financiamento proposto pelo Sr. Carlos, gerente financeiro da revendedora *GOANCE*: pagar 35% do valor do automóvel à vista e o saldo em 20 prestações mensais e iguais, à taxa de juro de 0,9% ao mês, mais *IOF*. Eliane tem a quantia necessária para comprar à vista, aplicada em um investimento que rende 1% ao mês. Qual forma de pagamento ela deve escolher?

Resolução:

Eliane pesquisou e soube que a alíquota total do *IOF* incidente sobre a operação era de 3,38%. Calculou o valor da prestação e a taxa efetiva cobrada no valor no financiamento:

Valor da prestação:

$$\frac{x}{(1+0,9\%)^1} + \frac{x}{(1+0,9\%)^2} + \ldots + \frac{x}{(1+0,9\%)^{20}} = 28.255,02$$

$x = PGTO = R\$ 1.550,04$

Taxa efetiva:

$$\frac{1.550,04}{(1+i)^1} + \frac{1.550,04}{(1+i)^2} + \ldots + \frac{1.550,04}{(1+i)^{20}} = 27.300,00$$

$i\% = 1,2425 = 1,24\%$ ao mês

Como o rendimento do investimento em que o dinheiro de Eliane estava aplicado é menor que a taxa efetiva de juro (com *IOF*) no financiamento proposto pelo Sr. Carlos, ela deve escolher o pagamento à vista, para comprar o carro.

ER14 Para terminar com o estoque de um modelo de automóvel que será reestilizado no ano seguinte, o Sr. Carlos idealizou a seguinte promoção: "*GOANCE* BOTA PRA QUEBRAR! Liquidação das últimas unidades do modelo *X*, com desconto de 30% sobre o preço da tabela. Pague apenas R$ 30,00 por dia". O plano de pagamento proposto pelo Sr. Carlos prevê que o valor do automóvel com desconto, R$ 20.000,00, será quitado do seguinte modo: 24 prestações mensais e iguais a R$ 950,00, sendo a primeira no ato da compra, mais duas parcelas anuais de mesmo valor, pagas no 12.º e no 24.º mês, a partir da data da compra. Qual o valor das parcelas adicionais, denominadas "parcelas balão"?

Resolução:

Em uma operação de crédito, para reduzir o valor das prestações periódicas, é comum pagar parcelas adicionais às habituais, em intervalos de tempo superiores aos estabelecidos.

Para calcular o valor das parcelas anuais adicionais, em primeiro lugar "tiramos os juros" das parcelas mensais de R$ 950,00, isto é, calculamos o valor presente dessas parcelas.

$$950 + \frac{950}{(1+2,35\%)^1} + \frac{950}{(1+2,35\%)^2} + \ldots + \frac{950}{(1+2,35\%)^{23}} = VP$$

g BEG
−950 PMT
24 n
2,35 i ⟶ PV → 17.681,70

$VP = $ R$ 17.681,70

Como $VP = $ R$ 17.681,70, o saldo devedor é:

R$ 20.000 − R$ 17.681,70 = R$ 2.318,30

Agora, uma vez que se sabe o saldo a ser pago, podemos determinar o valor das parcelas adicionais (X), considerando a taxa anual de juro (i_a):

$$\frac{X}{(1+i_a)^1} + \frac{X}{(1+i_a)^2} = 2.318,30$$

Cálculo da taxa anual de juro, equivalente a 2,35% ao mês:

$VP(1 + 2,35)^{12} = VP(1 + i_a)^1 \Rightarrow (1 + 2,35)^{12} = 1 + i_a \Rightarrow$
$\Rightarrow i_a = 32,15\%$ ao ano

Cálculo do valor das prestações adicionais (X):

−2.318,30 PV
2 n
32,15 i ⟶ PMT → 1.743,96

$PGTO = X = $ R$ 1.743,96

Logo, o valor das parcelas adicionais é de R$1.743,96.

Capítulo 7 – O Tempo e o Dinheiro

Nas operações de empréstimo ou de financiamento de bens móveis ou imóveis, podem existir planos de pagamento onde o vencimento da primeira prestação se dá apenas depois de determinado intervalo de tempo sem pagamento algum, denominado carência. São as famosas promoções do tipo: *compre agora e só comece a pagar depois de tantos períodos.*

Assim, suponha que no caso do exercício anterior, ER14, um cliente proponha ao Sr. Carlos o plano alternativo de pagamento, no qual o prazo de 2 anos seja mantido, mas a primeira prestação vença 6 meses após a data da compra (ou 5 meses de carência) e o saldo devedor seja pago no prazo restantes, em 19 prestações mensais e iguais, à mesma taxa de juro, 2,35% ao mês.

Nesse caso, para calcular o valor das prestações, é necessário encontrarmos o valor do efetivo saldo devedor na data em que os pagamentos serão iniciados, ou no mês anterior, isto é, no 6.º ou no 5.º mês após a data da compra. Tal quantia é o Valor Futuro de R$ 20.000,00 na data 6 ou na data 5, capitalizado com a taxa de juro de 2,35% ao mês.

Observe as Figuras 7.12 e 7.13:

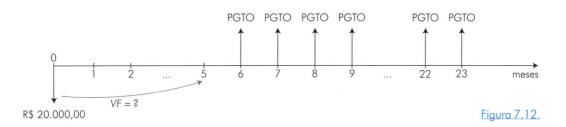

Figura 7.12.

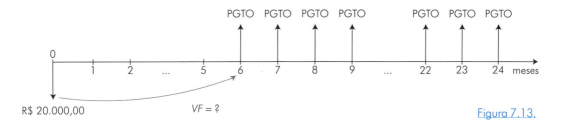

Figura 7.13.

EXERCÍCIO RESOLVIDO

ER15 Considerando a situação anterior, do plano alternativo proposto ao Sr. Carlos, qual deve ser o valor (Y) de cada uma das 19 prestações mensais?

Resolução:

a) Cálculo do *VF* de R$ 20.000,00 no mês 5 (mês anterior ao pagamento da primeira prestação):

$$VF = 20.000(1 + 2{,}35\%)^5$$
$$VF = R\$\ 22.463{,}08$$

393

$VF = VP$ da sequência de pagamentos que tem início na data 6. Assim:

−20.000,00 [PV]

5 [n]

2,35 [i] ⟶ [FV] → 22.463,08

$VF =$ R$ 22.463,08

$$22.463,08 = \frac{Y}{(1+2,35\%)^1} + \frac{Y}{(1+2,35\%)^2} + \ldots + \frac{Y}{(1+2,35\%)^{19}}$$

−22.463,08 [PV]

0 [FV]

19 [n]

2,35 [i] ⟶ [PMT] → 1.479,40

$PGTO = Y =$ R$ 1.479,40

Logo, o valor das prestações é de R$ 1.479,40.

b) Cálculo do VF de R$ 20.000,00 no mês 6 (quando ocorre o pagamento da primeira prestação):

$$VF = 20.000(1 + 2,35\%)^6$$
$$VF = R\$\ 22.990,96$$

$VF = VP$ da sequência de pagamentos que tem início após a data 6. Assim:

−20.000,00 [FV]

6 [n]

2,35 [i] ⟶ [FV] → 22.990,96

$VF =$ R$ 22.990,96

$$22.990,96 = Y + \frac{Y}{(1+2,35\%)^1} + \frac{Y}{(1+2,35\%)^2} + \ldots + \frac{Y}{(1+2,35\%)^{18}}$$

Capítulo 7 – O Tempo e o Dinheiro

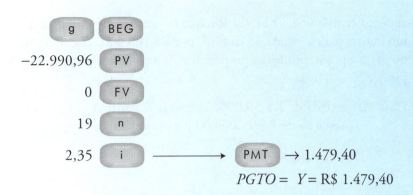

Portanto, o valor das prestações é de R$ 1.479,40, idêntico ao calculado no item (a).

52. Um terreno está sendo vendido por R$ 20.000,00 de entrada mais 24 prestações mensais e iguais a serem pagas a partir do sexto mês, considerando a taxa de juro de 3,5% ao mês. Se o preço à vista do terreno é R$ 100.000,00, qual é o valor de cada uma das vinte e quatro prestações?

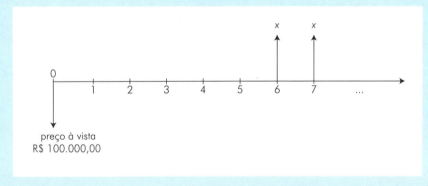

Frequentemente, em um financiamento, por exemplo de uma casa, além das prestações mensais são cobradas também algumas prestações intermediárias. Para calcular os valores das prestações mensais, temos primeiro de subtrair do preço à vista as prestações intermediárias, ou melhor, os seus valores presentes, como ocorre no caso analisado a seguir.

EXERCÍCIO RESOLVIDO

ER16 O presidente da revendedora *GOANCE* que se localiza na zona sul da cidade, pretende abrir uma filial na zona norte, região que experimenta notável crescimento econômico. O Sr. Carlos, que foi incumbido da tarefa, encontrou um imóvel para a instalação da filial, por R$ 180.000,00 à vista. Pretendendo pagar a prazo, propôs ao proprietário dois planos de pagamento, à taxa de juro de 3% ao mês:

Plano A: Entrada de R$ 30.000, 12 prestações mensais e iguais mais uma prestação de R$ 25.000,00 junto com a última prestação mensal.

Plano B: Zero de entrada, 12 prestações mensais e iguais, a primeira 3 meses após a compra, mais duas prestações de R$ 25.000,00 cada uma, junto com as duas últimas prestações.

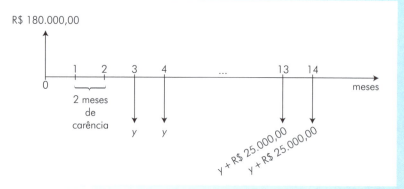

Qual é o valor da prestação de cada plano?

Resolução:
Plano A:

$$25.000 = VP_1(1 + 3\%)^{12}$$
$$VP_1 = R\$\ 17.534{,}50$$

$$180.000 - (30.000 + 17.534{,}50) = VP_2$$
$$VP_2 = R\$\ 132.465{,}50$$

$$132.465{,}50 = \frac{x}{1+3\%} + \frac{x}{(1+3\%)^2} + \ldots + \frac{x}{(1+3\%)^{12}}$$

132.465,50 PV

3 i

12 n ⟶ PMT → −13.307,76

$PGTO = x = R\$\ 13.307{,}76$

Plano B:

$$25.000 = VP_1(1 + 3\%)^{14}$$
$$VP_1 = R\$\ 16.527{,}95$$

$$25.000 = VP_2(1 + 3\%)^{13}$$
$$VP_2 = R\$\ 17.023{,}78$$

$$180.000 - (VP_1 + VP_2) = R\$\ 146.448{,}27$$

$$VF = 146.448{,}27(1 + 3\%)^2$$
$$VF = R\$\ 155.366{,}97 = VP$$

$$155.366{,}97 = \frac{x}{1+3\%} + \frac{x}{(1+3\%)^2} + \ldots + \frac{x}{(1+3\%)^{12}}$$

155.366,97 PV

3 i

12 n ⟶ PMT → −15.608,49

$x = PGTO$
$x = R\$\ 15.608{,}49$

Logo, o valor da prestação no *Plano A* é de R$ 13.307,76 e no *Plano B* é de R$ 15.608,49.

ATIVIDADE

53. Uma empresa procurou um banco para negociar um financiamento que permite a aquisição de equipamento cujo valor à vista é de R$ 100.000,00.

    Sabe-se que o banco realiza esse tipo de financiamento em um prazo de 24 meses, cobrando a taxa de juro de 1,25% ao mês e oferecendo vários tipos de planos. Determine:

    a) O valor das 24 prestações mensais e iguais.
    b) O valor de 2 parcelas "balão", iguais, que deverão ser pagas após 1 e 2 anos, para que as 24 prestações mensais possam ser fixadas em R$ 4.500,00.
    c) O valor das 24 prestações mensais, caso a empresa se disponha a pagar duas parcelas adicionais intermediárias no valor unitário de R$ 6.000,00 após 1 e 2 anos.

Podemos usar essa ideia dos pagamentos iguais em outras situações, como, por exemplo, na seguinte: a partir de 5 de fevereiro de 2017 e até 5 de janeiro de 2018, o Sr. Carlos quer fazer 12 depósitos mensais e iguais a R$ 8.000,00 cada em um fundo de renda fixa, cuja taxa de juro é de 1% ao mês. Com o montante obtido na data do último depósito, 5 de janeiro de 2018, ele pretende pagar um curso de especialização em gestão financeira na cidade de Barcelona, Espanha, além de visitar outras regiões daquele país durante os meses de fevereiro e março de 2018, como mostra a Figura 7.14

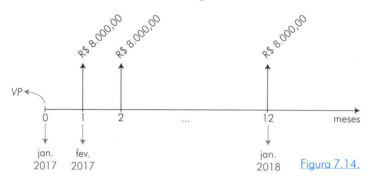

Figura 7.14.

Para encontrar o montante que vai obter em 5 de janeiro de 2018, podemos pensar no valor presente de 5 de janeiro de 2017, equivalente a esses 12 depósitos:

$$VP = \frac{8.000}{1+1\%} + \frac{8.000}{(1+1\%)^2} + \ldots + \frac{8.000}{(1+1\%)^{12}}$$

8.000 PMT
1 i
12 n ⟶ PV → −90.040,62

VP = R$ 90.040,62

Agora obtemos o montante em 5 de janeiro de 2018, ou seja, o valor futuro nessa data:

$$VF = 9.004,06(1+1\%)^{12} \Rightarrow VF = R\$\ 101.460,02$$

Existe outro modo de resolver o problema: calculamos o valor futuro da expressão

$$VP = \frac{8.000}{1+1\%} + \frac{8.000}{(1+1\%)^2} + \ldots + \frac{8.000}{(1+1\%)^{12}}$$

para $n = 12$:

$$VF = \left[\frac{8.000}{1+1\%} + \frac{8.000}{(1+1\%)^2} + \ldots + \frac{8.000}{(1+1\%)^{12}}\right](1+1\%)^{12}$$

Dessa forma, obtemos a equação:

$$VF = 8.000 + 8.000(1 + 1\%)^1 + \ldots + 8.000(1 + 1\%)^{11}$$

que expressa a soma dos termos de uma progressão geométrica de 12 termos, $a_1 = 8.000$ e $r = 1 + 1\%$.

Com a calculadora financeira, essa soma é feita assim:

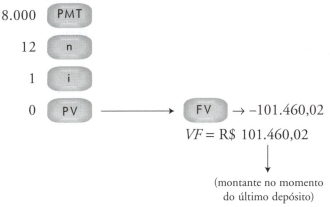

Observe que com os dois modos operacionais das calculadoras, *INÍCIO* ou *FIM*, as relações entre *VP* e *PGTO* e entre *VF* e *PGTO* podem ser resumidas no Quadro 7.1 a seguir.

Quadro 7.1.

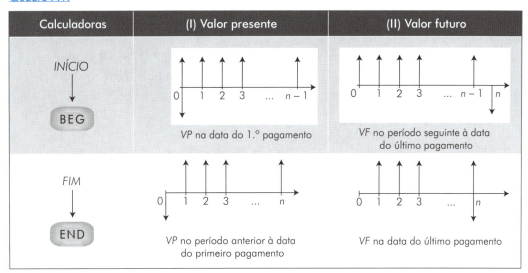

EXERCÍCIO RESOLVIDO

ER17 O presidente da revendedora *GOANCE* solicitou ao Sr. Carlos que explicasse à sua filha, Analu, a gestão financeira do dinheiro. Analu, que é vendedora da

Matemática para Economia e Administração

GOANCE, recebe salário mensal, comissões sobre as vendas e gratificações semestrais, a depender dos resultados financeiros. O Sr. Carlos montou uma carteira de investimentos que ele definiu como "agressiva", isto é, com algum risco, mas que pode resultar numa remuneração de 1,4% ao mês e sugeriu que Analu aplicasse nessa carteira R$1.000,00 no primeiro dia de cada mês, durante 18 meses e que fizesse dois depósitos extras no valor de R$5.000,00 cada, no 1.º dia do 7.º mês e no 1.º dia do 13.º mês. Se Analu seguir a orientação do Sr. Carlos e se as expectativas dele forem confirmadas, qual será o valor do montante global no 1.º dia do 19.º mês?

Resolução:

Nesse caso, você pode verificar como a utilização correta dos modos operacionais *INÍCIO* ou *FIM* das calculadoras pode facilitar a solução:

$$1.000 + \frac{1.000}{(1+1,4\%)^1} + \frac{1.000}{(1+1,4\%)^2} + \ldots + \frac{1.000}{(1+1,4\%)^{17}} = VF$$

g BEG

1.000 PMT

18 n

1,4 i ⟶ FV → −20.595,02

VF = R$ 20.595,02 no 1.º dia do 19.º mês

$$5.000(1 + 1,4\%)^{12} + 5.000(1 + 1,4\%)^6 = 5.907,80 + 5.434,98$$
$$= R\$\ 11.342,78$$

g BEG

5.000 PMT

2 n

8,70 i ⟶ FV → −11.342,78

VF = R$ 11.342,78 no 1.º dia do 19.º mês

Assim: 20.595,02 + 11.342,78 = 31.937,80, ou seja, o valor do montante é de R$ 31.937,80.

Em diversas situações, quando os valores das parcelas ou prestações não são iguais e não podemos usar a tecla PMT, pagamento, temos de recorrer às equações matemáticas. Observe o exercício a seguir.

EXERCÍCIO RESOLVIDO

ER18 A *GOANCE* vende um carro por R$ 50.000,00 à vista, ou financiado, à taxa de juro de 12% ao semestre, em 3 prestações semestrais, sem entrada, de valores x, $(x + 10\%x)$ e $(x + 20\%x)$. Qual é o valor das prestações?

Resolução:
Observe a figura ao lado. Note que a soma $(x) + (1,1x) + (1,2x)$ não é igual ao preço à vista, mas se "tirarmos os juros" de cada prestação, a soma dos valores assim obtidos é igual ao preço à vista:

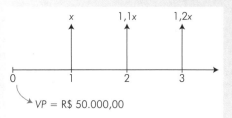

$$\frac{x}{1+12\%} + \frac{1,1x}{(1+12\%)^2} + \frac{1,2x}{(1+12\%)^3} = 50.000,00$$

Resolvendo a equação, encontramos o valor de cada prestação:

$$\frac{x}{1,12} + \frac{1,1x}{(1,12)^2} + \frac{1,2x}{(1,12)^3} = 50.000,00$$

$$0,893x + 0,877x + 0,854x = 50.000,00$$

$$2,624x = 50.000,00$$

$$x = 19.054,88$$

Logo, temos:

1.ª prestação: x = R$ 19.054,88
2.ª prestação: $1,1x$ = R$ 20.960,37
3.ª prestação: $1,2x$ = R$ 22.865,85

✓ ATIVIDADES

54. João Alfredo, preocupado com o futuro de seu filho, Leopoldo, resolve fazer depósitos anuais e iguais, na data de seu aniversário, a partir do 2.º ano, até que ele complete 18 anos. Conservador, João Alfredo planeja aplicar em um investimento que garanta a remuneração de 6% ao ano.

Questionado por Maria Quitéria, sua esposa, explicou: "Imagino que Leopoldo ingresse no curso superior aos 18 anos. Sendo assim, a partir do seu 19.º aniversário, poderemos custear seus estudos, sacando R$ 30.000,00 por ano durante 4 anos. Se meus cálculos estiverem certos, querida, restarão ainda R$ 40.000,00 para presenteá-lo no dia do seu 23.º aniversário".

Qual o valor dos depósitos anuais para que os planos de João Alfredo sejam concretizados?

55. Uma viúva, beneficiária de uma apólice de seguro no valor de R$ 100.000,00, receberá R$ 10.000,00 imediatamente e R$ 5.000,00 trimestralmente, daí em diante. Sabe-se que a companhia seguradora paga juros de 2,4% ao trimestre.

   a) Quantos pagamentos de R$ 5.000,00 receberá a viúva?
   b) Que quantia adicional, paga na data do último pagamento de R$ 5.000,00, extinguirá o benefício?

56. Faltam ainda 15 anos para o engenheiro José Eduardo se aposentar. Por causa disso, ele decidiu fazer uma complementação de sua aposentadoria, depositando mensalmente R$ 400,00 em um plano de poupança que rende 0,5% ao mês durante esses 15 anos, visando retiradas de R$ 1.200,00 mensais nos 10 anos seguintes à sua aposentadoria. Ao final desses 10 anos, quando fizer a sua última retirada, quanto terá ainda de montante para complementar a sua aposentadoria?

57. As Lojas da Dona Rosa, que operam nas vendas a prazo com a taxa de juro de 3,2% ao mês, anunciam com grande destaque que um aparelho de telefone celular 3D, de última geração, pode ser comprado por R$ 400,00 à vista mais um pagamento de R$ 850,00 quatro meses após a compra. Pablo, interessado no aparelho, propõe pagar R$ 300,00 de entrada mais duas parcelas bimestrais, de modo que o valor da primeira parcela seja 80% do valor da segunda. Quais são os valores das parcelas do plano do Pablo?

58. Um carro foi vendido por R$ 45.000,00 em setembro de 2012, financiado de acordo com o seguinte plano de pagamentos: entrada de 20% mais duas prestações, uma em novembro e outra em dezembro daquele ano, de valor igual ao dobro do valor da primeira, à taxa de juro de 3% ao mês. Quanto foi pago no mês de dezembro?

Amortização de empréstimos

A palavra *amortizar* significa *extinguir uma dívida aos poucos*, ou seja, *em prestações*.

Muitas vezes, quando compramos um imóvel ou um carro para pagar durante muito tempo, é comum construirmos tabelas, chamadas de planilhas, para acompanhar detalhadamente o que foi pago, o que resta pagar, fazer alguma alteração no período de pagamento ou no valor das prestações etc.

A forma de pagamentos mais comum atualmente chama-se *Tabela Price*. O nome é devido ao seu inventor, um economista inglês do século XVIII chamado Richard Price.

Marcello, um jovem executivo, recém-promovido a diretor de uma S.A., pode escolher um automóvel de valor inferior ou igual a R$ 130.000,00, como um dos benefícios resultantes dessa promoção. O diretor de Recursos Humanos da empresa explicou-lhe que o veículo é comprado por ele, em seu nome, mas pago pela empresa em prestações mensais e recomendou que escolhesse um dos modelos disponíveis à venda na concessionária *GOANCE*, com quem a empresa mantém longo relacionamento comercial. Diante das opções apresentadas por Analu, Marcello escolheu um modelo 2014 financiado em 4 anos, desde que fosse pago 40% do valor do veículo à vista, como "entrada".

Como de praxe nas transações comerciais entre as duas empresas, o Sr. Carlos comprometeu-se a enviar ao departamento contábil da S.A. uma planilha para demonstrar detalhadamente, em cada ano, mês a mês, os valores das parcelas de juros, de amortizações e os saldos devedores, calculados de acordo com a Tabela Price – prestações mensais, iguais, sucessivas e postecipadas, à taxa de juro de 1% ao mês.

O Sr. Carlos mostrou a Marcello, na calculadora financeira, o cálculo do valor da prestação mensal, em reais:

Valor do veículo (preço de tabela): R$130.000,00
Entrada: 40% do valor do veículo
Valor financiado: 60% · 130.000,00 = R$ 78.000,00

-78.000 PV

1 i

48 n ⟶ PMT → 2.054,04

$PGTO = R\$\ 2.054,04$

Explicou-lhe, então, que para elaborar a planilha será necessário desmembrar, em cada prestação, o quanto é amortizado da dívida e o quanto é pago de juros. Disse para atentar que o valor de cada prestação é igual à soma das parcelas de amortização e de juro daquele período e que, ao final, a soma de todas as parcelas de amortização deve ser igual ao valor financiado, ou *principal*, isto é, R$ 78.000,00.

Marcello observou que a planilha tem cinco colunas (número do período ou da prestação, saldo devedor, amortização, juro e prestação) e que na primeira linha aparece somente o valor do principal, na coluna saldo devedor, como mostra a Tabela 7.1.

Tabela 7.1.

Meses	Saldo devedor	Amortização	Juro	Prestação
0 (data atual)	78.000,00	X	X	X

Disse-lhe o Sr. Carlos: "note que, para construir a segunda linha, relativa ao mês 1, já sabemos o valor da prestação $PGTO = R\$\ 2.054,04$ e que a parcela de juro é igual a 1% do saldo devedor (*principal*)". Marcello calculou: 1% · 78.000 = R$ 780,00 e completou: a parcela de amortização é igual à diferença $PGTO$ – juro, ou seja:

$$2.054{,}04 - 780{,}00 = R\$\ 1.274{,}04$$

Completando o raciocínio, o Sr. Carlos mostrou que com o pagamento da primeira prestação foi amortizado R$ 1.274,04 da dívida total e que, portanto, o novo saldo devedor passou a ser R$ 76.725,96, resultante da diferença 78.000,00 − 1.274,04. Note, disse ele a Marcello, que não se pode subtrair a prestação do saldo devedor, pois um de seus componentes, a parcela de juro, não paga a dívida, mas funciona como se fosse o pagamento de um "aluguel" pelo empréstimo. Desse modo, construiu a segunda linha da planilha (1.º mês), assim como está demonstrado na Tabela 7.2.

Tabela 7.2.

Meses	Saldo devedor	Amortização	Juro	Prestação
0	78.000,00	X	X	X
1	76.725,96	1.274,04	780,00	2.054,04

EXERCÍCIO RESOLVIDO

ER19 Ajude Marcello a construir a planilha de pagamentos do seu carro, até o sexto mês.

Resolução:

Como vimos, Marcello já construiu as linhas relativas à data zero (data atual) e ao mês 1.

Recordando: começamos pelo cálculo da prestação e para encontrar a parcela de juro do período, aplicamos a taxa de 1% sobre o saldo devedor do período anterior e, então, calculamos os valores da amortização e do saldo devedor do período fazendo duas subtrações:

$$\text{Amortização} = \text{Prestação} - \text{Juro}$$
$$\text{Saldo Devedor} = \text{Saldo Devedor Anterior} - \text{Amortização}$$

Para a linha seguinte, repetimos o processo:

Juro: 1% · 76.725,96 = 767,26
Amortização: 2.054,04 − 767,26 = 1.286,78
Saldo devedor: 76.725,96 − 1.286,78 = 75.439,18

E assim, sucessivamente, em um processo cíclico, podemos escrever as seis primeiras linhas da planilha. Confira com a sua calculadora.

Meses	Saldo devedor	Amortização	Juro	Prestação
0 (data atual)	78.000,00	X	X	X
1	76.725,96	1.274,04	780,00	2.054,04
2	75.439,18	1.286,78	767,26	2.054,04
3	74.139,53	1.299,65	754,39	2.054,04
4	72.826,89	1.312,64	741,40	2.054,04
5	71.501,12	1.325,77	728,27	2.054,04
6	70.162,09	1.339,03	715,01	2.054,04

Se queremos saber o saldo devedor após 3 anos, ou seja, após o pagamento da 36.ª prestação, pensamos sempre nas prestações que faltam, ou seja: 48 − 36 = 12.

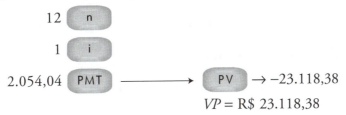

$VP = R\$\ 23.118,38$

Assim, o saldo devedor é de R$ 23.118,38.

Se queremos calcular quanto Marcello vai pagar de amortização e juro no 37.º mês, calculamos primeiro o saldo devedor do mês anterior (R$ 23.118,38) e, em seguida, o juro:

$$i = 1\% \cdot 23.118,38 = 231,18 \Rightarrow i = R\$\ 231,18$$

e, finalmente, quanto ele vai pagar de amortização nesse mês, em reais:

$$\underset{PGTO}{2.054,04} - \underset{juro}{231,18} = \underset{amortização}{1.822,86}$$

EXERCÍCIO RESOLVIDO

ER20 Ajude Marcello a fazer um resumo demonstrativo dos pagamentos efetuados em cada ano do financiamento, contendo: saldo devedor no final de cada ano (12.º, 24.º e 36.º mês) e valor das parcelas de juros e de amortização do início do ano seguinte (13.º, 25.º e 37.º mês).

Resolução:

Para construir a planilha resumo com os valores pedidos, basta fazer o seguinte:

−78.000 PV

48 n

1 i ⟶ PMT → 2.054,04

$PGTO = R\$\ 2.054,04$

No final do 1.º ano restarão 36 prestações, assim:

2.054,04 PMT

36 n

1 i ⟶ PV → −61.842,02

saldo devedor no 12.º mês:
R$ 61.842,02

405

Parcela de juro no 13.º mês:

$$1\% \cdot 61.842,02 = 618,42 \Rightarrow J_{13} = R\$ \ 618,42$$

Parcela de amortização no 13.º mês:

$$2.054,04 - 618,42 = 1.435,62 \Rightarrow A_{13} = R\$1.435,62$$

No final do 2.º ano restarão 24 prestações, daí:

2.054,04 [PMT]

24 [n]

1 [i] ⟶ [PV] → –43.634,77

saldo devedor no 24.º mês: R$ 43.634,77

Parcela de juro no 25.º mês:

$$1\% \cdot 43.634,77 = 436,35 \Rightarrow J_{25} = R\$436,35$$

Parcela de amortização no 25.º mês:

$$2.054,04 - 436,35 = 1.617,19 \Rightarrow A_{25} = R\$1.617,19$$

No final do 3.º ano restarão 12 prestações, assim:

2.054,04 [PMT]

12 [n]

1 [i] ⟶ [PV] → –23.118,38

saldo devedor no 36.º mês: R$ 23.118,38

Parcela de juro no 37.º mês:

$$1\% \cdot 23.118,38 = 231,18 \Rightarrow J_{37} = R\$ \ 231,18$$

Parcela de amortização no 37.º mês:

$$2.054,04 - 231,18 = 1.822,86 \Rightarrow A_{37} = R\$1.822,86$$

Capítulo 7 – O Tempo e o Dinheiro

ATIVIDADES

59. Um jovem casal resolveu entrar em um financiamento para a compra de sua casa própria no valor de R$ 115.000,00. Assinaram o contrato em 5 de dezembro de 2013, para pagá-lo em 10 anos, à taxa de juro de 0,5% ao mês, mediante a Tabela Price, em prestações mensais, pagando a 1.ª prestação em 5 de janeiro de 2014.

   a) Construa a planilha até 5 de maio de 2014.
   b) Qual será o saldo devedor após o pagamento da prestação de 5 de março de 2021?
   c) Quanto o jovem casal pagará de amortização em 5 de abril de 2021?

60. Antonio Luiz recebeu um cartão de crédito com anuidade grátis e pensou que seus dias de dureza tinham acabado. Gastou R$ 560,00 e, no mês seguinte, pagou apenas R$ 84,00, 15% do total. Achou que estava em um verdadeiro "paraíso do consumo". Desatento, não se deu conta de que a financeira cobrava 10% ao mês sobre o saldo devedor e, como não parava de gastar, a dívida crescia como uma bola de neve. Observe na tabela a seguir a escalada consumista do Antonio Luiz nos primeiros meses de utilização do cartão e preencha os campos em branco.

Data	Saldo anterior + juro	Consumo mensal	Valor total	Pagamento mínimo (15% do valor total)	Saldo devedor
10/10/2013	0,00	R$ 560,00	R$ 560,00	R$ 84,00	R$ 476,00
10/11/2013		R$ 630,00			
10/12/2013		R$ 501,38			
10/01/2014		R$ 922,70			

61. Como você pôde perceber, a bola de neve transformou-se em verdadeira avalanche depois que o Antonio, do problema anterior, descarregou todas as compras de Natal no cartão, imaginando utilizar parte do 13.º salário para amortizar a dívida. Mas as contas de início de ano levaram suas economias e o Antonio apenas conseguiu pagar o valor mínimo no dia 26 de janeiro. Ao receber a fatura em fevereiro, ficou assustado. Veja se você também não ficaria:

Saldo devedor (10/01/2014)	R$ 2.400,00
Pagamento mínimo (26/01/2014)	R$ 360,00
Juros pelo atraso (16 dias)	R$ 128,00
Juros sobre saldo devedor do mês	R$ 204,00
Despesas do mês	R$ 520,00
Saldo devedor	R$ 2.892,00

407

Receoso, Antonio Luiz tomou uma "resolução de início de ano": rasgou o cartão e pôs-se a pensar em um modo de liquidar a dívida. "Pagarei R$ 492,00 neste mês e R$ 540,00 em março. Assim, sem gastar mais, espero atenuar a dívida", concluiu. Complete a tabela a seguir para ter noção de como ficaria a situação da dívida de Antonio em março de 2014:

(1)	Saldo devedor (10/02/2014)	R$ 2.892,00
(2)	Pagamento (10/02/2014)	R$ 492,00
(3)	Saldo a transportar (1) − (2)	
(4)	Juros sobre saldo (3)	
(5)	Saldo devedor (10/03/2014)	
(6)	Previsão de pagamento (10/03/2014)	R$ 540,00

Não haveria melhora significativa. Foi o que disse Paulo, gerente do RH da empresa, explicando que "a taxa de juro cobrada é muito alta". Aconselhou-o a saldar a fatura naquela dia (10/02), tomando um empréstimo consignado. "Nessa modalidade de operação, as taxas de juro são mais baixas, pois as parcelas de pagamento são descontadas diretamente de seu salário", disse ele. Foi o que Antonio fez. Tomou um empréstimo consignado de R$ 2.900,00 à taxa de 2,43% ao mês, liquidou o saldo devedor e, com o auxílio do gerente do banco, elaborou o seguinte plano de pagamento para saldar o empréstimo com o banco até o mês de julho.

Calcule o valor da parcela de 10 de julho.

(1)	Valor do empréstimo (10/02)	R$ 2.900,00
(2)	1.ª Parcela (10/03)	R$ 540,00
(3)	2.ª Parcela (10/04)	R$ 850,00
(4)	3.ª Parcela (10/05)	R$ 600,00
(5)	4.ª Parcela (10/06)	R$ 650,00
(6)	5.ª Parcela (10/07)	

62. No problema anterior, caso Antonio Luiz não utilizasse o empréstimo consignado, e continuasse a amortizar a dívida na própria fatura do cartão, à taxa de 10% ao mês, qual seria o valor da dívida em 10 de julho? Quanto teria desembolsado a mais?

Capítulo 7 – O Tempo e o Dinheiro

BANCO DE QUESTÕES

30. João completou hoje 30 anos. Sabendo-se que ao se aposentar com 65 anos ele gostaria de dispor de um montante de R$ 1.000.000,00, calcule quanto João deveria poupar mensalmente em uma caderneta de poupança que rende 0,8% ao mês. Suponha que a poupança mensal tenha início dentro de um mês.

31. Carlos pretende vender o seu terreno por R$ 50.000,00 à vista. Entretanto, em face das dificuldades da venda à vista, está disposto a fazer o seguinte plano de pagamento, à taxa de juro de 2,3% ao mês: entrada de R$ 10.000,00, mais uma prestação de R$ 10.000,00 dentro de 3 meses, mais duas parcelas (em 6 meses e em 1 ano), sendo a segunda 50% superior à primeira. Determine o valor da última parcela.

32. O aluguel mensal de um apartamento é R$ 2.000,00, reajustado a cada 12 meses. Sendo 1,45% ao mês a taxa de juro do mercado, quanto o locador deverá cobrar de um inquilino que quiser quitar antecipadamente o aluguel dos 12 primeiros meses?

33. Ana Paula solicitou um empréstimo de R$ 50.000,00 e comprometeu-se a pagá-lo em 10 prestações mensais e iguais, além de duas parcelas adicionais de R$ 5.000,00 e R$ 7.500,00 no terceiro e sexto meses, respectivamente. Qual é o valor das prestações mensais, sendo de 20% a taxa anual de juro cobrada?

34. A promoção de aniversário do hipermercado "Corcovado" consistiu em financiar qualquer mercadoria em 6 parcelas mensais fixas, com ou sem entrada, "à menor taxa de juro do mercado". Para que os vendedores pudessem informar aos clientes o valor das prestações dos planos oferecidos, o gerente entregou a cada um deles uma calculadora contendo um adesivo com os seguintes dizeres:

Com entrada: fator = 0,1746; sem entrada: fator = 0,1779

e explicou que bastaria multiplicar o preço à vista indicado na etiqueta da mercadoria pelo respectivo fator para obter o valor da prestação mensal.

Que taxa mensal de juro está sendo cobrada em cada caso?

35. Uma pessoa comprou um apartamento no valor de R$ 120.000,00, pagando 35% à vista e o restante acrescido de juro à taxa de 1,53% ao mês, nas seguintes condições:

» 36 parcelas mensais e iguais de R$ 2.000,00;
» o saldo restante em tantas parcelas semestrais quantas forem necessárias, no valor de R$ 5.000,00 cada uma, sendo que a primeira dessas parcelas "balão" será paga no 6.º mês a contar da data do pagamento da entrada, mais um pagamento final, inferior a R$ 5.000,00, a ser efetuado um semestre após o vencimento da última parcela "balão".

a) Trazidas a valor presente as 36 parcelas mensais de R$ 2.000,00, que saldo restará para ser pago por meio das parcelas "balão" semestrais?
b) Quantas parcelas "balão" semestrais de R$ 5.000,00 deverá pagar?
c) Qual será o valor da parcela final, inferior a R$ 5.000,00?

7.7 O Valor Presente Líquido e a Taxa Interna de Retorno

A ideia de transferir todos os pagamentos para uma mesma data é útil para análise de investimentos ou de projetos. O melhor é que essa análise seja feita na data de hoje (data zero). Assim, podemos comparar no presente o valor atual das receitas e das despesas de um projeto e verificar se o desembolso de dinheiro em um investimento é compensado pelo retorno financeiro, em relação a determinada taxa de juro.

A ideia principal que norteia essa análise é que todo investimento (em aplicação financeira ou em um projeto produtivo) tem custo. Esse custo é a remuneração do capital utilizado. Não lhe parece lógico que o investimento em um projeto ou em uma aplicação financeira somente interessará se o seu rendimento superar o custo do capital?

Por outro lado, na análise de viabilidade de um projeto de investimento não se pode deixar de lado a taxa de juro de mercado. Assim, o raciocínio lógico é que o investimento será atrativo se o seu rendimento superar a taxa de juro vigente no mercado.

Tanto o custo de capital quanto a taxa de juro de mercado são parâmetros para a determinação de uma taxa denominada *taxa mínima de atratividade*, objeto de análise da viabilidade do projeto de investimento. É claro que o projeto somente será implementado se o seu rendimento superar a taxa mínima de atratividade.

O *valor presente líquido* é o resultado do somatório, na data zero, das despesas ou investimentos necessários e das receitas geradas pela implantação do projeto, tendo como base de cálculo a taxa mínima de atratividade. Por exemplo, suponha que o presidente da concessionária *GOANCE*, depois de montar a filial na zona norte, queira agora abrir outra filial no litoral do estado, para funcionar apenas nas férias escolares de verão, aproveitando o enorme movimento de turistas nesse período e que o Sr. Carlos, enquanto gerente financeiro, analise as seguintes hipóteses:

Projeto A – abrir uma loja no interior de um *shopping center*, com um custo inicial de R$ 100.000,00 em novembro. São estimados lucros líquidos mensais de R$ 37.500,00 nos meses de dezembro, janeiro e fevereiro. No final de fevereiro a loja seria fechada e o ponto comercial devolvido.

Projeto B – abrir uma loja de rua, com um custo inicial de R$ 90.000,00 em novembro. Os lucros líquidos estimados são de R$ 28.000,00 em cada um dos dois meses seguintes, R$ 25.000,00 em fevereiro e R$ 18.000,00 em março. No final desse mês, a loja seria fechada e o ponto comercial devolvido.

Para analisar a viabilidade dos projetos, o Sr. Carlos estabeleceu a taxa mínima de atratividade de 4,5% ao mês.

Para saber se o *Projeto A* é economicamente viável, pode-se pensar assim: "Que quantia deveria ser aplicada à taxa de juro de 4,5% ao mês para obter o mesmo retorno mensal?" Observe a Figura 7.15.

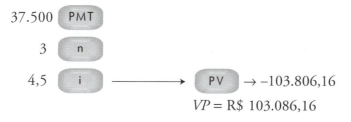

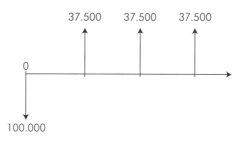

Figura 7.15.

Isso significa que o Sr. Carlos necessitaria de uma quantia maior do que o investimento inicial de R$ 100.000,00 para conseguir o mesmo rendimento proporcionado pela loja no litoral de São Paulo. O empreendimento é, portanto, viável do ponto de vista econômico, à taxa mínima de atratividade estabelecida.

O *valor presente líquido*, ou, em inglês, *net present value*, é dado pela diferença:

VPL = R$ 103.806,16 − R$ 100.000,00 = R$ 3.806,16

Nas calculadoras, é indicado pela tecla NPV .

É fácil perceber que, se o *VPL* for positivo, o investimento será viável economicamente, pois o valor presente das receitas ou entradas de caixa supera o valor presente das despesas ou saídas de caixa, à taxa mínima de atratividade.

Intuitivamente, podemos pensar que R$ 3.806,16 é quanto o Sr. Carlos ganharia a mais, hoje, se empreendesse o *Projeto A*.

A análise de viabilidade do projeto do Sr. Carlos também poderia ser feita calculando-se a taxa de juro do *Projeto A*, isto é, a taxa que iguala as despesas e as receitas na data zero, assim:

$$100.000 = \frac{37.500}{1+i} + \frac{37.500}{(1+i)^2} + \frac{37.500}{(1+i)^3}$$

ou

$$0 = -100.000 + \frac{37.500}{1+i} + \frac{37.500}{(1+i)^2} + \frac{37.500}{(1+i)^3}$$

Matemática para Economia e Administração

ou, então, na calculadora financeira:

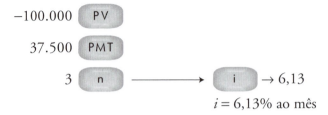

$i = 6{,}13\%$ ao mês

Como a taxa de juro encontrada é maior que a taxa mínima de atratividade estabelecida pelo Sr. Carlos para o *Projeto A*, então sua implementação é viável.

A taxa de juro encontrada, 6,13%, que anula o valor presente líquido, pois iguala as receitas com as despesas na data zero, é chamada de Taxa Interna de Retorno, em inglês, *Interest Rate of Return*, indicada nas calculadoras financeiras pela tecla: IRR .

Vamos analisar a viabilidade do *Projeto B* à taxa mínima de atratividade de 4,5% ao mês. Observe a Figura 7.16.

Para determinar a quantia que deveria ser aplicada hoje à taxa de juro de 4,5% ao mês para obter os mesmos retornos mensais, devemos encontrar *VPL*, tal que:

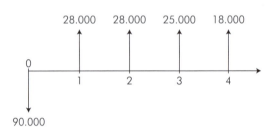

Figura 7.16.

$$VPL = -90.000 + \frac{28.000}{1{,}045} + \frac{28.000}{(1{,}045)^2} + \frac{25.000}{(1{,}045)^3} + \frac{18.000}{(1{,}045)^4} \quad (I)$$

ou, então, resolver a equação abaixo para calcular a taxa que iguala as despesas e as receitas, ou seja, a taxa de juro que torna zero o valor presente líquido:

$$0 = -90.000 + \frac{28.000}{1+i} + \frac{28.000}{(1+i)^2} + \frac{25.000}{(1+i)^3} + \frac{18.000}{(1+i)^4} \quad (II)$$

Para resolver essas equações que expressam sequências não uniformes, isto é, sequências de quantias (entradas ou saídas de caixa) distintas ao longo do tempo, as calculadoras financeiras utilizam métodos aproximados de cálculo com o auxílio do programa de *fluxo de caixa* ou, em inglês, *cash flow*.

Em geral, as teclas de registro de dados são as demonstradas abaixo:

CF$_0$ → valor na data zero

CF$_j$ → valores nas demais datas ($j = 1, 2, 3, ..., n$)

N$_j$ → número de fluxos iguais e consecutivos (em alguns modelos)

Capítulo 7 – O Tempo e o Dinheiro

Observe que temos de introduzir na calculadora os fluxos, ou seja, as quantias dadas em ordem cronológica, com a ressalva de que em alguns modelos existe a tecla N_j quando as quantias são iguais em fluxos consecutivos, o que facilita a digitação dos dados e economiza memória da calculadora.

As teclas de saída de resultados, em geral, são:

IRR → taxa interna de retorno (*TIR*)

NPV → valor presente líquido (*VPL*)

No exemplo anterior, os dados seriam teclados da seguinte forma:

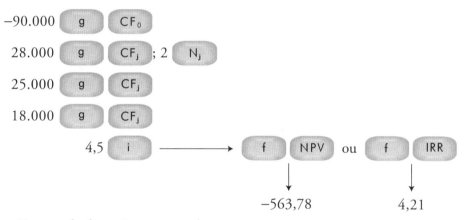

E os resultados assim encontrados:

(I) *VPL* = R$ 563,78 significa que o Sr. Carlos poderia conseguir o mesmo rendimento proporcionado pela loja com um investimento inicial menor que R$ 90.000,00 (R$ 89.436,22).

Portanto, o empreendimento não é viável do ponto de vista econômico à taxa de 4,5% ao mês.

(II) *TIR* = 4,21% ao mês: menor do que a taxa mínima de atratividade estabelecida pelo Sr. Carlos para implementar o projeto.

Resumindo

VPL > 0: o valor presente das receitas supera o valor presente das despesas. Nesse caso, o projeto será viável economicamente à taxa mínima de atratividade. É lógico que quanto maior o *VPL*, mais atrativo é o investimento.

VPL < 0: o valor presente das receitas é superado pelo valor presente das despesas. Nesse caso, o projeto não será viável economicamente à taxa mínima de atratividade. O investimento nem sequer é recuperado.

VPL = 0: o valor presente das receitas é igual ao valor presente das despesas. Nesse caso, o projeto não pode ser descartado, pois o retorno proporcionado pelo investimento é igual à taxa mínima estabelecida.

Matemática para Economia e Administração

EXERCÍCIO RESOLVIDO

ER21 Analu, filha do presidente da *GOANCE*, está indecisa entre duas opções que uma construtora está oferecendo para a venda de um apartamento, situado nas proximidades da loja da revendedora, onde trabalha.

Plano A – 15 prestações bimestrais de R$ 30.000,00 cada uma, sendo a primeira paga no ato da compra.
Plano B – R$ 350.000,00 à vista.

Analu tem recursos para comprar à vista, mas seu dinheiro está aplicado à taxa de juro de 1,2% ao mês. Qual dos planos deve escolher? Por quê?

Resolução:

Vamos aplicar os conceitos de valor presente líquido e taxa interna de retorno para auxiliar Analu a sair desse dilema financeiro.

Em primeiro lugar, analisamos as opções pelo conceito de valor presente líquido, a partir da remuneração do capital aplicado.

Como as prestações são bimestrais, encontramos a taxa equivalente:

$$VP(1 + 1{,}2\%)^2 = VP(1 + i)^1$$
$$(1{,}012)^2 = 1 + i$$
$$i = 2{,}41\% \text{ ao bimestre}$$

$$VP = 30.000 + \frac{30.000}{(1+2{,}41\%)^1} + \frac{30.000}{(1+2{,}41\%)^2} + \ldots + \frac{30.000}{(1+2{,}41\%)^{14}}$$

g BEG

−30.000 PMT

2,41 i

15 n ⟶ PV → 382.923,71

$VP = R\$ 382.923{,}71$

Portanto, Analu deve comprar o apartamento à vista, pois para pagar a entrada e as prestações deveria ter em aplicação uma quantia menor do que R$ 350.000,00.

Caso persistisse ainda alguma dúvida, poderíamos lançar mão do conceito de taxa interna de retorno.

$$350.000 = 30.000 + \frac{30.000}{(1+i)^1} + \frac{30.000}{(1+i)^2} + \ldots + \frac{30.000}{(1+i)^{14}}$$

$$0 = -320.000 + \frac{30.000}{(1+i)^1} + \frac{30.000}{(1+i)^2} + \ldots + \frac{30.000}{(1+i)^{14}}$$

Capítulo 7 – O Tempo e o Dinheiro

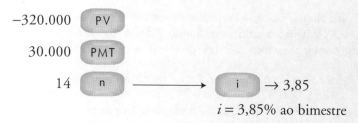

$i = 3{,}85\%$ ao bimestre

A taxa interna de retorno confirma o acerto da decisão, pois a taxa de juro do financiamento proposto pela construtora é maior do que a obtida por Analu na aplicação financeira.

ATIVIDADES

63. Para construir uma fábrica nos arredores de São Paulo, uma empresa pretende adquirir um terreno cujo preço é R$ 300.000,00 à vista, mas é vendido, também, financiado em 12 prestações mensais, a primeira paga no ato da compra, à taxa de juro de 4% ao mês. O valor de cada uma das 4 primeiras prestações é R$ 32.000,00 e o das 4 seguintes é R$ 36.000,00. As 4 últimas prestações também são iguais.
    a) Qual é o valor das 4 últimas prestações?
    b) Considere que a empresa tem dinheiro investido no mercado financeiro em aplicações que dão um retorno de 26,82% ao ano. Utilize o conceito de valor presente líquido para demonstrar o que seria mais conveniente: comprar o terreno à vista ou a prazo.

64. Um empreendedor pretende abrir duas salas de cinema em um *shopping center*. Para tanto, chegou aos seguintes dados:

	Inicial	1.º mês	2.º mês	3.º mês
Investimentos	R$ 10.000,00	R$ 60.000,00	R$ 60.000,00	R$ 60.000,00
Despesas	Aluguel: R$ 8.000,00 mensais, a partir do 1.º mês Salários: R$ 5.000,00 mensais, a partir do 3.º mês Manutenção: R$ 4.000,00 mensais, a partir do 3.º mês			
Receitas	R$ 13.000,00 mensais, a partir do 4.º mês			

Considerando 5% ao mês a taxa mínima de atratividade estabelecida pelo empreendedor, verifique a viabilidade econômica do empreendimento no intervalo de tempo de 5 anos.

65. Um microempresário pretende alugar uma videolocadora pelo período de um ano. Avalia que o investimento de R$ 51.617,90 na data zero seja suficiente para bancar as

415

despesas e o aluguel por esse período e estima um retorno de R$ 5.500,00 por mês nos doze meses seguintes à data zero. Sendo 2,5% a taxa mensal de juro de mercado, determine o valor presente líquido do projeto. É economicamente viável?

66. Um carro foi colocado à venda pelo valor de R$ 30.000,00 à vista ou financiado em 2 anos, com R$ 8.000,00 de entrada e 24 prestações mensais, sendo de R$ 1.800,00 as 12 primeiras e de R$ 2.818,60 as 12 finais. José Carlos está interessado no automóvel e tem recursos para comprá-lo à vista, mas está em dúvida, pois seu dinheiro está aplicado em um fundo de renda fixa a uma taxa mensal de 1,3%. Qual deveria ser sua decisão?

67. Determine a taxa de juro mensal cobrada por uma instituição financeira em uma operação de crédito pessoal cujo valor emprestado é de R$ 8.500,00 para ser pago em 12 prestações mensais de R$ 1.000,00, com 3 meses de carência.

Média com Juros

Às vezes, para uma tomada de decisão, é conveniente tirar uma "média com juros" para descobrir a melhor alternativa, como na situação enfrentada pelo Sr. Carlos da *GOANCE*, quando teve que decidir a compra de um equipamento de pintura para ser utilizada na oficina de reparos da revendedora, entre dois modelos *A* e *B*, cujos orçamentos e especificações técnicas apresentados pelos respectivos fabricantes, são descritos no quadro abaixo:

	Modelo A	Modelo B
Custo inicial	R$ 150.000,00	R$ 120.000,00
Vida útil	6 anos	5 anos
Custo operacional por ano	R$ 30.000,00	R$ 25.000,00
Valor residual	R$ 30.000,00	R$ 10.000,00
Receita anual	R$ 75.000,00	R$ 70.000,00

A taxa de atratividade da empresa é de 16,5% ao ano.

Como a vida útil dos equipamentos é diferente, não poderíamos escolher 5 ou 6 anos, porque os resultados poderiam sair equivocados. O caminho seria escolher o mínimo múltiplo comum, 30 anos, calcular os dois valores presentes líquidos e escolher o maior deles. Porém, com isso, teríamos muitos dados para colocar na calculadora. Para a tomada de decisão, vamos calcular o valor presente líquido do modelo *A* em 6 anos, do modelo *B* em 5 anos e tirar a média anual mediante o pagamento:

Capítulo 7 – O Tempo e o Dinheiro

Tecla	Ano	Modelo A
Cf_0	0	–150.000,00
Cf_1	1	+75.000 – 30.000 = 45.000
Cf_2	2	45.000
Cf_3	3	45.000
Cf_4	4	45.000
Cf_5	5	45.000
Cf_6	6	45.000 + 30.000 = 75.000

VPL_A = R$ 25.639,84

Tecla	Ano	Modelo B
Cf_0	0	–120.000,00
Cf_1	1	+70.000 – 25.000 = 45.000
Cf_2	2	45.000
Cf_3	3	45.000
Cf_4	4	45.000
Cf_5	5	45.000 + 10.000 = 55.000

VPL_B = R$ 30.300,75

Quando tiramos a "média", calculando pagamento do modelo A, obtemos:

25.639,84 [PV]

6 [n]

16,5 [i] ⟶ [PMT] → –7.050,79

$PGTO_A$ = R$ 7.050,79

Podemos estimar que com o equipamento A a empresa terá um lucro anual de R$ 7.050,79. Passados 6 anos, ela compra outro equipamento A e como o cálculo é exatamente o mesmo, o seu lucro anual é estimado nesse mesmo valor.

Do mesmo modo, calculamos o pagamento do modelo B:

30.300,75 [PV]

5 [n]

16,5 [i] ⟶ [PMT] → –9.362,30

$PGTO_B$ = R$ 9.362,30

o que indica um lucro anual de R$ 9.362,30.

A melhor alternativa, dentro das condições do problema, é o modelo B.

EXERCÍCIO RESOLVIDO

ER22 Como o Sr. Carlos poderia se certificar que o modelo B é realmente a melhor alternativa de compra?

Resolução:

Como os períodos de vida útil são diferentes, calculamos os valores presentes líquidos dos dois equipamentos para o período de 30 anos, que é o mínimo múltiplo comum entre 6 e 5. Observe que o período comum estabelecido para análise é superior à vida útil do equipamento. Então, outros equipamentos idênticos deverão ser comprados. Por exemplo, após 6, 12, 18 e 24 anos, será preciso simular a compra de uma nova máquina modelo A, mas no 30.º ano não, pois devemos pensar, para análise, que o projeto foi encerrado, considerando que a máquina tenha sido vendida pelo valor residual. Raciocínio análogo deve ser feito para a máquina modelo B.

Para cada uma das máquinas, construímos as seguintes planilhas e calculamos os respectivos valores presentes líquidos:

Modelo A	
0	−150.000
1 a 5	45.000
6	45.000 + 30.000 − 150.000 = = −75.000
7 a 11	45.000
12	−75.000
13 a 17	45.000
18	−75.000
19 a 23	45.000
24	−75.000
25 a 29	45.000
30	45.000 + 30.000 = = 75.000
VPL_A = R$ 42.294,55	

Modelo B	
0	−120.000
1 a 4	70.000 − 25.000 = = 45.000
5	45.000 + 10.000 − 120.000 = = −65.000
6 a 9	45.000
10	−65.000
11 a 14	45.000
15	−65.000
16 a 19	45.000
20	−65.000
21 a 24	45.000
25	−65.000
26 a 29	45.000
30	45.000 + 10.000 = = 55.000
VPL_B = R$ 56.160,27	

ATIVIDADES

68. Uma empresa está diante de duas possibilidades de investimento. Trata-se de dois projetos (X e Y) preparados por equipes distintas do departamento de produção. Para implementar o projeto X que, se estima, pode ser utilizado por 30 anos, será necessário um investimento inicial de R$ 1.000.000,00, gerando receitas líquidas de R$ 150.000,00 por ano, enquanto que o projeto Y irá gerar receitas anuais de R$ 105.000,00 durante um período estimado de 25 anos, com um investimento inicial de R$ 600.000,00. Supondo o custo do capital em 10% ao ano, qual dos dois a empresa deverá escolher?

69. Em uma licitação pública, as empresas finalistas apresentaram os projetos planilhados na tabela abaixo. Qual deles deve ser o escolhido?

	Projeto Alfa	Projeto Beta
Investimento inicial	R$ 315.000,00	R$ 530.000,00
Custo operacional anual	R$ 90.000,00	R$ 105.000,00
Vida útil	12 anos	15 anos
Receitas anuais	R$ 170.000,00	R$ 240.000,00
Valor residual	R$ 30.000,00	R$ 85.000,00
Custo do capital	20% ao ano	22% ao ano

BANCO DE QUESTÕES

36. Uma empresa estuda a hipótese de adquirir equipamentos no valor de R$ 155.000,00 que deverão proporcionar receitas líquidas de R$ 42.500,00 no 1.º ano, R$ 39.600,00 no 2.º ano, R$ 35.800,00 nos 3.º, 4.º e 5.º anos e R$ 28.000,00 no 6.º ano. No final do 6.º ano, os equipamentos serão vendidos como sucata a um valor estimado de R$ 18.000,00. Se a taxa mínima de atratividade estabelecida pela empresa é de 12,75% ao ano, a compra deverá ser feita?

37. Uma indústria pretende investir na construção de uma nova fábrica e, para tanto, publicou um edital de concorrência pública. Inscreveram-se três grandes construtoras que apresentaram seus estudos, a seguir detalhados. Quem venceu a concorrência?

	Construtoras		
	DMA	WCK	GFX
Investimento inicial	R$ 12 milhões	R$ 15 milhões	R$ 19 milhões
Fluxo de caixa anual	R$ 3,96 milhões	R$ 4,7 milhões	R$ 5,39 milhões
Vida útil	12 anos	15 anos	18 anos
Valor residual	0	0	0
Custo do capital	19,75% a.a.	19,75% a.a.	19,75% a.a.

38. Os fluxos de caixa de 4 projetos estão demonstrados a seguir. Determine a *TIR*, o *VPL* e a "média anual" de cada um deles, admitindo a taxa mínima de atratividade de 21% ao ano.

Ano	Projeto A	Projeto B	Projeto C	Projeto D
0	–R$ 115.000,00	–R$ 165.000,00	–R$ 215.000,00	–R$ 345.000,00
1	R$ 60.000,00	R$ 0,00	R$ 0,00	R$ 0,00
2	R$ 60.000,00	R$ 90.000,00	R$ 0,00	R$ 0,00
3	R$ 45.000,00	R$ 105.000,00	R$ 0,00	R$ 0,00
4	R$ 45.000,00	R$ 105.000,00	R$ 295.000,00	R$ 840.000,00
5	R$ 40.000,00	R$ 90.000,00	R$ 315.000,00	

CÁLCULO, HOJE

Felipe tinha cerca de R$ 26.000,00 aplicados à taxa de juro de 1% e estava pensando em comprar um carro zero km, quando um anúncio lhe chamou a atenção.

"Taxa de juro 0%?" Pensou: "Deixo o dinheiro aplicado e vou pagando cada uma das 36 prestações mensais, ou seja, $\dfrac{R\$\ 23.040,00}{36} = R\$\ 640,00$".

Conversou com o vendedor e este reafirmou as condições do anúncio, mas o valor das 36 prestações que apresentou a Felipe era maior: R$ 705,00.

Quando apresentou os seus cálculos ao vendedor, este respondeu: "Se você paga à vista, nós não cobramos a pintura metálica e o frete para transportar o carro até a loja. Serão cortesia. No entanto, financiando em 36 vezes, cobramos a pintura metálica, R$ 1.440,00, e o frete, R$ 900,00".

O que você pensa? A taxa de juro cobrada pela loja é realmente 0%?

SUPORTE MATEMÁTICO

1. O vocabulário mais frequentemente usado neste capítulo é:

    » capital
    » montante
    » juro
    » taxa de juro
    » juro simples
    » desconto comercial
    » taxa de desconto
    » valor presente
    » valor atual
    » valor futuro
    » valor nominal
    » juro composto
    » fluxo de caixa
    » amortização

2. Juro simples
$$J = C \cdot i \cdot n = VP \cdot i \cdot n \qquad M = VF = C + C \cdot i \cdot n = C(1 + i \cdot n)$$

3. Juro composto

    Com as modernas calculadoras financeiras, podemos resolver equações matemáticas diretamente, sem usar nenhuma fórmula. No entanto, é fundamental expressar os problemas mediante equações, porque elas dão sentido ao raciocínio que estamos aplicando, e somente depois recorrer às calculadoras.

    » $VF = VP(1 + i)^n$

    » Valor presente com pagamentos postecipados (FIM)

    $$VP = \frac{R}{1+i} + \frac{R}{(1+i)^2} + \frac{R}{(1+i)^3} + \ldots + \frac{R}{(1+i)^n}$$

    $$VP = R\left\{\frac{(1+i)^n - 1}{i(1+i)^n}\right\}$$

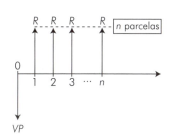

    » Valor futuro com pagamentos postecipados (FIM)

    $$VF = R(1 + i)^{n-1} + R(1 + i)^{n-2} + R(1 + i)^{n-3} + \ldots + R$$

    $$VF = R\left\{\frac{(1+i)^n - 1}{i}\right\}$$

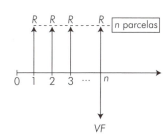

Matemática para Economia e Administração

» Valor presente com pagamentos antecipados (*INÍCIO*)

$$VP = R + \frac{R}{1+i} + \frac{R}{(1+i)^2} + \frac{R}{(1+i)^3} + \ldots + \frac{R}{(1+i)^{n-1}}$$

$$VP = R\left\{\frac{(1+i)^n - 1}{i(1+i)^{n-1}}\right\}$$

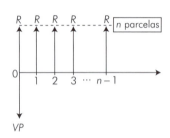

» Valor futuro com pagamentos antecipados (*INÍCIO*)

$$VF = R(1+i)^n + R(1+i)^{n-1} + R(1+i)^{n-2} + \ldots + R(1+i)$$

$$VF = R\left\{\frac{(1+i)[1+i)^n - 1]}{i}\right\}$$

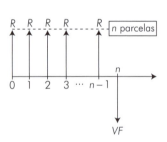

Calculadoras	(I) Valor presente	(II) Valor futuro
INÍCIO ↓ BEG	VP na data do 1.º pagamento	VF no período seguinte à data do último pagamento
FIM ↓ END	VP no período anterior à data do primeiro pagamento	VF na data do último pagamento

FLUXO DE CAIXA NA HP 12C

apagar todos os registros → [f] [REG]

mudança de sinal → [CHF]

» **Teclas de "entrada de dados":**

Fluxo inicial (valor na data zero, sempre negativo) → [CF₀]

Fluxo j (valor de entrada ou saída de caixa) → [CFⱼ]

Número de fluxos iguais e consecutivos (usado em alguns modelos) → [Nⱼ]

Taxa de juro (relativa ao período) → [i]

» **Teclas de "saída de resultados":**

Taxa Interna de Retorno → [IRR]

Valor Presente Líquido → [NPV]

Para armazenar os valores dos fluxos de caixa, aperte primeiramente [f] [REG] para zerar os registros financeiros e de armazenamento.

Cálculo do Valor Presente Líquido (VPL):

Digite o valor do investimento inicial, aperte [CHS], se o fluxo de caixa inicial for negativo, e [g] [CF₀]. Em seguida, digite o valor do próximo fluxo de caixa, se o fluxo for negativo aperte [CHS], e tecle [g] [CFⱼ]. Repita esse processo para cada fluxo de caixa, até que todos sejam registrados. Com os valores dos fluxos de caixa armazenados nos registros da calculadora, pode-se calcular o VPL informando a taxa de juros. Para isso, aperte [i] e, em seguida, [f] [NPV], assim o VPL aparecerá no mostrador.

Cálculo da Taxa Interna de Retorno (TIR):

Informe os fluxos de caixa usando o método descrito anteriormente e, em seguida, aperte [f] [IRR]. O valor da TIR aparecerá no mostrador.

CONTA-ME COMO PASSOU

Há muito, mas muito tempo, as questões financeiras já ocupavam o centro das preocupações dos seres humanos.

Um tablete de argila, datado de 1700 a.C., encontrado no vale da Mesopotâmia, atual Iraque, e que se encontra atualmente no Museu do Louvre, Paris, propôs o seguinte problema:

"Quanto tempo uma soma de dinheiro levará para dobrar se for investida a uma taxa de juro de 20 por cento composto anualmente?"

O problema expressa simplesmente a nossa fórmula:

$$VF = VP(1 + i)^n \Rightarrow 2 = 1(1 + 20\%)^n$$

Sem a nossa álgebra, mas provavelmente usando uma tabela de logaritmo de algum tipo, deram como resposta nessa época o valor 3,7870, isto é, 3 anos, 9 meses e 13 dias. Surpreendentemente, é um valor muito próximo do valor correto que encontraríamos hoje com as mais modernas calculadoras financeiras.

Que tal você encontrar o valor correto com a sua calculadora?

Museu do Louvre, Paris.

Bibliografia

A formação de um professor, no que diz respeito às suas concepções como educador e pesquisador, é profundamente influenciada por dois aspectos: o seu trabalho na sala de aula e os livros que utiliza.

A bibliografia que cada autor sugere deve ter características próprias, que reflitam o longo caminho seguido na construção de suas concepções pedagógicas. Estes livros em algum momento ajudaram os autores, e esperamos que possam ajudá-lo também em sua formação.

BOYER, Carl B. *História da Matemática*. São Paulo: Edusp, 1974.

_____. *The History of the Calculus and its Conceptual Development*. Nova York: Dover, 1949.

CAJORI, Florian. *A History of Mathematical Notations*. Nova York: Dover, 1993.

CARAÇA, Bento de Jesus. *Conferências e outros Escritos*. Lisboa: Editorial Minerva, 1970.

DOLCIANI, Mary P.; BERMAN, Simon L.; FRELICH, Julios. *Álgebra Moderna* – estructura y método. México: Publicaciones Culturales, 1967. v. I e II.

GOLDSTEIN, Larry J.; LAY, David C.; SCHNEIDER, David. *Matemática Aplicada*. Porto Alegre: Bookman, 2000.

GULBERG, Jan. *Mathematics:* from the birth of numbers. Nova York, Londres: W. W. Norton, 1997.

HARIKI, Seiji; ABDOUNUR, Oscar J. *Matemática Aplicada*. São Paulo: Saraiva, 1999.

HAZZAN, Samuel; POMPEO, José Nicolau. *Matemática Financeira*. São Paulo: Saraiva, 2007.

HOFFMANN, Lawrence D.; BRADLLEY, Gerald L. *Cálculo*. Rio de Janeiro: LTC, 2002.

HUBERMAN, Leo. *História da Riqueza do Homem*. Rio de Janeiro: Zahar, 1974.

IFRAH, Georges. *História Universal dos Algarismos*. Rio de Janeiro: Nova Fronteira, 1997.

JURGENSEN, Ray C.; DONNELLY, Alfred J.; DOLCIANI, Mary P. *Geometría Moderna* – estructura y método. México: Publicaciones Culturales, 1968.

KATZ, Victor J. *A History of Mathematics*. Nova York: HarperCollins, 1993.

MOISE, Edwin E; DOWNS Jr., Floyd L. *Geometria Moderna*. Brasília/São Paulo: UnB/Edgard Blücher, 1971. v. I e II.

MOISE, Edwin E. *Cálculo, um Curso Universitário*. São Paulo: Edgard Blücher, 1970.

MORETTIN, Pedro A.; HAZZAN, Samuel; BUSSAB, Wilton de O. *Cálculo*. São Paulo: Saraiva, 2003. v. I e II.

STRUIK, Dirk J. *História Concisa das Matemáticas*. Lisboa: Gradiva, 1989.

TAHAN, Malba. *A Arte de Ser um Perfeito mau Professor*. Rio de Janeiro: Vecchi, 1967.

_____. *Antologia da Matemática*. São Paulo: Saraiva, 1964. v. I e II.

_____. *Didática da Matemática*. São Paulo: Saraiva, 1962, v. I e II.

WEBER, Jean E. *Matemática para Economia e Administração*. São Paulo: HARBRA, 2002.